天文의
새벽

한자로 읽는 천문 이야기

天文의 새벽

한자로 읽는 천문 이야기

황유성 지음

책을 열며

경이驚異와 과학은 길항拮抗 관계일까,
아니면 동행同行 관계일까?

신비롭고 놀라운 일에 흥분과 감탄을 금치 못하다가 누군가 제시한 단순한 과학 원리로 그 인과를 알아버리면 흥미가 뚝 떨어지고 만다. 그렇게 보면 과학은 경이가 감싼 베일을 벗겨내는 길항 관계인 듯하다. 대표적인 것이 달일 것이다. 때로는 풍성한 달항아리로, 때로는 처연한 눈썹달로 시인 묵객은 물론 일반 민초에 이르기까지 온갖 탄성과 상념을 자아냈던 밤하늘의 아름다운 존재였다. 하지만 망원경이라는 과학 도구로 인해 항아嫦娥로 상징되던 수천 년의 경이는 산산조각 나고 말았다. 하늘을 나는 것은 경이로운 일이었다. 새처럼 창공을 마음껏 휘젓는 것은 인간의 오랜 꿈이었다. 그러나 천사의 날개를 달지 않는 한 도저히 실현될 수 없는 일이었다. 그리스의 이카루스 신화는 실패한 비행의 이야기였다. 상상의 영역이었던 인간의 염원은 수천 년 뒤 라이트 형제에 의해 이뤄졌다. 꿈을 현실로 만들어준 것은 과학이었다. 그렇게 보면 경이와 과학은 동행 관계라 할 수 있다. 20세기 최고의 과학자인 아인슈타인은 자신이 '스피노자Spinoza의 신'을 믿는다고 했다. 종교적 인격신이 아니라 우주의 경이와 조화·아름다움을 만들어내는 절대자, 그리고 자연에 내재하는 보편적 질서가 그가 말한 신이었다. '꿈꾸는 과학자'라는 말이 있다. 인간이 구축한 과학의 영역은 너무 좁아 우주를 포함한 드넓은 경이의 영역을 잠식하기 어렵다는 반어反語의 뜻이 담겼다. 상상과 꿈을 자아내는 경이의 영역은 무한대이기에 그 비밀을 알아내고 현실에 투영하려는 과학과의 동행同行은 영원히 계속될 것 같다.

2022년은 한국의 우주 원년이라고 해도 될 듯싶다. 한국형 발사체를 처음 지구 저궤도에 쏘아올렸고, 달 탐사선도 궤도에 안착시켰다. 2024년에는 한국판 나사(NASA·미 항공우주국)인 우주항공청도 출범한다. 하지만 밖으로 눈을 돌리면 한국의 우주 진출은 국가 위상에 비해 많이 늦었다는 느낌을 주는 것이 현실이다. 21세기 들어 지구에 우주 열풍熱風이 분다고 해도 과언이 아닐 듯하다. 금세기 우주 개발은 전통적 우주 강국이나 특정 대륙의 전유물이 아니라는 특징을 띤다. 아시아와 아랍, 중남미와 아프리카 등 종전 회원이 아니었던 대륙도 다양한 형태로 경쟁에 뛰어들고 있다. 우주 개척의 범위도 달을 넘어 화성과 소행성 등 심우주深宇宙까지 대폭 확장된 모습이다. 민간 우주기업이 국가와 경쟁하는 새로운 양상도 보인다. 21세기 우주 개발은 우주 경제와 우주 영토 확보라는 새로운 가치와 목적을 지향하고 있다. 인류의 생존권과 경제권을 지구 바깥까지 확대하려는 의도다. 국가와 국가, 국가와 민간 간의 복합적이고 치열한 우주 각축전을 '우주 대항해 시대'로 부르는 이가 적지 않다.

근래 유독 눈길이 가는 우주 활동이 있었다. 미국 나사가 2021년 12월 25일 인류에 대한 크리스마스 선물로 하늘에 띄워 올린 제임스 웹 우주망원경이다. 태양과 지구의 중력균형점인 라그랑주 2점Lagrangian 2point까지 150만 킬로미터를 날아간 웹 망원경은 이듬해 2월부터 인류가 꿈에도 보지 못했던 영상들을 보내오고 있다. 출혈은 컸다. 1996년 계획 수립부터 숱한 실패와 연기 등 우여곡절을 거친 25년의 과정이었다. 13조 원이라는 천문학적 비용으로 돈 먹는 하마라는 비난도 감수해야 했다. 웹의 임무는 138억 년

전 빅뱅Big Bang으로부터 3억 년 후의 시원始原 우주의 빛을 찾는 것이다. 별과 은하의 탄생 등 태초의 세계가 펼쳐지던 우주 여명기黎明期에 맞춰 우주 생성 비밀을 캐는 것이다. 외계 생명체나 제2의 지구를 찾는 것은 덤으로 주어진 역할이다. 웹의 임무는 과학과 동행同行하는 경이驚異의 영역이다. 우주에 대한 우리의 기존 관념은 앞으로 '스피노자의 신'이 펼쳐놓은 경이적 광경에 송두리째 바뀔지 모른다. 선도국은 물리적 선점先占만을 지상과제로 한 우주 전략을 펼치지는 않는 듯싶다.

한자의 기원은 애초 사람과의 소통이 아니라 신과의 대화를 위해 창조되었다고 한다. 한자의 원형이라 할 수 있는 상商대 갑골문甲骨文은 신에게 미래와 길흉을 묻고 점치는 복사卜辭였다. 당연히 문자의 창조는 물론 해석의 권한까지 신과의 소통을 전담하는 제사장이나 부족장에게 주어졌다. 일반 평민이나 노예는 문자에 접근할 자격과 기회 자체가 없었다. 중세 서양에서 신부들이 성당에서 사용하던 라틴어가 일반 신도의 이해와 무관하게 신에게 기도하는 목적으로 쓰였던 것의 옛 모습이라 할 수 있다. 하늘의 신에게 바치는 부호 또는 신과의 대화를 위해 문자가 창조된 만큼 한자의 기원은 천문天文과 관련된 것이 상당수라고 할 수 있다. 하지만 시대가 흐르면서 글자의 뜻이 바뀌거나 용도가 달라져 본래의 의미를 잃어버린 것들이 적지 않다. 한자의 시원이라 할 수 있는 상대 갑골문은 동양 천문의 새벽, 우주 여명의 빛을 찾아가는 제임스 웹 우주망원경이라 할 수 있다. 갑골문 속에 고대 천문에 관한 경이와 과학의 비밀이 담겨 있다고 믿기 때문이다. 고대 천문의 경이와 과학이 동행하면서 남긴 문화의 흔적을 찾는 것은 덤으로 주어진 역할이다. 당시 문화의 흔적을 찾아내는 데 성공한다면 동아시아 문화의 원류를 누가 만들었는지도 알 수 있게 될 것이다.

     출판을 위한 여러 어려운 고려 요소들을 제쳐 두고 책을 내기로 결심한 류원식 린쓰 및 교문사 대표에게 깊은 고마움을 느낀다. 곁에 가까이 두고 싶은 책 만들기에 온갖 정성을 쏟은 편집진에게 경의를 표하는 것은 당연하다. 코로나 상황에도 중국 현지에서 귀한 자료들을 찾아 보내준 이병준 동학同學과 글 쓰는 과정에 의견을 보탠 동료 지인들의 역할이 작지 않다. 빅뱅만큼이나 아득한 분야에 대한 호기심이 식지 않도록 양자 에너지를 충전해준 아내와 두 아이에게 조그만 결실로나마 돌려주고 싶다. 달 좋아하시는 노모께 책 한 권 드리면 미소 한 자락 지으실 듯하다. 무엇보다 가장 큰 감사는 이 책에 눈길을 보내준 독자들에게 전해져야 한다.

2024년 1월
너섬 연구실에서
황유성

차 례

책을 열며 / 4

제1부
해와 달

1장 해와 그림자 / 20

1. X의 비밀 / 21
2. 동양의 피타고라스 정리 / 25
3. 그림자 기둥 / 27
4. 믿음의 징표 / 31

2장 해와 방향(方向) / 34

1. 깃발을 단 나무 장대 / 35
2. 의미를 잃은 해시계 / 37
3. 방향 정하기 / 40
4. 두 개의 먹줄 – 이승(二繩) / 43
5. 숫자와 그림자의 비밀 / 45

3장 사방(四方) – 동서남북 / 48

1. 부대 자루 / 49
2. 둥지와 소금 / 52
3. 구리북과 나침반 / 55
4. 배후와 지존(至尊) / 59

4장 사방신(四方神) / 62

1. 사방신의 이름 / 63
2. 사방신과 바람 / 68
3. 요전(堯典)과 사방신 / 71

5장 새와 바람 / 76

1. 제비와 짝짓기 신 / 77
2. 매서운 북풍(北風)을 부르는 대붕(大鵬) / 81
3. 새와 바람 달력(風曆) / 83
4. 하늘의 음악 천뢰(天籟) / 87

9

제2부
별

6장 태양의 전설 / 92

1. 과보(夸父)와 해의 경주(競走) / 93
2. 양산박(梁山泊)과 산동(山東)섬 / 97
3. 태양신 소호씨(少昊氏) / 102
4. 태양조(太陽鳥)의 상징 부호 / 105
5. 순(舜)임금의 정체 / 108
6. 태양신과 상(商)나라 시조 / 112
7. 해와 달의 창조주 / 115
8. 태양 운행도(運行圖) / 119
9. 해가 매일 동쪽에서 뜨는 비밀 / 122

7장 달 / 124

1. 달과 물고기 / 125
2. 달과 여성 / 129
3. 항아(嫦娥)의 비극 / 131
4. 달을 부르는 기이한 이름들 / 136

1장 동양의 별자리 / 150

1. 동양 천문의 기본 구조 / 151
2. 별자리 그림 성도(星圖) / 156
3. 성도(星圖) 속 신화 전설
   – 가마를 탄 귀신별 / 159

2장 동방 창룡(蒼龍) / 168

1. 용의 생김새 / 169
2. 수용과 암룡 가리는 법 / 175
3. 창룡의 사계(四季) 순환 / 178
4. 항룡유회(亢龍有悔) / 180
5. 조개와 봄 / 184
6. 우주 조개와 별 / 188
7. 불의 달력 / 192
8. 불의 신 축융(祝融) / 196

10

제3부
시공時空과 우주宇宙

3장 북방 현무(玄武) / 202

1. 남두(南斗)와 북두(北斗) / 203
2. 자기동래(紫氣東來)
   - 노자(老子)가 푸른 소를 탄 까닭 / 207
3. 시경(詩經)이 읊은 별 / 211

4장 서방 백호(白虎)와 남방 주조(朱鳥)
/ 218

1. 젖먹이를 키우는 호랑이 / 219
2. 손자병법(孫子兵法)과 별 / 223
3. 아홉 깃발과 별 / 230

5장 북두칠성 / 238

1. 독에 갇힌 북두칠성 / 239
2. 수퇘지와 집의 비밀 / 246
3. 돼지와 영혼의 고향 / 249
4. 병봉(幷封)과 저팔계(豬八戒) / 252
5. 하늘을 네 조각 낸 글자 / 256
6. 북두와 상투 / 262
7. 경신수야(庚申守夜) / 268

1장 시간(時間) / 280

1. 그때는 가을이 봄이었다 / 281
2. 하늘 집에 갇힌 해 / 285
3. 일(日), 월(月), 연(年)의 순서였다 / 287
4. 하늘은 세(歲), 땅은 연(年) / 290
5. 문(門) 앞의 왕(王) / 297
6. 시간의 이름들 / 301

2장 공간(空間) / 310

1. 열린 공간 / 311
2. 닫힌 공간 / 314
3. 통치 공간 / 317
4. 외부 공간 / 320
5. 국경선(國境線) / 322
6. 서울 유전(流轉) / 325
7. 구궁(九宮)과 낙서 마방진(魔方陣)
   / 327

11

제4부
하늘과 땅

1장 하늘(天) 340

1. 하늘과 형천(刑天) 341
2. 하늘과 황제(皇帝) 343
3. 황제(皇帝)와 조상(祖上) 348
4. 진시황(秦始皇)의 문자 왜곡 350
5. 무당과 천문(天文) 354
6. 신(神)의 글을 읽는 사람 360
7. 천원지방(天圓地方) 362
8. 방원도(方圓圖)와 원방도(圓方圖) 367
9. 개도(蓋圖) 373
10. 하늘로 오르는 길 375
11. 뒤바뀐 천중(天中) 379
12. 하늘 문지기 382

2장 땅(地) 386

1. 지중(地中)과 낙락(洛雒) 논쟁 387
2. 신성한 지중(地中)을 찾아서 391
3. 요순의 땅 도(陶)와 토사구팽 394
4. 상나라 땅 박(亳)과 계룡산 천도설 399
5. 주공과 무측천의 땅 등봉(登封) 405
6. 꿈속의 지중
   – 곤륜(昆侖)과 공동(空同) 410
7. 망국(亡國)의 말로와 사직단(社稷壇) 415
8. 지신(地神)과 토신(土神) 422
9. 구주(九州)와 구야(九野) 426

참고문헌 435
찾아보기 440

일러두기

- 천문(天文)과 한자(漢字) 기원의 상호 보완적 이해를 위해 천문 주제를 설정하고, 세부 내용별로 갑골문(甲骨文)과 금문(金文) 등 한자의 원형(原形)을 다루는 체제를 택했다.

- 중국 인명(人名)과 지명(地名) 등 고유 명사는 중국어 발음 대신 우리 한자음대로 표기했다.

- 동양 별자리인 28수(宿) 명칭 중 녀수(女宿), 루수(婁宿), 류수(柳宿) 등은 관습을 고려해 두음법칙을 적용하지 않았다. 부속 별자리 이름은 한글 맞춤법에 따랐다.

- 고전(古典)의 한자 원문은 각주로 처리하되 본문의 이해에 도움이 되는 일부 짧은 원문은 ( )에 넣었다.

제1부
해와 달

1장 해와 그림자

2장 해와 방향(方向)

3장 사방(四方) – 동서남북

4장 사방신(四方神)

5장 새와 바람

6장 태양의 전설

7장 달

해

해는 천체 가운데
가장 압도적인 존재다.

크기와 밝기에서 달과 별 같은 다른 천체와는 비교가 안 된다. 해가 내는 빛과 열은 지구 생명체에 절대적 영향력을 미친다. 해는 낮과 밤을 만들고, 계절을 이루며, 생명에 관여한다. 동식물의 탄생, 성장과 번식, 수확과 저장 등의 생명 궤적은 해라는 존재 없이 상상하기 어렵다.

   시간과 공간에 대한 의식이 발달하면서 인간은 해의 규칙성과 순환성에 주목했다. 오랜 관찰에 의해 하루와 한 해라는 시간의 길이를 찾아냈다. 한 해를 이루는 춘·추분과 동·하지의 사시四時를 구분하게 됐다. 춘하추동의 사시와 동서남북의 네 방위가 한 몸이라는 것도 알아냈다. 시간과 공간을 결합할 줄 알게 된 것이다. 모든 것이 해가 지어내는 그림자의 관찰에 의한 것이었다. 표表로 불린 나무 장대竿가 관찰 도구였다. 그림자를 재는 일을 입간측영立竿測影이나 규표측영圭表測影이라 했다. 해와 그림자로 알아낸 지식은 백성에게 널리 알려졌다. 농사의 풍요와 공동체의 번영을 위한 것이었다. 천문 과학의 시작이었다.

해에 대한 경외와 숭배의 감정은 원초적이었다. 규칙성과 순환성이라는 해의 비밀을 조금은 알게 됐지만 절대적 표상表象에 대한 경외의 감정이 손상되지는 않았다. 해를 신성시한 신화神話와 제례祭禮 의식이 만들어졌다. 해의 하루와 한 해의 운행에 대해 숭배와 감사의 마음을 담았다. 일출제日出祭로 하루를 반기고, 입일제入日祭로 해를 전송하면서 다음 날의 변함없는 운행을 기원했다. 낮이 길어지기 시작하는 것을 기리는 동지제冬至祭와 낮이 짧아지기 시작함을 아쉬워하는 하지제夏至祭도 지냈다. 신성한 해를 섬기는 상징물과 토템을 만들었고, 건축 등 구조물도 세웠다.

달

**달은 시인詩人 묵객墨客의 사랑을
한껏 받아온 천체다.**

고즈넉한 밤 분위기 속에 색과 모양을 달리하며 끊임없이 변신하는 자태는 이성이나 과학보다 감성을 촉발한다. 황금빛 달항아리는 넉넉함을 안겨주고, 눈썹 모양 창백하고 시린 새벽달은 처연한 감정을 자아낸다. 태양계의 서열에서 달은 해와 견줄 수 없는 작은 천체에 불과하지만 인간의 느낌은 다르다. 하루를 낮과 밤으로 양분하며 해와 더불어 하늘을 다스리는 절대자다. 그럼에도 두 천체가 풍기는 이미지는 적이 다르다. 해가 남성적이고 일방적이라면, 달은 여성적이고 동반자적이다. 달의 위상位相 변화는 여성성을 강조하는 조건이다. 부풀어 올랐다가 다시 가라앉는 달의 몸매 바뀜은 임신과 출산을 거듭하는 여성의 모습을 떠올리게 한다.

　달은 지구의 작은 위성에 불과하지만 해와 거의 대등한 존재로 여겨진다. 우연이라기에는 너무나 절묘한 두 천체의 크기와 거리의 황금비율 때문이다. 해는 달보다 400배 정도 크지만, 달은 해보다 지구에 400배가량 가깝다. 해와 달의 이런 비율이 일식과 월식을 만들어낸다. 달은 한 달에 한 차례 지구를 돌면서 해의 공전궤도인 황도黃道와 두 번 만난다. 황도와 백도白道의 교점交點이다. 달이 지구와 해 사이에 끼어드는 그믐에 세 천체가 교점에서 일직선을 이루면 일식이 일어난다. 달과 해 사이에 지구가 들어가는 보름에 마찬가지 상황이 펼쳐지면 월식이 된다.

달에게서 충동과 감성을 느끼는 것은 과학적 설명이 가능하다. 달과 해의 인력引力은 지구에 다르게 작용한다. 바닷물을 밀고 당기는 힘인 기조력起潮力은 달이 해보다 두 배나 강하다. 달이 지구에 훨씬 가깝기 때문이다. 달은 자신의 강점을 동원해 밀물과 썰물을 일으키며 바다의 통치자로 등극한다. 달의 힘은 물을 성분으로 하는 동식물 등 생명체의 생체 리듬과 감정을 통제한다. 여성의 월경 주기와 달의 공전 주기는 밀접한 연관성을 갖는다.

날짜를 계산하는 역법曆法은 태음력太陰曆과 태양력太陽曆, 태음태양력太陰太陽曆으로 구분된다. 태음력은 달, 태양력은 해, 태음태양력은 해와 달의 주기를 기초로 한다. 동양은 최초의 역사시기인 상商대에 윤달을 넣는 등 처음부터 태음태양력을 채택했다. 해와 달의 공전 주기를 맞추는 것은 쉽지 않지만 달의 위상 변화에서 날짜를, 해의 움직임에서 계절을 조화시킬 수 있어서다. 태음태양력은 음양합력陰陽合曆이라고 부른다. 동양이 태음력과 태양력 등 제작이 손쉬운 역법을 도외시하고 어려운 음양합력을 만든 데는 깊은 배경이 있다. 음과 양의 합체와 조화 없이 만물이 탄생하고 존속할 수 없다는 근원적이면서도 철학적인 기조를 담은 것이다. 하늘의 양陽과 음陰인 해와 달은 우주를 조화시키는 위대한 두 기운이다.

1장

해와 그림자

1. X의 비밀

2. 동양의 피타고라스 정리

3. 그림자 기둥

4. 믿음의 징표

1. X의 비밀

五 다섯 오

옛사람들은 본능적으로 자신의 분신을 알았다. 날이 밝아 어두워질 때까지 잠시도 자신과 떨어지지 않았고 움직임까지 똑같았기 때문이다. 한 가지 다른 점은 있었다. 해가 뜰 때면 자신과 반대 방향에 있었고, 해가 질 때는 거꾸로 해가 떴던 방향에 자리했다. 그림자였다. 사람만 분신을 가진 게 아니었다. 나무를 비롯한 식물도, 사슴과 같은 동물도 모두 그림자가 있었다. 사람들은 그림자의 그런 움직임을 글자로 만들었다. X 또는 ⅄의 형태였다. 한자의 원형

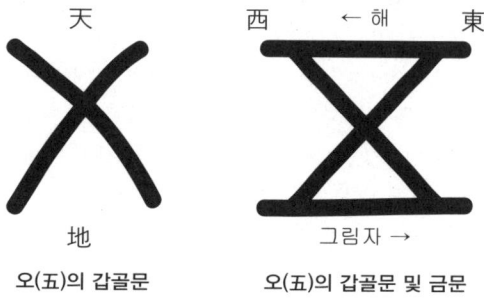

오(五)의 갑골문   오(五)의 갑골문 및 금문

인 갑골문甲骨文¹과 금문金文²에 보이는 자형字形이다.

위 가로선은 해가 움직이는 하늘天이고, 아래 가로선은 그림자가 옮겨다니는 땅地이다. 가운데 X 표시는 햇빛과 그림자가 서로 엇갈리는 모습이다. 위아래의 두 가로선 없이 X 표시만으로 대신하기도 했다. 글자는 동식물 등 만물과 온도 등 기운氣運이 시간의 흐름에 따라 공간 속에서 교차하는 것을 뜻했다.

사람들은 처음 숫자를 나타낼 때 일一, 이二, 삼三처럼 나무 막대를 가로로 쌓았다. 숫자 5도 가로막대 다섯 개였다. 불편했고 구분하기 힘들었다. 그래서 나무 막대 두 개를 X처럼 엇갈리게 해 숫자 5로 표시했다. 해와 그림자가 교차하는 모습을 빌려온 것이다. 대각선 왼쪽 윗부분이 떨어져 꺾인 지금의 오五 형태로 바뀐 것은 한漢나라 때였다. 『설문해자說文解字』는 "오五는 음양陰陽이 하늘과 땅 사이에서 서로 엇갈리는 것"이라고 풀이했다.³ 설문의 해석을 감안하면 한대 후반까지도 오五는 숫자라는 인식보다 해와 그림자의 교차

---

1 갑골문은 고대 중국의 상(商·기원전 1600~기원전 1046)나라 왕실이 점을 치기 위해 거북 껍질이나 동물 뼈에 새긴 중국 최초의 문자다. 한자가 만들어지는 6가지 원리인 상형(象形)·지사(指事)·회의(會意)·형성(形聲)·전주(轉注)·가차(假借)의 특성을 모두 띠었고, 문장 형식을 갖추었다. 상의 마지막 도읍인 하남성(河南省) 안양(安陽)에서 1899년 대거 출토된 이래 지금까지 발굴된 갑골문은 약 16만 편이다. 파악된 글자는 약 4,500자, 풀이된 글자는 1,500여 자다.

2 금문은 상(商)대 중기부터 주(周·기원전 1046~기원전 771)대까지의 청동기에 주조된 글자다. 갑골문이 비교적 단순한 데 비해 금문은 제사, 상훈, 정벌, 계약 등을 기록해 보다 서술적이고 글자 수도 많다. 종정문(鐘鼎文), 길금문(吉金文)이라고도 한다. 춘추전국(春秋戰國·기원전 770~기원전 221) 시대 금문은 진(秦)대의 소전(小篆) 형태에 가깝다.

3 "陰陽在天地間交午也", 段玉裁, 『說文解字注』, 臺北, 黎明文化事業股份有限公司, 中華民國73年(1984), 745쪽. 『설문해자』는 후한(後漢)의 경학자인 허신(許愼·58~147)이 쓴 중국 최초의 문자학 서적이다. 청(淸)대 문자학자인 단옥재(段玉裁·1735~1815)가 주를 달았다.

관념이 더 강했다고 볼 수 있다.

　오五가 숫자의 뜻으로 쓰이면서 해와 그림자의 엇갈림을 나타낼 새로운 글자가 필요했다. 사람들은 X의 가운데 교점交點에 주목했다. 그림자의 방향이 엇갈리는 분기점이었기 때문이다. X를 대체할 글자로 선택된 것은 오午와 호互였다. 오午는 본래 절굿공이를 그린 문자였다. 가운데를 오목하게 해 손으로 잡기 쉽게 만든 부분이 X의 교점을 연상시켰다. 절굿공이는 나무木를 추가한 저杵로 써서 구분했다.

午 낮 오

오(午)의 갑골문　　　부(缶 · 절구와 공이)의 갑골문⁴　　　호(互)의 금문

오午를 분기점으로 낮의 첫 절반은 오전午前, 나중 절반은 오후午後라고 했다. 전국戰國·기원전 453~기원전 221 시대 음양오행설이 유행하면서 글자 뜻이 크게 넓어졌다. 오午를 중심으로 음양陰陽이 바뀌는 뜻이 특히 강조됐다. 오전은 양, 오후는 음이라는 시간과 함께 양기陽氣와

4　부(缶)는 질그릇, 물 담는 용기, 악기 등 여러 해석이 있다. 오(午)는 실(糸), 호(互)는 실을 감는 물건으로도 본다.

음기陰氣가 완전히 달라지는 의미가 주어졌다. 자子에서 해亥까지 12 지지地支의 7번째 오午는 음양의 교대를 상징하는 글자로 기능했다. 음력 11월 동지의 자리인 자子에서 양기가 처음 생겨나고—陽始生, 음력 5월 하지인 오午에서 음기가 처음 생겨난다—陰始生는 역학易學 원리가 탄생했다. 『설문해자』는 "오는 거스른다는 뜻이다. 5월에 음기가 양을 거스르고 땅을 뚫고 나온다"고 풀이해 이를 뒷받침했다.[5]

호互는 늦게 나타난 글자다. 전국 시대 말기 또는 진秦대의 전서篆書에 처음 보인다. 호互는 오五를 위아래로 겹친 모양이다. 천지간에 음양이 감응해 기운이 서로互 오가는 형태다. 천지天地에 제사 지낼 때 제물祭物을 호물互物이라 부른다. 제물의 숫자는 오五를 기본으로 한다. 하늘과 땅이 감응하고 교차하는 오五와 호互, 그리고 숫자의 뜻을 함께 담은 것이 호물이다.[6] 오늘날 제사상 차림의 유래다.

---

5 "午牾也. 五月侌气牾屰昜冒地而出也", 앞의 段玉裁, 『說文解字注』, 753쪽.

6 육사현·이적 저, 양홍진·신월선·복기대 역, 『천문고고통론』, 주류성, 2017, 258~260쪽.

2. 동양의 피타고라스 정리

髀 넓적다리 비

사람의 몸에 햇빛이 비치면 그림자가 생긴다. 해의 움직임에 의해 그림자의 방향이 바뀌고 길이도 달라진다. 자신의 키를 알면 그림자의 길이로 주변 사물의 높이를 알 수 있다. 이런 인식을 나타낸 글자가 비髀다. 비는 땅을 딛고 선 다리를 뜻한다. 그림자의 출발점이자 길이를 재는 시작점이다. 도구를 개발하기 전 사람의 몸은 최초의 측정 수단이자 천문의기天文儀器였다.

> "수數의 법칙은 원과 네모에서 나왔다. 원은 네모에서, 네모는 구矩·직각자에서 나왔다. … 구矩에서 구句·직각자의 두 변 중 짧은 변의 길이가 3, 고股·직각자의 두 변 중 긴 변의 길이가 4면, 빗변의 길이弦·현 또는 徑·경는 5가 된다. … 주비는 길이가 여덟 자다."[7]

---

7 "數之法出於圓方, 圓出於方, 方出於矩. … 故折矩以爲句廣三, 股修四, 徑隅五. … 周髀長八尺."

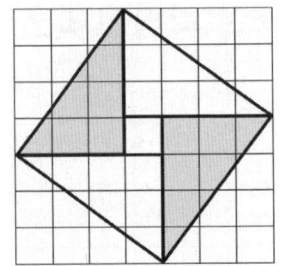 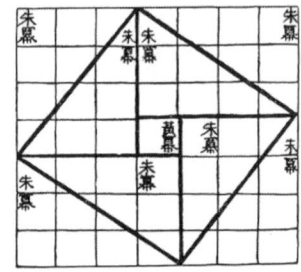

중국에서 가장 오래된 천문수학서인 『주비산경周髀算經』에 나오는 '구고현句股弦 법칙'이다.

내부의 마름모꼴 정사각형 안에 직각삼각형 네 개와 한가운데 작은 정사각형 한 개로 이뤄진 그림이다. 직각삼각형은 변의 길이가 각각 3과 4고, 빗변은 내부 정사각형의 한 변의 길이다. 내부 정사각형의 넓이는 직각삼각형 네 개와 각 변의 길이가 1인 작은 정사각형 한 개의 합이다. 직각삼각형의 넓이는 변의 길이가 3과 4인 직사각형의 절반인 6이다. 따라서 정사각형은 (3 × 4) × ½ × 4 + 1 = 6 × 4 + 1 = 25의 넓이를 가진다. 이는 밑변 3, 높이 4, 빗변 5로서 $3^2 × 4^2 = 5^2$으로 나타내는 피타고라스 정리와 같다. 동양에서는 이를 구^2 × 고^2 = 현^{2}으로 표현한다.

고股는 비髀와 같은 뜻이다. 둘 다 사람의 다리로 직각삼각형의 높이를 표현한 것이다. 『주비산경』에서 '주비의 길이를 여덟 자'라고 설명한 것은 음미할 만하다. 옛날 측정도구가 없을 때는 부족 지도자의 키가 길이의 표준이었다. 주周나라 척尺은 22~23센티미터로 8자는 180센티미터 안팎이다. 구고현 정리로 표현하면 사람의 키인 고股가 8자면 구句는 6자, 현弦은 10자로 3 대 4 대 5의 피타고라스 비율과 맞아떨어진다. 사람의 몸으로써 그림자를 측정하는 '인신측영人身測影'의 흔적이 구고현 법칙이다.

3. 그림자 기둥

表 겉 표

해가 잘 드는 넓은 곳에 나무 막대를 세웠다. 사람처럼 움직이는 물체보다는 나무 막대와 같이 한곳에 고정된 사물의 그림자 변화를 측정하는 것이 훨씬 편리하고 정확하기 때문이다. 나무 막대의 높이는 부족장의 키 높이인 8자로 했다. 상주商周 시기 표준 높이였다. 6 대 8 대 10의 구고현句股弦 비율을 이용하면 길이를 재기도 쉽다. 나무 막대의 이름은 표表라고 했다. 해 그림자를 만드는 도구를 표라고 부른 것은 글자꼴이 나무 막대가 곧게 서도록 손으로 잡은 모양과 같다고 생각했기 때문이다. 중국에서 궁궐이나 능묘陵墓 앞에 세운 돌기둥을 화표華表라고 한다. 막대나 기둥의 뜻인 표에서 비롯된 이름이다. 화표는 씨족이나 부족의 토템을 나타내는 솟대 기둥이기도 하다. 갑골문의 표는 일반적으로 사냥으로 잡은 짐승의 겉껍질 모양으로 풀이한다.

표(表)의 갑골문

토(土)의 갑골문

중국 북경(北京) 천안문(天安門) 광장의 화표(華表)

圭 홀 규

표준 높이 8자의 표를 세운 만큼 땅에 드리운 그림자를 정밀하게 재야 한다. 그림자의 정확한 길이를 재는 눈금자를 규圭라고 한다. 글자를 이루는 두 개의 토土 중 하나는 땅이라는 명사, 다른 하나는 땅을 잰다는 동사로 쓰인다. 토의 갑골문은 흙무더기가 쌓인 형태다. 흙기둥이나 흙무덤에 의해 그림자가 생긴다. 따라서 토는 그림자를 만드는 표의 뜻도 갖는다.

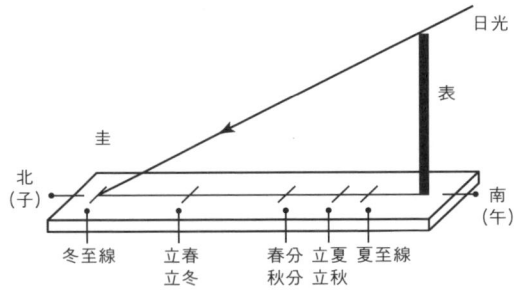

동양에서는 해시계를 규표圭表라 한다. 그림자를 만드는 막대 기둥 표와 그 길이를 재는

규표(圭表)로 하지의 그림자 길이를 재는 모습

규를 합한 말이다. 북반구에서 그림자가 하루 동안 움직이는 방향이 시계 방향이다. 그림자의 방향은 해가 만든다. 해는 동쪽에서 떠서 남쪽을 거쳐 서쪽으로 진다. 해의 반대 방향에 생기는 그림자는 서쪽에서 시작해 북쪽을 거쳐 동쪽으로 움직인다. 그림자가 낮에 만든 하루의 길이를 일정하게 나누면 시간이 된다. 해는 적도의 남북 방향으로 오르내린다. 해가 적도 북쪽으로 올라오면 봄과 여름이 되고, 적도 남쪽으로 내려가면 가을과 겨울이 된다. 해가 북상해 햇빛의 입사각이 줄어들면 그림자의 길이는 짧아지고, 남하해 입사각이 커지면 그림자의 길이는 길어진다. 그림자의 길이로 계절을 구분할 수 있다. 해의 동서 방향은 하루가 되고, 남북 방향은 한 해가 된다. 방위 또는 공간이 시간으로 바뀌는 것이다. 솥 모양으로 생긴 조선의 앙부일구仰釜日晷는 규표의 원리를 이용한 오목 해시계다. 현대 중국어는 여전히 시계를 표라고 한다. 수천 년을 이어오는 이름이다.

앙부일구(仰釜日晷)

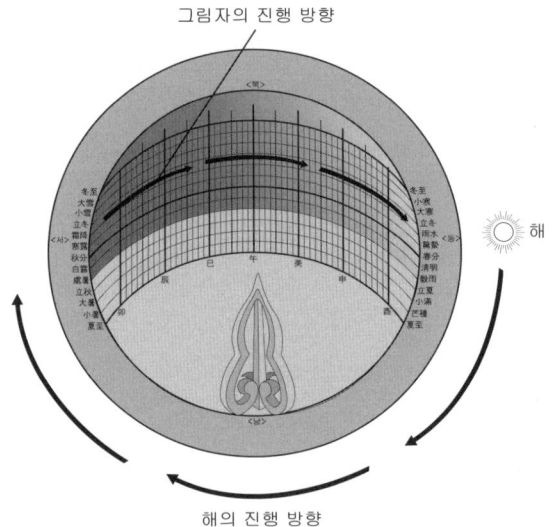

시간과 계절을 나타내는 앙부일구의 원리

4. 믿음의 징표

槷 기둥 얼

해시계인 규표로 시간을 측정하면서 사람들은 '시간은 결코 변치 않는다'는 인식을 갖게 됐다. 불변不變의 시간에 대한 인식은 신의信 義, 법칙法則, 충성忠誠 등의 의미로 발전했다. 예부터 천자는 신하와 제후에게 옥으로 만든 규圭를 하사했다. 시간처럼 변치 말고 충성하라는 뜻을 담은 징표였다. 규는 윗부분이 둥글거나 뾰족하고, 아래는 네모난 형태의 길쭉한 모양으로 동양의 우주론인 천원지방天圓地方을 본땄다.

규는 공公·후侯·백伯·자子·남男의 다섯 작위별로 모양과 명칭이 달랐다. 공작은 9치 길이의 환규桓圭, 후작과 백작은 각각 7치의 신규信圭와 궁규躬圭를 받았다. 자작과 남작은 각각 곡벽穀璧과 포벽蒲璧이라는 둥근 옥으로 된 신표로 대신했다. 토土를 겹쳐 쓴 규는 이들에게 품계별로 식읍食邑이나 영지領地를 준다는 뜻도 있었다. 특히 변방에서 외부 침략을 막는 제후에게 신규信圭란 이름의 홀을 준 것은

제1장 해와 그림자 **31**

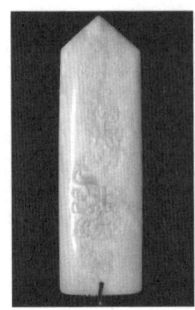 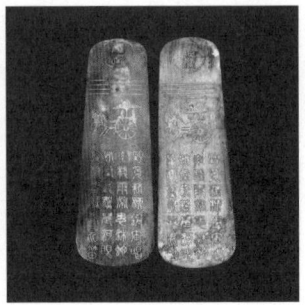 

규(圭) (출처: 百度)

각별한 의미가 있다. '시간처럼 깊이 믿는다至信如時'는 뜻을 담은 것이다.

신물信物이라는 인식이 강해지면서 춘추전국春秋戰國 시기 귀족들이 청동으로 된 장식용 규표를 만들어 부인에게 선물하는 풍속이 유행하기도 했다. 이를 조얼祖槷이라고 불렀다. 얼槷 또는 얼臬은 기둥, 말뚝을 뜻한다. 규표 선물은 생전은 물론 사후에도 시간과 같이 부인의 변함없는 정절을 믿겠다는 남성의 이기적인 심리를 나타낸 것으로 해석한다. 고대에 만들어진 일종의 열녀문烈女門이다.

춘추시기 청동 조얼(祖槷) 귀족 남성이 부인에게 믿음의 징표로 선물한 시계다. 받침과 태양조(太陽鳥) 머리장식 사이에 나무를 끼우면 해시계 규표(圭表)가 된다. (출처: 文史知識)

2장
해와 방향 方向

1. 깃발을 단 나무 장대
2. 의미를 잃은 해시계
3. 방향 정하기
4. 두 개의 먹줄 – 이승(二繩)
5. 숫자와 그림자의 비밀

1. 깃발을 단 나무 장대

中 가운데 중

해시계를 만드는 나무나 돌 기둥 표表는 마을 한가운데에 세워야 한다. 농사를 짓거나 외적을 막는 등 공동체 구성원들이 같은 시간에 같은 목적을 위해 함께 움직이려면 눈에 띄거나 접근이 쉬운 곳에 설치해야 하기 때문이다. 중中의 갑골문에서 위아래 수직으로 그은 부분(|)은 표를 뜻한다. 가운데 네모 부분(□)은 금문에서 동그라미(○)로 나타낸 경우가 대부분이다. 동그라미는 표의 그림자가 해의 움직임에 따라 하루 동안 서 → 북 → 동으로 동그랗게 그리는 궤적을 표시한 것이다. 표가 세워진 곳을 빙 둘러싼 마을 형태를 나타낸 것으로도 해석한다. 가운데 동그라미를 해가 나무 장대에 걸린 모습이라거나 나무 기둥의 가운데를 새끼 등으로 묶어 표시한 것이라는 풀이도 있다.

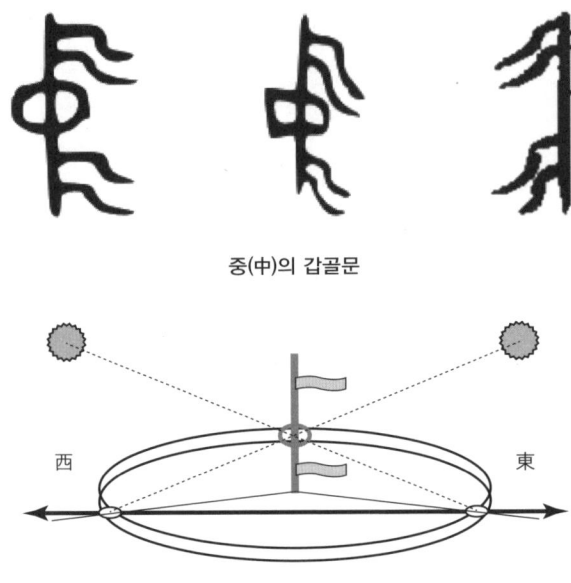

중(中)의 갑골문

중(中)

    갑골문이나 금문의 중中 자는 나무 기둥의 가운데를 둥글거나 네모로 표시한 위아래에 천이나 줄 등이 바람에 나부끼는 형태다. 가운데 아무런 표시 없이 장대에 천 등이 나부끼는 모습만 나타낸 글자도 적지 않다. 이들 글자는 마을 한가운데에 있는 해시계 표에 공동체를 상징하는 깃발이나 토템 등을 달아 구성원들의 단합과 구심점으로 삼는다는 뜻을 담았다. 해시계表와 마을(口), 깃발의 3요소를 합친 자형字形이다. 중中과 깃발이 나부낀다는 뜻의 언㫃은 갑골문의 자원字源이 같다. 기旗·유斿·모旄·정旌 등 언㫃이 쓰인 글자는 모두 깃발의 뜻이다. 족族·겨레은 공동체가 깃발㫃 아래에 무기인 화살矢을 들고 모인 글자다. 깃발 부족은 모두 중中의 형제 글자다.

2. 의미를 잃은 해시계

督 살펴볼 독

독督은 살펴보다, 감독하다, 통솔하다 등의 뜻을 갖는다. 자형字形은 숙叔과 목目을 합친 모양이다. 하지만 지금의 글자 형태가 만들어지기까지 많은 변화를 겪었다. 본래는 해시계를 가리켰으나 의미가 완전히 달라졌다.

숙叔의 갑골문은 사냥용 화살을 잃어버리지 않고 회수할 수 있도록 줄을 묶은 형태다. 줄을 매달아 쏘는 활인 주살 익弋을 나타낸 것이다. 금문金文은 묶은 줄을 그리는 대신 화살용 나뭇가지를 쥔 손을 강조한 모양이다. 후대에 글자 아랫부분의 세 점을 두고 콩 줄기에서 떨어진 콩알을 손으로 줍는 것으로 생각했다. 숙叔 자에 콩, 줍다라는 뜻이 있는 까닭이다. 본래는 화살을 줍는 것이었다. 형제의 서열을 나타내는 백중숙계伯仲叔季 또는 맹중숙계孟仲叔季라는 말이 있다. 숙은 아재비를 뜻한다. 좌전左傳에 전고典故를 둔 것으로 맏이는 백 또는 맹, 둘째는 중, 셋째는 숙, 막내는 계라고 한다. 백伯

숙(叔)의 갑골문   숙(叔)의 금문

은 사람人의 머리白로 첫째나 우두머리를 가리킨다. 맹孟은 갓난아이 子를 낳아 물그릇皿에서 씻는 모양으로 첫아이 또는 시작의 의미다. 조상의 제사를 지낼 제기祭器 그릇皿을 물려받을 아이子의 뜻으로도 풀이한다. 백은 남자 형제의 첫째, 맹은 여자 형제의 첫째라는 주장도 있다. 중仲은 가운데. 숙叔은 작은 콩알만큼 서열도 작다는 뜻이다. 화살과 관련한 본뜻이 완전히 사라졌다. 계季는 벼이삭禾이 어리다子는 의미다. 과거 다산의 시대에는 형제가 5명 이상인 가정이 적지 않았다. 9명의 형제가 있다면 셋째부터 여덟째까지는 모두 숙이라고 한다.

독督의 갑골문은 숙叔과 모양이 비슷하지만 완전히 다른 글자다. 봉긋하게 쌓은 흙에 나뭇가지를 손으로 똑바로 꽂아 땅에 해 그림자가 떨어진 모습이다. 손이 없이 나뭇가지와 땅, 해 그림자만 표기한 글자 모양도 있다. 마왕퇴馬王堆 백서帛書[1]에서는 해시계인 규표圭表와 독督을 같은 글자로 사용했다.[2] 독은 진秦대의 전서篆書에서 땅에 그린 해日와 그림자를 묘사한 점을 눈目으로 오인하면서 현재의 살펴본다는 뜻으로 와전됐다. 한의학에 나오는 독맥督脈과 임맥任脈이

---

1 1971년 중국 호남성(湖南省) 장사시(長沙市)에서 발견된 서한(西漢) 시기 초(楚) 귀족의 무덤(기원전 186~기원전 145)에서 발굴된 각종 부장품 중 견직물에 쓴 각종 서책 자료

2 馮時, 『文明以止-上古的天文, 思想與制度』, 中國社會科學出版社, 2018, 126쪽.

독(督)의 갑골문　　　　　독(督)의 전서

라는 용어에는 '살핀다'는 독의 뜻이 들어 있다. 독맥은 인체의 경맥 중 양맥陽脈을 이끌며 등에 분포한다. 독맥은 '맥의 양기 흐름을 살피고 감독한다'는 뜻의 명칭이다. 임맥은 음맥陰脈을 조절하며 배에 위치한다. 음기를 담당하는 임은 '맡아 기른다'는 뜻이다.

3. 방향 정하기

十 열 십
_____

해시계 규표圭表를 세운 목적은 시간과 방위를 정확히 측정하기 위해서다. 『회남자淮南子』[3] 「천문天文」 편에는 표를 세워 정확한 방위를 구하는 대목이 나온다.

"아침 해 뜰 때와 저녁 해 질 때 먼저 표 하나를 동쪽에 세운다. 이로부터 열 걸음 물러나 다른 표를 잡고 북쪽 모서리에서 해가 처음 나오는 것을 관찰한다. 해가 지면 또 하나의 표를 동쪽에 세운다. 서쪽의 표를 통

---

[3] 『회남자(淮南子)』는 한(漢)대 초기 황실 종친이자 회남(淮南·현 안휘성) 국왕이었던 유안(劉安·기원전 179~기원전 122)과 그의 빈객 10여 명이 공동 저술한 문헌이다. 내외서(內外書)와 중편(中篇)이 있었다고 하나 현재 내서 21권만 전해진다. 도가(道家)를 중심으로 유가(儒家)·법가(法家)·음양가(陰陽家)를 융합한 황로(黃老) 사상이 책의 이론적 배경이다. 만물의 생성과 변화를 기(氣)의 작용으로 보는 기론적 사유로 종합적이고 체계적인 우주생성론을 완성했다. 중국 철학사에서 가장 완전한 형태의 우주 생성 도식이 『회남자』에서 처음 만들어졌다는 평을 듣는다. 이후 만물의 생성과 발전에 대한 중국 철학과 천문 이론은 『회남자』의 도식에서 크게 벗어나지 않았다.

해 해가 북쪽 모서리로 들어가는 것을 관찰해 동쪽을 정한다. 두 표의 중간과 서쪽의 표주를 연결한 선이 정동과 정서 방향이다."[4]

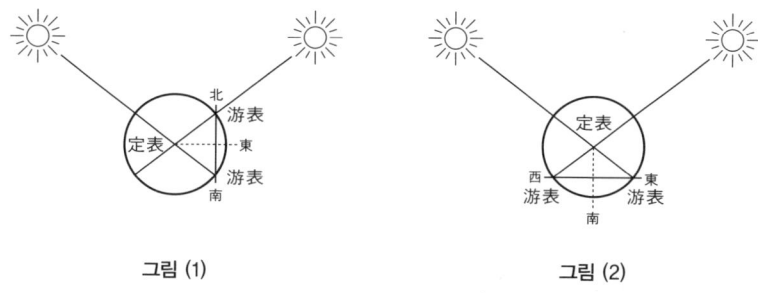

그림 (1)   그림 (2)

『회남자』의 설명에 따라 그림 (1)부터 풀이하면,

① 고정된 표정표·定表를 세운다. → 원의 중심
② 정표의 동쪽 열 걸음 되는 곳에 움직이는 표유표·游表를 세운다. → 원 중심에서 점선으로 연결한 원둘레의 동쪽 표시
③ 해가 뜰 때 관측자 → 정표 → 유표 → 태양의 일직선을 맞춘다. 일직선을 맞추면 유표는 원둘레의 북쪽으로 옮겨진다.
④ 정표 동쪽 열 걸음 되는 곳에 새 유표를 세운다. → 원 중심에서 점선으로 연결한 원둘레의 동쪽 표시
⑤ 해가 질 때 관측자 → 새 유표 → 정표 → 태양 중심의 일직선을 맞춘다. 일직선을 맞추면 새 유표는 남쪽으로 옮겨진다. 관측자가 새 유표 자리에 위치한다.

---

4   "正朝夕, 先樹一表東方, 操一表卻去前表十步, 以參望日始出北廉. 日直入, 又樹一表於東方, 因西方之表以參望日, 方入北廉則定東方. 兩表之中, 與西方之表, 則東西之中也." 유안 저, 이석명 역, 「천문」, 『회남자 1』, 사단법인 올재, 2017, 227쪽.

⑥ 해 뜰 때 세운 유표와 해 질 때 세운 유표를 연결한 직선은 정남북 방향이다. 두 유표의 연결선과 정표가 수직으로 만나는 선은 정동서 방향이다.

그림 (2)는 관측자가 정표 자리를 지키면서 방향을 구한다.

① 해가 뜰 때 관측자 → 정표 → 태양 → 유표의 일직선을 맞춘다. 일직선을 맞추면 유표는 해의 반대편으로 옮겨진다. → 원둘레의 서쪽 표시
② 해가 질 때도 관측자는 해 뜰 때처럼 정표 자리에 위치한다. 관측자 → 정표 → 태양 → 새 유표의 일직선을 만든다. 새 유표도 해의 반대편으로 옮겨진다. → 원둘레의 동쪽 표시
③ 해 뜰 때 세운 유표와 해 질 때 세운 유표를 연결한 직선은 정동서 방향이다. 두 유표의 연결선과 정표가 수직으로 만나는 선은 정남북 방향이다.

4.　　　　　　　　두 개의 먹줄 - 이승二繩

繩 노끈 승

규표主表를 세워 해가 뜨는 곳과 지는 곳, 이를 수직으로 가로지르는 선을 그으면 자연스럽게 ＋ 도형이 나타난다. 방향의 기본 개념인 동과 서, 남과 북이다. 가로세로의 교차선은 목수가 먹줄 두 개를 수평과 수직으로 엇갈리게 튕긴 것과 같다. 이를 이승二繩이라고

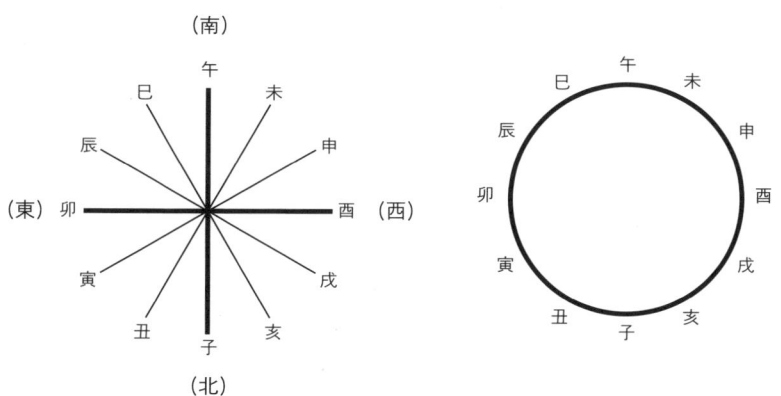

이승(二繩)과 사방(四方), 자오선(子午線)과 묘유선(卯酉線)

제2장 해와 방향(方向)　43

한다. 이승은 사방과 같은 뜻이다. 남북의 줄은 경승經繩, 동서의 줄은 위승緯繩이다. 날줄과 씨줄이다. 자子에서 해亥까지의 12지지 방향이 정해지면서 경승은 자오선子午線, 위승은 묘유선卯酉線이라고 부른다. 이승을 나타내는 十는 공간을 분할하는 기본 단위다. 4방 → 5위位 → 8방 → 9궁宮 → 12진辰 → 24방 → 360도度까지 방향을 나누는 숫자가 차례로 펼쳐진다.

동서남북의 이승을 표현한 十은 숫자 십十과 형태가 같지만 전혀 다른 글자다. 숫자 십十의 갑골문은 |처럼 세로로 놓은 셈가지다. 금문은 세로로 늘어뜨린 새끼줄의 가운데를 불룩하게 매듭지은 모양이다. 숫자 십十은 춘추春秋시대 이후 금문의 새끼줄 매듭을 길게 가로획으로 그어 지금의 모양이 되었다. 동서남북의 이승을 나타낸 十은 10천간天干의 첫 글자인 갑甲의 갑골문이다. 갑의 금문은 이승을 네모로 두른 田과 같은 모습이다. 갑甲이 지금처럼 아래로 뿌리를 내린 형태가 된 것은 전국시대 전서篆書부터다. 갑은 방향의 시작이다.

숫자 십(十)의 갑골문과 금문   갑(甲)의 갑골문, 금문, 전서

5. 숫자와 그림자의 비밀

二 두 이

갑골문의 숫자 일一부터 사四까지는 셈가지를 숫자만큼 가로로 놓은 모양이다. 형태가 워낙 단순해 다른 해석의 여지가 전혀 없어 보인다. 하지만 간단한 획劃 속에 마치 숨겨둔 비밀 찾기처럼 해와 그림자의 밀고 당기는 뜻이 몰래 가려져 있다. 자전字典에서 숫자 이二를 찾아보면 아래 가로획보다 위 가로획이 조금 짧다. 해가 떠오를 때 규표圭表의 그림자가 길게 땅에 드리워졌다가 정오가 되면서 그

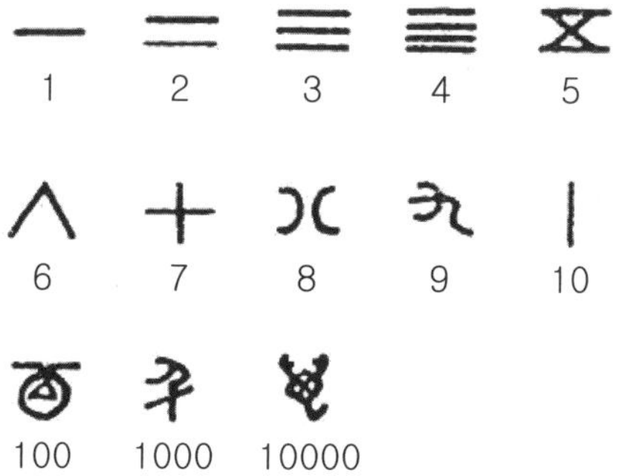

림자가 짧아지는 것을 나타낸 것이다. 삼三은 가운데 획이 짧고 위와 아래 획은 길다. 오전 → 정오 → 오후의 시간대별 그림자 길이 변화가 담긴 글자다. 가로획이 네 개인 사四는 이二 위에 거꾸로 뒤집은 이二를 겹친 것이다. 해가 뜰 때 길던 그림자가 정오가 가까워지면서 짧아졌다가 오후가 되면서 그림자가 다시 길어지는 4단계의 모습이다. 셈가지를 교차한 오五는 일출과 일몰 때 해와 그림자의 방향이 엇갈리는 모습을 나타낸 것이다.

육六부터 구九까지는 해석이 분분하다. 육은 지붕의 모습으로 본다. 농막 려廬의 옛 글자로도 풀이한다. 육과 려의 고음古音이 닮았기 때문이다. 칠七은 나뭇가지 등을 칼로 자르는 모양이다. 칠과 십은 본래 글자꼴이 전혀 달랐다. 하지만 십이 금문의 가운데 동그란 점을 가로로 길게 쓰면서 칠과 모양이 똑같아졌다. 전국戰國시대에 칠의 끝부분을 구부려 십과 구분했다. 칠七과 칼刀로 이뤄진 절切은 나눈다는 뜻이다. 나뭇가지 등을 자르는 칠의 본래 의미가 남은 흔적이다.

팔八은 물건을 반으로 나눠 서로 등지게 놓은 모양이다. 팔도 숫자로 쓰이면서 팔八에 칼刀을 추가한 나눌 분分으로 본래 글자를 대체했다. 구九는 구부린 팔과 손으로 무엇인가를 찾거나 탐구하는 모양이었으나 본뜻을 잃고 숫자로 쓰이게 됐다. 십은 일一부터 가로로 시작한 셈가지를 처음 세로로 세워 기존 숫자와 구별한 것이다. 십진법의 완성을 뜻하기도 한다. 백百은 글자의 유래가 분명치 않다. 떠오르는 해, 촛불, 흰 쌀알 등을 나타낸 백白 위에 일一을 그었다거나 벌집의 모양을 본땄다는 등 다양한 풀이가 있다. 천千은 인人의 다리 부분을 가로획으로 그어 사람이 많다는 뜻을 나타냈다. 만萬은 전갈을 그린 글자다.

3장

사방四方 – 동서남북

1. 부대 자루

2. 둥지와 소금

3. 구리북과 나침반

4. 배후와 지존(至尊)

1.   부대 자루

東 동녘 동

"동東은 움직인다動는 뜻이다. … 해日가 나무木 가운데에 있음을 따랐다."[1]

동한東漢 허신許愼의 『설문해자說文解字』에 나오는 동東에 대한 풀이다. 해日가 나뭇가지木 사이로 떠오르는 모습이 동이라는 것은 설문 이래 가장 널리 알려진 해석이다. 해가 걸린 나무는 부상扶桑이라는 이름을 갖고 있다. 부상은 동쪽 푸른 바다碧海 1만 리里 떨어진 양곡暘谷이라는 해돋이 고장에서 자란다. 높이가 수천 길丈이고 둘레는 2,000아름圍이 넘으며, 뽕나무桑 두 그루가 한 뿌리에서 나와 서로 기대고扶 있어 부상이라고 한다. 한무제漢武帝 때의 문인이자 정치가인 동방삭東方朔·약 기원전 161~기원전 93이 지었다는 『해내십주기海內十洲記』에 나온다.

---

[1] "東, 動也. … 從日在木中.", 段玉裁, 『說文解字注』, 黎明文化事業股份有限公司, 1984, 273쪽.

해가 나무 사이에 있는 것을 동東, 나무 위에 있는 것을 고杲·밝을 고, 나무 아래에 있는 것을 묘杳·어두울 묘라 한다. 청淸 단옥재段玉裁가 『설문해자주說文解字注』에서 허신의 동東부 풀이에 덧붙여 설명한 내용이다. '동이 움직인다'는 것은 해가 나무 위로 솟아오르는 동작을 묘사한 것이다. 해가 뜨면 만물이 활동을 시작한다는 뜻도 담고 있다. 동쪽은 오행五行으로 목木, 계절로는 봄春에 해당하므로 만물이 태어나서 움직이는 상황을 가리킨다.

동에 대한 이런 해석은 1899년 갑골甲骨문자가 발견될 때까지 이어졌다. 갑골문에 새겨진 동은 해와 나무와는 전혀 상관없는 글자 형태였다. 갑골문의 동은 양쪽 끝을 새끼줄이나 노끈으로 묶은 자루 모양이었다. 동은 탁橐·전대, 망태기이나 낭囊·주머니, 행낭의 초기 글자였다. 낭은 한쪽 끝은 막히고 다른 쪽은 터진 자루다. 탁은 양쪽 끝이 모두 터진 자루다. 양쪽 끝이 모두 막히고 가운데 물건 넣는 입구가 있는 자루가 탁이라는 주장도 있다. 탁橐이라는 글자 안의 석石과 목木에 주목한 해석도 있다. 수렵 시절 짐승 가죽에 돌촉 화살, 식량, 옷, 나무 막대기를 넣고 둘둘 말아 양쪽 끝을 동여맨 다음 등이나 어깨에 메고 사냥에 나섰다가 밤에는 묶은 가죽을 펼쳐 잠자리로 썼던 것을 묘사한 글자라는 것이다.

동을 탁이나 낭의 초기 글자 형태로 보는 것은 속束·묶다과 중重·무겁다의 갑골문 형태에 근거를 둔다. 속은 동에서 가운데 가로획

동(東)의 갑골문   탁(橐)의 모양   속(束)의 갑골문

하나만 빠진 모양이다. 동은 자루 안에 물건이 있다는 뜻이고, 속은 물건 없이 빈 자루의 양끝을 묶은 형태다. 동과 속을 같은 뜻으로 쓴 사례도 발견됐다. 동양 별자리의 핵심인 28수宿 체계는 늦어도 전국戰國·기원전 453~기원전 221 시대 초기에 완성된 것으로 판단한다. 기원전 5세기 중국 호북성湖北省의 한 제후의 무덤에서 출토된 칠기 상자 뚜껑에 28수의 완전한 명칭이 쓰여 있었기 때문이다. 상자 뚜껑에는 28수의 북방 현무 별자리 가운데 동영東縈을 속영束縈으로 표기했다. 자루의 의미로 동과 속을 구분 없이 썼다는 증거다. 동영은 현무의 7번째 별 동벽東壁이다. 중重의 갑골문은 사람人이 물건이 든 무거운 자루東를 등에 멘 모습이다. 서주西周 이후 청동기 금문金文에서 인人을 글자의 윗부분, 동東을 아랫부분에 쓰면서 현재의 중重으로 변했다.

중(重)의 갑골문   중(重)의 금문

2.   둥지와 소금

西 서녘 서

"서西는 새가 둥지 위에 있다는 뜻이다. 상형이다. 해가 서쪽으로 기울면 새가 둥지에 깃든다. 그래서 동서의 서쪽으로 삼았다. … 서棲는 서西의 혹자或字·이체자로 목木과 처妻를 따른다. 서卤는 서西의 옛 글자다."[2]

서西에 대한 동한東漢 허신許慎의 『설문해자說文解字』 풀이다. 골자는 네 가지다. 첫째는 글자 형태다. 서西는 새乙가 둥지 위에 앉은 모양이다. 허신이 본 것은 갑골문과 금문이 아닌 글자 윗부분에 새를 그린 소전小篆이었다. 둘째는 방향에 대한 해석이다. 해가 서西쪽으로 기울면 새가 둥지로 깃드는 행동을 보고 서西쪽이라는 방향을 삼았다는 것이다. 청淸대 단옥재段玉裁는 『설문해자주說文解字注』에서 "본래 서西라는 글자가 없었으나 발음을 빌려 와 서쪽의 뜻으로 쓰

---

2 "西, 鳥在巢上也. 象形. 日在西方而鳥西. 故因以爲東西之西. … 棲, 西或從木妻. 卤古文西.", 段玉裁, 『說文解字注』, 黎明文化事業股份有限公司, 1984, 591쪽.

서(西, 卥)의 갑골문　　서(西, 卥)의 금문　　서(西, 卥)의 소전

게 됐다"고 했다. 셋째는 새가 둥지에 깃드는 동작인 서棲는 새가 둥지 위에 있는 모양인 서卥의 이체자異體字·혹자로 사실상 같은 글자라는 것이다. 단옥재는 "서卥가 방향인 서西의 뜻으로 고정되면서 새가 둥지에 깃드는 뜻의 서棲라는 이체자를 새로 만들었다"고 덧붙였다. 새 둥지가 나무 위에 지어지는 특성도 있고, 두 글자의 발음도 같아서였다. 넷째는 서卤는 윗부분에 새乙가 없는 모양으로 서卥의 옛 글자古文라는 것이다.

　서卥의 옛 글자인 서卤는 서西쪽과 소금鹵·로의 두 가지 뜻을 갖는다. 새 둥지의 형태와 소금의 결정체 모양이 비슷해서 섞어 쓴 것으로 추정한다. 허신은 서卥 바로 뒤에 이어진 부수로 로鹵를 선택하고 "서쪽의 소금이 나는 땅은 로鹵라고 하고, 동쪽의 소금이 나는 땅은 척㡿이라고 한다"고 설명했다. 단옥재는 "산동山東에서는 바닷소금海鹽을 먹고, 산서山西에서는 돌소금鹽鹵을 먹는다"고 덧붙였다. 갑골문과 금문의 로鹵가 서卤와 글자 모양도 비슷하지만 서西쪽 땅에서 나는 소금이어서 굳이 구분하지 않았던 것으로 보인다. 염은 동쪽에

로(鹵)의 갑골문　　로(鹵)의 금문　　로(鹵)의 소전

서 바닷물을 졸여 인위적으로 만든 소금이고, 로는 서쪽의 육지 광산에서 천연으로 채취한 암염巖鹽이다.

서西도 동東처럼 갑골문이 출토되면서 글자에 대한 종래 해석이 달라진 글자다. 서의 갑골문은 새 둥지 모양이 아니라 대나무 소쿠리나 물장군과 같은 생활 도구를 묘사한 형태였다. 현대 중국어에서 글자의 유래를 짐작하기 어려운 단어가 동서東西·dōngxi다. 동쪽과 서쪽이라는 방향의 의미가 아니라 물건物件을 가리키는 뜻이어서다. 갑골문의 동은 자루, 서는 물건을 담는 용기를 가리켰던 흔적이 수천 년째 녹아 있는 단어다.

동서에 얽힌 송宋대의 거유巨儒 주자朱子의 이야기다. 주자가 길에서 만난 벗에게 "어딜 가느냐"고 묻자 벗은 "동서를 사러 간다"고 했다. 주자는 "왜 남북을 사러 가지 않느냐"고 농을 건넸다. 그러자 벗은 "동은 나무木, 서는 쇠金라서 살 수 있지만 남은 불火, 북은 물水이라 살 수 없다"고 응수했다. 대학자의 벗답게 오행五行 이론으로 재치 있게 받아넘긴 것이다. 동서에 대해 동쪽 서울인 낙양洛陽과 서쪽 서울인 장안長安에 세상의 모든 물건이 모여든다는 뜻에서 생긴 말이라는 의견도 있다.

동쪽은 주인의 자리, 서쪽은 손님의 자리로 해석한다. 『예기禮記』는 "당堂에 오를 때 주인은 동쪽 계단으로 오르고 손님은 서쪽 계단으로 오른다"고 했다.³ 손님을 존중하는 방향을 선택해야 함을 강조한 것이다. 손님이 해가 뜨는 동쪽을 바라보는 자리, 주인은 해가 지는 서쪽을 바라보는 자리에 위치해야 한다는 것이다. 집주인을 방동房東 또는 동도주東道主라고 부르는 까닭이다.

---

3   "上堂 … 主人就東階, 客就西階."「曲禮 上」, 『禮記』

3. 구리북과 나침반

南 남녘 남

남南의 글자 유래에 대해서는 아직 정론定論이 없다. 갑골문에서도 방향을 나타낸 글자로 쓰인 사례만 보일 뿐 다른 용법을 발견하지 못했다. 남은 갑골문 → 금문 → 소전 → 해서 등 여러 글자체를 거치면서도 자형字形 변화를 거의 겪지 않았다. 윗부분의 屮가 十로 달라지고 아래의 冂 안쪽도 금문보다 단순한 羊로 바뀌었을 뿐이다. 물체의 형상을 본뜬 상형象形 글자인 만큼 자원字源에 대해서는 다양한 추정이 나온다.

남(南)의 갑골문   남(南)의 금문   남(南)의 소전

제3장 사방(四方)-동서남북

첫째로 종鐘이나 구리북동고·銅鼓과 같은 고대 남쪽 지방에서 성행한 악기 모양을 본뜬 것이라는 주장이다. 윗부분의 屮는 나뭇가지나 악기틀가자·架子에 줄을 묶은 것이고 아랫부분은 악기라는 것이다. 금문의 冂 속은 쇠북을 두드리는 나무 막대나 채를 형상했다. 지리적으로 상商나라 남쪽이어서 악기 이름南, 방향南方, 사람南人 등의 넓은 뜻을 갖게 됐다고 한다. 일본 한자학의 권위자인 시라카와 시즈카白川靜는 남쪽 산악 지방에 살던 묘족苗族이 이웃 마을과의 통신 수단, 제사 등 의례, 전쟁의 지휘 도구로 쓰던 대형 구리북을 남이라고 주장했다. 남은 이민족 신神을 제압하고 상대의 저주를 막기 위해 국경國境의 땅속에 묻었던 주술용 청동기 '주진呪鎭'으로도 사용됐다는 것이 시라카와의 견해다. 상나라 역시 남쪽 변방을 어지럽히던 묘족을 퇴치하기 위해 마찬가지로 주진을 묻었다. 당시 땅에 묻었던 주진은 지금도 강남江南 지역에서 산사태 등이 일어날 때 대거 발견된다고 한다.[4]

구리북 동고(銅鼓) (출처: 美術報)

---

4 시라카와 시즈카·우메하라 다케시 저, 이경덕 역, 『주술의 사상(呪の思想)』, 사계절, 2008, 48~57쪽.

둘째로 천자가 남쪽을 바라보고 앉는 만큼 종과 북 등을 갖춘 악단이 남쪽에 위치한 것을 상정한 글자라는 의견이다. 셋째로 남쪽 지방의 전통 가옥을 그린 것이라는 주장이다. 높은 강우량과 무더운 기후, 해충이 많은 지역의 특성에 맞게 지표면에서 떨어지도록 나무 기둥 위에 2층으로 지은 삼각형 지붕의 집을 나타낸 모양이라는 것이다. 넷째로 거북점을 많이 쳤던 상商나라 사람들이 거북 모양을 본떠 만든 글자라는 추정이다. 윗부분의 卝는 거북의 머리이고, 아랫부분은 거북 배딱지의 상반부를 그린 모양이라고 한다. 또 거북 구龜의 상형자를 가로로 반 자르면 남南의 형태가 되며, 거북이 사는 집의 방향도 남쪽을 보고 있다는 것이다. 여러 주장 가운데 악기를 본뜬 것이라는 의견이 다수설이다.

글자 유래와는 다소 거리가 있지만 이색적인 견해도 있다. 남南은 나침반의 전신前身인 사남司南을 뜻한다는 것이다. 나침반은 중국의 4대 발명품에 속한다. 사남은 국자 모양으로 만든 자석磁石이다. 방향판 위에 놓으면 국자 자루가 항상 남쪽을 가리킨다. 전설에서

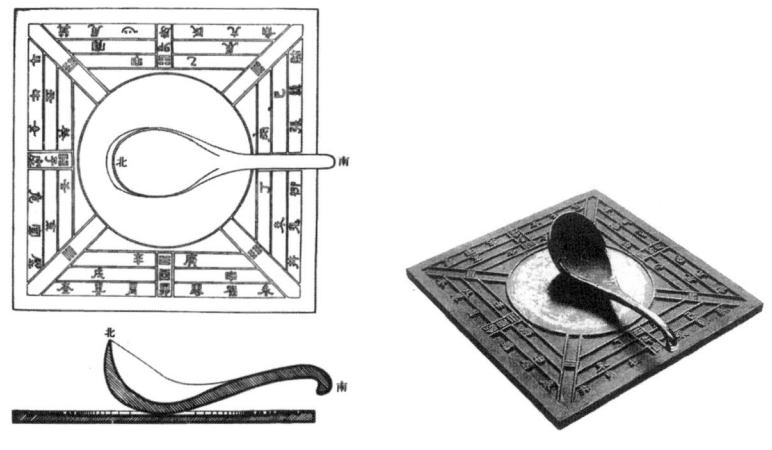

사남(司南)

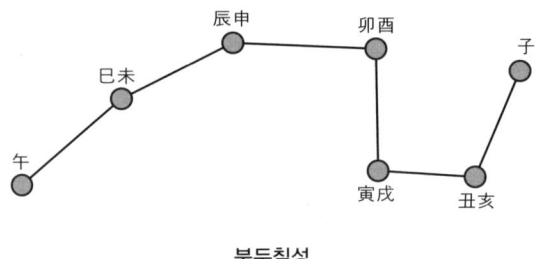

북두칠성

는 사남을 만들기 전에 황제黃帝가 이미 지남거指南車를 발명했고, 지남거에 설치한 인형의 손이 늘 남쪽을 가리켜 군사용으로 활용했다고 한다.

사남의 국자 모양은 북두칠성을 형상한 것이다. 북두칠성은 북극성을 중심에 두고 국자 머리를 북쪽, 자루를 남쪽으로 해서 회전한다. 근현대 중국 지질과학사서地質科學史書인 『고광록古礦錄』에 따르면 중국에서 자성磁性을 띤 광석이 처음 발견된 것은 전국戰國시대 하북성河北省 한단邯鄲의 자산磁山 일대라고 한다. 따라서 사남의 제작연대는 아무리 빨리 잡더라도 전국시대를 넘어서기 어렵다. 갑골문이 만들어진 상商대와는 연대적 차이가 크다고 할 수 있다.

4. 배후와 지존至尊

北 북녘 북

북北의 글자 유래는 단순하다. 두 사람이 서로 등진 모습이다. 북北은 본래 등背의 뜻이다. 패배敗北라고 읽는 것이 그 흔적이다. 전쟁에서 지면 적에게 등을 돌리고 달아난다. 북반구에서는 해가 남쪽에 위치한다. 사람들은 따뜻한 해를 향해 앉는다. 집을 지을 때도 해가 비치는 남쪽 방향을 선호한다. 남쪽을 바라보면 등은 자연히 북쪽을 향한다. 등을 가리켰던 북이 방향이 된 까닭이다. 북이 방향의 뜻으로 쓰이면서 등은 북의 아래에 육月을 붙여 구분했다. 북은 긍정과 부정의 양면성을 지닌 글자다. 북쪽은 해가 비치지 않아 어둡고 축축하며 춥다. 오행에서 북쪽을 물水과 검은색黑에 배속하는 까닭이다. 북은 북망산北邙山이라는 이름에서 보듯 죽음과도 연관된다.

북(北)의 갑골문

반면 북은 동서남북 중 가장 존귀尊貴한 방향이다. 『주역周易』에 나오는 '성인남면聖人南面'이라는 말이 이를 상징한다. 성인남면은 임금이 북쪽을 등지고 남쪽을 바라본다는 뜻이다. 어두운 북쪽에서 밝은 남쪽을 바라보며 현명한 정치를 펼쳐 백성을 잘살게 한다는 의미다.[5] 북쪽이 존귀한 방향이 된 것은 천문天文 발전과 관련 있다. 북극을 중심으로 한 3원三垣 28수二十八宿의 동양 천문 체계가 완성되면서다. 3원은 자미원紫微垣을 중심으로 한 하늘의 세 궁궐이고, 28수는 사방의 제후와 같다. 북극성과 북두칠성이 있는 자미원에 하늘의 상제上帝가 있고, 땅에서는 상제의 아래인 북쪽에 임금이 자리한다.

북쪽은 시작과 탄생의 의미도 갖는다. 만물은 북쪽이 상징하는 물에서 태어난다. 12지지의 시작 글자인 자子, 해가 길어지면서 양기陽氣가 처음 일어나는 동지冬至도 북쪽이다. 하늘의 상제를 가리키는 태일太一신의 상징인 숫자 1도 마찬가지다. 물水이자 양수陽數인 1은 북北, 불火이자 음수陰數인 2는 남南이다. 물과 불의 음양이 섞여 만물이 태어나는 3은 나무木이자 동東, 다 자란 만물을 거둬들이는 4는 금金이자 서西다.

---

5 황유성, 『사람에게서 하늘 향기가 난다 - 東洋 天文에의 초대』, 린쓰, 2018, 37~39쪽.

4장
사방신 四方神

1. 사방신의 이름

2. 사방신과 바람

3. 요전(堯典)과 사방신

1. 사방신의 이름

蓐 깔개 욕

동방東方 구망句芒   남방南方 축융祝融

서방西方 욕수蓐收   북방北方 우강禺疆

동서남북 네 방위를 관장하는 신의 이름이다. 『산해경山海經』[1], 『여씨춘추呂氏春秋』[2], 『회남자淮南子』, 『예기禮記』, 『장자莊子』, 『오행대의五行大義』

---

[1] 『산해경(山海經)』은 전국(戰國·기원전 453~기원전 221)시대 초(楚)나라 무인(巫人)들에게 전해오던 원시 신화와 설화 등을 수록한 일종의 지리서다. 동이족(東夷族)과 관련한 내용이 많다. 책은 산경(山經)과 해경(海經)을 합친 이름이다. 일반적으로 전국시대에 책이 만들어진 것으로 본다. 신화, 종교, 지리, 민속 등 다양하고 풍부한 내용이 담겼다. 『산해경』 고본(古本)은 32권이었으나 전한(前漢)의 유흠(劉歆)이 18권으로 정리한 것으로 전해진다.

[2] 『여씨춘추(呂氏春秋)』는 기원전 239년 전후 진시황(秦始皇)의 재상이었던 여불위(呂不韋·기원전 292~기원전 235)와 그 문객들이 공동 집필한 백과사전 성격의 저작물이다. 여람(呂覽)이라고도 한다. 선진(先秦) 경전과 제자백가 사상을 비판적으로 집대성했다. 『황제사경(黃帝四經)』, 『회남자(淮南子)』와 함께 도가(道家)를 위주로 한 황로(黃老) 사상을 이론적 배경으로 삼은 문헌이다. 총 26권 160편으로 연감인 기(紀) 12권, 보고서인 람(覽) 8권, 논문인 논(論) 6권으로 이뤄졌다.

등 숱한 문헌에 보인다. 해가 뜨는 동쪽과 해가 지는 서쪽, 북극을 가리키는 북쪽과 정오의 해를 마주하는 남쪽은 옛사람들이 대단히 신성하게 여긴 곳이다. 동서남북의 사방은 공간을 十자로 나누는 이승二繩 개념을 형성하며, 사시四時라는 시간 구분 개념과 직결된다. 공간과 시간의 일체화가 사방에서 비롯된다. 네 방위에 신의 이름을 붙인 것은 해가 움직이고 계절이 바뀌는 현상 모두 신령神靈의 조정에 의한 것이라고 생각해서다.

"동쪽은 목木이다. 임금은 태호太皞다. 구망句芒이 보좌하며, 동그라미를 그리는 그림쇠規를 잡고 봄을 다스린다. 남쪽은 화火다. 임금은 염제炎帝다. 주명朱明이 보좌하며, 저울衡을 잡고 여름을 다스린다. 중앙은 토土다. 임금은 황제黃帝다. 후토后土가 보좌하며, 먹줄繩을 잡고 사방을 제어한다. 서쪽은 금金이다. 임금은 소호少昊다. 욕수蓐收가 보좌하며, 네모를 그리는 곱자矩를 잡고 가을을 다스린다. 북쪽은 수水다. 임금은 전욱顓頊이다. 현명玄冥이 보좌하며, 저울추權를 잡고 겨울을 다스린다."[3]

한漢대 초기 문헌인 『회남자』에 나온다. 전통적 사방신四方神이 전국戰國시대 완성된 오행五行 및 오제五帝 개념과 결합한 내용이다. 사방신 가운데 축융은 주명[4], 우강은 현명[5]이라는 이름으로 나온다.

---

[3] "東方, 木也, 其帝太皞, 其佐句芒, 執規而治春. 南方, 火也, 其帝炎帝, 其佐朱明, 執衡而治夏. 中央, 土也, 其帝黃帝, 其佐后土, 執繩而制四方. 西方, 金也, 其帝少昊, 其佐蓐收, 執矩而治秋. 北方, 水也, 其帝顓頊, 其佐玄冥, 執權而治冬."「天文」,『淮南子』

[4] 『회남자』는 축융(祝融)을 주명(朱明)이라고 했다. 주명은 여름철 해가 밝다는 의미다.

[5] 『산해경』「대황북경(大荒北經)」에서는 우강(禺彊),『장자』「대종사(大宗師)」에서는 우강(禺強)으로 나온다. 현명은『회남자』「천문(天文)」,『여씨춘추』「십이기(十二紀)」,『예기』「월령(月令)」,『오행대의』등에 보인다. 현명은 겨울철 햇빛이 부족해 어둡다는 뜻이다.

축융과 주명은 해와 불火의 밝음, 현명은 물水과 어두움의 이미지다.

사방신의 이름에는 계절의 뜻이 담겨 있다. 신의 이름을 지을 때 시간의 흐름에 따른 자연 현상의 변화를 떠올린 것으로 볼 수 있다. 동방 구망句芒은 봄을 맞아 초목의 싹이 굽거나句 뾰족하게芒 나오는 것에서 따온 이름이다. 구망은 동쪽의 해 뜨는 나무인 부목榑木의 땅에 살며, 사람의 머리에 새의 몸을 갖고 있다. 남방 축융祝融은 여름이 되면서 해가 밝아지고 낮이 길어지기融 시작한다祝는 뜻이다. 축융의 다른 이름인 주명은 붉고 뜨거운 해朱가 밝다明는 의미다. 사람의 얼굴에 짐승의 몸을 가진 모습이다. 축융은 본래 상고시대 불을 책임지는 관직 이름이었다. 원시 수렵에서 화전 농업으로 전환될 때 부족 등 공동체에서 불의 사용을 중요하게 다루었기 때문이다. 축융은 남쪽 초楚나라의 선조로도 알려져 있다.『사기史記』「초세가楚世家」에 관련 기록이 나온다.

구망(句芒)　　　　　　　축융(祝融)

서방 욕수蓐收는 가을에 만물이 아래로 드리워져서蓐 거둬들인다收는 의미다. 갑골문에서 농農·농사과 욕蓐·요, 깃, 쭈그러들다은 같은 글자다. 농사를 지으면서 풀을 베고 김을 맬 때 도구로 사용한 조개

욕수(蓐收)　　　　　　농(農)과 욕(蓐)의 갑골문

껍질 진辰이 두 글자의 핵심이다. 농과 욕이 같은 글자인 만큼 욕수蓐收와 농수農收는 동의어다. 농사를 다 지어 추수한다는 뜻이다. 욕수는 사람의 얼굴을 하고 호랑이 발톱에 흰 털을 가진 짐승의 몸이다. 욕수는 붉은 노을이라는 의미의 홍광紅光으로도 불린다. "욕수가 사는 유산泑山 서쪽의 해 지는 곳에 저녁놀이 둥글게 물드는데, 이는 홍광이라는 신이 하는 일이다"라는 내용이 『산해경』에 나온다.[6] 홍광은 서쪽의 노을 신이다.

　북방 우강禺疆은 세 가지 신분을 지닌다. 첫째는 북해北海를 다스리는 신이다. 오제 중 한 명인 황제黃帝의 손자다. 『산해경』 「대황동경大荒東經」에는 우경禺京으로 나온다. 사람의 얼굴에 새의 몸을 하고 있다. 우강이 바다의 신인 만큼 물고기의 몸을 하고 있다고도 한다. 전국시대 제후의 무덤인 증후을묘曾侯乙墓의 관棺 문양에는 사람의 얼굴에 새의 머리, 물고기 몸의 모습을 한 우강이 나온다. 둘째는 겨울을 다스리는 북쪽의 바람신北風神이다. 오제에 속하는 전욱顓

6 　"曰泑山, 神蓐收居司之. … 是山也, 西望日之所入, 其氣員, 神紅光之所司也.", 「西次三經」, 『山海經』

項의 신하다. 역시 사람의 얼굴에 새의 몸이다. 『산해경』「대황북경大荒北經」에는 우강禺疆, 『장자莊子』「대종사大宗師」에는 우강禺强이다. 마지막으로 북서풍北西風을 관장하는 신이다. 우강의 북서풍은 전염병을 퍼뜨린다고 믿어 려풍厲風이라고 부른다. 화禍를 부르는 걱정스럽고厲 사나운 바람이라는 뜻이다. 현명玄冥은 우강의 자字라고 한다. 현과 명 모두 어둡다는 뜻이다. 현명은 죽음의 신死神과 연관된 이름이다. 동양 천문의 북방 7수宿인 현무玄武와 현명은 같은 뜻이다.

우강(禺疆)

새와 물고기를 합친 모습의 증후을묘 우강

2. 사방신과 바람

鳳 봉새 봉

동쪽은 석이라 하고, 바람은 협이라 한다 東方曰析 鳳曰協.

남쪽은 인이라 하고, 바람은 미라 한다 南方曰因 鳳曰微.

서쪽은 이라 하고, 바람은 이라 한다 西方曰夷 鳳曰彝.

북쪽은 완이라 하고, 바람은 역이라 한다 北方曰宛 鳳曰役.

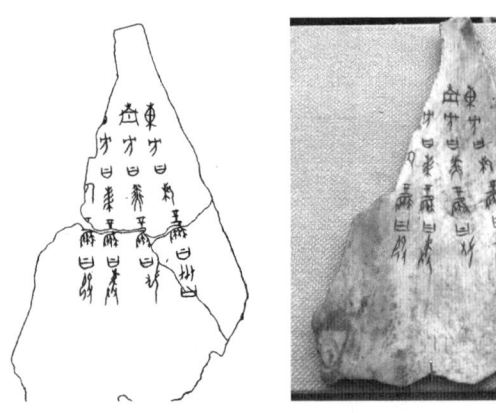

『갑골문합집』 14294판

동서남북 사방신四方神의 이름과 네 방향에서 불어오는 바람에 대한 가장 오래된 기록이다. '갑골문합집甲骨文合集[7] 일련번호編號 14294'라는 고유 명사를 갖는 유명한 복사卜辭다. 상商대 중흥 군주인 고종高宗 무정武丁·약 기원전 1250~약 기원전 1192 시대의 것으로 판명된 글자들이다. 소의 어깨뼈牛肩甲骨에 새겨진 글자는 모두 28자였으나 왼쪽의 북쪽 관련 조각이 떨어져 24자만 남았다. 풍風은 당시 글자가 없어 봉鳳을 썼다. 발음이 같은 데다 새가 바람을 몰고 온다는 관념을 반영한 것이다.

『갑골문합집』 14294와 14295는 한 짝과 같다. 14294에서 왼쪽 부분이 떨어져 나간 사방신의 이름은 14295에서 완벽하게 보완된다. 거북의 배딱지龜腹甲에 새겨진 14295판 역시 무정 시대의 것이다. 복사의 내용은 사방신들에게 제사를 지내면 비가 충분히 와서 풍년이 들 것인지를 점쳐 묻는 것이다. 14295판의 해독은 배딱지

『갑골문합집』 14295판의 가운데 사방신 관련 부분

[7] 『갑골문합집(甲骨文合集)』은 상(商)대 갑골 자료의 최대 집대성 문헌이다. 1899년 갑골문 발견 이래 중국 본토, 대만, 유럽, 미국, 일본 등 각국에 흩어진 16만여 편의 갑골 자료 중 학술 가치가 뛰어난 4만 1,956편의 탁본과 사진 등을 모아 1978~1982년 13책으로 중화서적이 펴냈다. 중국사회과학원 역사연구소 주관으로 곽말약(郭沫若)이 주편(主編), 호후선(胡厚宣)이 총편집(總編輯)을 맡았다.

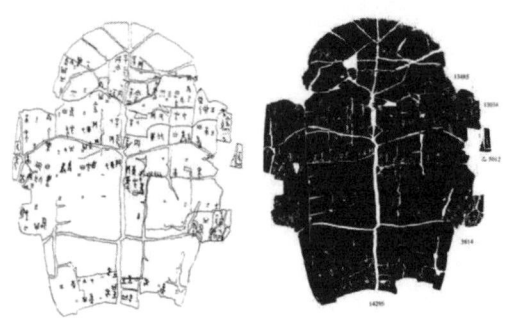

『갑골문합집』 14295판

한가운데를 세로로 이등분하는 천리로千里路를 중심으로 아래에서 위로, 오른쪽에서 왼쪽의 순서로 해야 한다. 먼저 아랫부분의 오른쪽은 동쪽에 관한 복사이고, 왼쪽은 서쪽에 관한 것이다. 또 윗부분의 오른쪽은 북쪽, 왼쪽은 남쪽에 대한 것이다. 복사의 순서를 감안할 때 해가 뜨는 동쪽 → 해가 지는 서쪽 → 북극성이 있는 북쪽 → 남쪽 방향의 차례로 당시 공간에 대한 질서 관념이 자리 잡았던 것으로 풀이된다.

상商대 사방신과 사방풍의 명칭은 주周대 이후 점차 쓰임이 줄었으나 『산해경山海經』과 『서경書經』 「요전堯典」 등 일부 문헌에 전승됐다. 『산해경』의 내용이다.[8]

> 동쪽은 절折이라 하고, 바람은 준俊이라 한다.
> 남쪽은 인因이라 하고, 바람은 민民이라 한다.
> 서쪽은 이夷라 하고, 바람은 위韋라 한다.
> 북쪽은 원鵷이라 하고, 바람은 염狻이라 한다.

---

8 "東方曰折, 來風曰俊"-大荒東經, "南方曰因乎, 夸风曰乎民"-大荒南經, "西方曰夷, 來風曰韋"-大荒西經, "北方曰鵷, 來風曰狻"-大荒東經

3. 요전堯典과 사방신

析 가를 석

『서경書經』「요전堯典」은 해의 운행과 방위, 해와 별을 이용한 사시의 측정, 물후物候의 변화, 역법의 제정 등 다양한 천문 지식을 함축적으로 표현하고 있다. 분량은 지극히 짧지만 고대 동양 천문의 전반적 내용을 다루고 있어 대단히 중요한 문헌으로 평가받는다. 사방신은 요전의 핵심 내용 중 하나다. 동쪽 사방신의 이름은 희중羲仲 또는 석析이고, 남쪽은 희숙羲叔 또는 인因, 서쪽은 화중和仲 또는 이夷, 북쪽은 화숙和叔 또는 오隩다. 희중, 희숙, 화중, 화숙은 관직 또는 사람 이름이다. 석, 인, 이, 오와 역할이 중복되는 명칭이다. 중요한 내용인 만큼 「요전」의 천문 부분만 따로 떼어 소개한다.

요전의 천문 부분

"이에 희씨와 화씨에게 명하기를 넓고 큰 하늘을 우러러 받들고, 일월성신의 움직임을 살펴 삼가 백성에게 때를 알도록 하였다乃命羲和, 欽若昊天, 曆象日月星辰, 敬授人時."

"희중에게 따로 명하여 우이에 살게 하니 양곡이라는 곳이다. 해가 떠오르는 것을 공경하게 맞아 일출제日出祭를 지내고, 해가 동쪽에서 움직이는 시각을 살펴 (그림자를) 측정토록 하였다. 낮과 밤의 길이가 같아져 남방 주조 7수의 성별이 해 지고 남쪽 하늘 한가운데 뜨면 춘분으로 정하도록 했다. 그 백성은 석析이고, 새와 짐승은 교미해 새끼를 불렸다分命羲仲, 宅嵎夷, 曰暘谷. 寅賓出日, 平秩東作. 日中星鳥, 以殷仲春. 厥民析, 鳥獸孳尾."

"희숙에게 거듭 명하여 남교에 살게 했다. 북쪽 고도의 끝에 이른 해가 (하지 이후) 남쪽으로 되돌아가는 것을 살펴 (그림자를) 측정토록 하고, 경건하게 하지제夏至祭를 지내게 하였다. 해가 길어지고 밤이 짧아지며 동방 창룡 7수의 화별이 해 지고 남쪽 하늘 한가운데 뜨면 하지로 정하도록 했다. 그 백성은 인因이고, 새와 짐승은 (더운 여름을 나기 위해) 털을 갈아 성글어졌다申命羲叔, 宅南交. 平秩南訛. 敬致. 日永星火, 以正仲夏. 厥民因, 鳥獸希革."

"화중에게 따로 명하여 서쪽에 살게 하니 매곡이라는 곳이다. 해가 들어가는 것을 공손히 전송하며 입일제入日祭를 지내고, 해가 서쪽으로의 운행을 마무리하는 시각을 살펴 (그림자를) 측정토록 하였다. 밤과 낮의 길이가 같아져 북방 현무 7수의 허별이 해 지고 남쪽 하늘 한가운데 뜨면 추분으로 정하도록 했다. 그 백성은 이夷고, 새와 짐승은 새로 털갈이를 해 윤이 흘렀다分命和仲, 宅西, 曰昧谷. 寅餞納日, 平秩西成. 宵中星虛, 以殷仲秋. 厥民夷, 鳥獸毛毨."

"화숙에게 거듭 명하여 북쪽에 살게 하니 유도라는 곳이다. 남쪽 끝에 이른 해가 (동지 이후) 북쪽으로 방향을 바꾸는 것을 살펴 (그림자를)

측정토록 하였다. 낮이 짧아지고 밤이 길어지며 서방 백호 7수의 묘별이 해 지고 남쪽 하늘 한가운데 뜨면 동지로 정하도록 했다. 그 백성은 오陝고, 새와 짐승은 (추운 겨울을 나기 위해) 솜털이 빽빽해졌다申命和叔, 宅朔方, 曰幽都. 平在朔易. 日短星昴, 以正仲冬. 厥民陝, 鳥獸氄毛."

"요 임금이 말씀하시길, 오! 희씨와 화씨 형제들이여. 한 돌은 366일이니 윤달을 넣어 춘·추분과 동·하지의 사시를 정해 일 년을 이루도록 하라 帝曰, 咨, 汝羲暨和. 期三百有六旬有六日, 以閏月定四時成歲."

사방신과 사방풍 이름(갑골문, 산해경, 서경)

방위	사방신		사방풍	참고
동방(東方)	석(析) 절(折)	구망(句芒) 희중(羲仲)	협(協) 준(俊)	
남방(南方)	인(因) 지(遲)	축융(祝融) 희숙(羲叔)	미(微) 민(民)	사방신 지(遲)는 『갑골문합집』14295판
서방(西方)	이(夷) 이(彝)	욕수(蓐收) 화중(和仲)	이(彝) 위(韋)	사방신 이(彝)는 『갑골문합집』14295판
북방(北方)	완(宛) 원(鵷) 오(陝)	우강(禺彊) 현명(玄冥) 화숙(和叔)	역(役) 염(狢)	

사방신과 사방풍의 이름은 동서남북의 공간, 사시四時의 시간, 기상氣象과 관련된 물후物候 변화 등 세 가지 요소를 결합한 의미를 담고 있다. 동방 석析의 글자 형태는 도끼斤로 나무木를 쪼개는 모습이다. 절折도 나눈다는 분分을 뜻한다. 석과 절은 춘분이 되면 하루를 정확히 둘로 나눈 것처럼 낮과 밤의 길이가 같아지는 현상을 가리킨다. 동방풍 협協은 서로 사이좋게 힘을 합친다는 화和와 합合의 뜻이다. 따뜻한 봄바람이 불면서 음양陰陽이 사귀고交 모이는會 현상을

나타낸 것이다. "새와 짐승이 교미해 새끼를 불린다鳥獸孳尾"고 「요전」은 설명한다. 준俊이라는 글자는 협協에서 뜻이 파생된 것이다.『설문해자』에 따르면 협協이 세 개의 힘三力을 합한 것이라면 준은 일천 명의 힘千力을 합친 만큼 크고 빼어나다는 의미다.

남방 인因에도 다양한 뜻이 담겨 있다. 인의 갑골문은 돗자리 위에 사람이 네 활개를 펴고 드러누운 모양이다. 인은 높은 곳高으로 나아간다는 취就와 같은 뜻이다. 하지에 해가 하늘의 가장 높은 곳에 이르는 것을 가리킨다. 또 시간적으로 낮이 길어지는長 현상이다. 지遲도 장長의 뜻이다. 여름을 맞아 만물이 크게 자라는長大 모습이기도 하다. 남방풍 미微는 적어지고稀少 가늘어지는微細 것을 가리킨다. "새와 짐승이 털을 갈아 성글어졌다鳥獸希革"고 「요전」은 묘사한다. 민民은 미微와 음이 비슷해 와전된 것으로 본다.

서방 이夷와 이彝는 고대古代에 통용되던 글자였다. 이夷는 활弓과 사람大 또는 활과 화살矢의 형태고, 이彝는 희생犧牲을 잡아 두 손으로 조상에게 바치는 글자 모양이다. 만물을 상傷하게 하거나 죽인다殺는 뜻이 있다. 가을이 되어 숙살지기肅殺之氣의 찬바람이 세상을 덮으면 만물이 시들고 죽어간다는 것이다. 낮이 짧아져 해가 서쪽으로 기울면서 세상이 어두워지는黑暗 모습이기도 하다. 글자에 담긴 가장 중요한 의미는 만물을 고르고平 가지런하게齊 나눈다分는 것이다. 추분이 되어 낮과 밤의 길이가 같아지는 것을 가리킨다. 서방풍 위韋는 입에 머금는 함㕦·舍의 의미다. 가을철 만물이 풍성해지고豐 커지는泰 결실의 모습이다.

북방 완宛은 굽어서屈 둥글게 말리며 짧아진다短는 의미다. 겨울철 만물이 오그라들고 땅속으로 숨어드는 형상이다. 동지가 되어 낮이 짧아진다는 뜻이기도 하다. 완宛에 새鳥를 추가한 원鵷은 새가 계절을 알려준다는 고대인들의 관념에 따른 글자다. 오奧는 집 안의 서남쪽 모퉁이다. 겨울철 사람들이 양식을 저장하는 곳이다. 날이 추워지면서 사람들이 집 안에 저장한 양식으로 겨울을 넘기는 모습이다. 북방풍 역役은 성盛하다는 뜻이다. 새와 짐승이 풍성한 솜털鳥獸氄毛로 겨울 채비를 한다는 「요전」의 설명을 가리킨다. 염獫은 열冽의 뜻이다. 겨울철 차갑고寒 매서운烈 북풍이 불어오는 모습이다.

5장
새와 바람

1. 제비와 짝짓기 신
2. 매서운 북풍(北風)을 부르는 대붕(大鵬)
3. 새와 바람 달력(風曆)
4. 하늘의 음악 천뢰(天籟)

1. 제비와 짝짓기 신

媒 아이 밸 매

봄이 되어 동쪽에서 협풍協風이 불면 현조玄鳥·제비가 날아온다. 추분秋分에 강남으로 갔던 제비燕가 춘분春分을 알리는 협풍을 타고 돌아오는 것이다. 상商나라 시조 설契은 제비의 후손이다. 어머니 간적簡狄이 여동생과 연못에서 목욕하다가 제비가 물가 바위에 낳은 알을 먹고 설을 잉태했다고 한다.[1] 수태만큼이나 탄생 과정도 예사롭지 않다. 어머니의 등(가슴이라고도 함)을 가르고 세상에 모습을 드러냈다. 설契의 갑골문이 칼刀로 나무를 가르는 모양인 까닭이다. 상 부족은 제비를 시조 설을 보듯 한다.

"이달에는 제비가 날아온다. 제비가 처음 날아온 날에 소, 돼지, 양의 세 가지 희생犧牲을 준비하는 태뢰太牢의 예로써 고매신高禖神에게 큰 제사

---

[1] 오제(五帝)의 한 명인 제곡(帝嚳) 임금의 차비(次妃) 간적이 궁궐의 요대(瑤臺)라는 높은 누각에서 동생과 놀다가 제비가 떨어뜨린 알을 먹고 설을 낳았다는 이야기도 있다. 원가(袁珂) 저, 전인초·김선자 역, 『中國神話傳說』, 民音社, 1992, 387~389쪽.

를 지낸다. 천자가 친히 태뢰에 참여한다. 왕후와 왕비는 모든 후궁을 이끌고 천자를 따른다. 천자의 아이를 잉태한 후궁에게는 예식을 거행한다. 고매신의 앞에서 활집을 허리에 차게 하고, 활과 화살을 건네 왕자를 낳도록 기원한다. 이달은 밤과 낮의 길이가 같다."[2]

『여씨춘추呂氏春秋』「중춘기仲春紀」에 나오는 내용이다. 고매高禖는 혼인의 신이자 잉태의 신이다. 뱀의 몸으로 복희伏羲와 교미를 하는 여와女媧의 화신化身으로 본다. 협풍은 음양陰陽의 만남交會과 화합和合을 상징하는 바람이다. 고매신의 사당은 성밖 교외郊外에 있었다. 고매高禖의 고高는 교郊와 발음이 비슷해 빌려 쓴 글자다. 교郊는 들野에서 사귀는交 야합野合의 뜻이다. 매禖는 천자의 아이를 점지해 주는 신에게 지내는 제사다. 매禖는 중매 매媒와 아이 밸 매腜와 같은 뜻이다. 고매신高禖神은 교매신郊媒神 또는 교매신郊腜神과 동의어다. 봄의 신이자 동방의 신인 구망句芒은 새의 몸을 하고 있다. 제비와 함께 봄에 나타나는 고매신을 구망으로 보기도 한다.

태뢰의 예로 고매신 제사를 지내는 날에는 나라가 주관해 축제를 함께 벌였다. 남녀의 만남과 화합이 자연스럽게 이뤄질 수 있는 상황을 국가 차원에서 조성한 것이다. 봄바람인 협풍은 곡풍谷風이나 조풍調風으로도 불린다. 간적은 목욕沐浴을 하던 중 제비알을 먹고 잉태를 했다. 골짜기 곡谷과 욕浴도 같은 연상 범위에 있는 글자다. 고매, 교매, 협풍, 곡풍, 조풍 등은 모두 생식을 떠올리게 하는 명칭이다. 『주례周禮』「지관사도地官司徒」에 매씨媒氏라는 관직 이름과 관장 업무가 나온다.

---

2 "是月也, 玄鳥至. 至之日, 以太牢祀于高禖. 天子親往, 后妃率九嬪御, 乃禮天子所御, 帶以弓韣, 授以弓矢, 于高禖之前. 是月也, 日夜分."「仲春紀」,『呂氏春秋』

고매신(高禖神)으로 변신한 여와(女媧) (출처: 百度)

복희(伏羲)와 여와(女媧)

"매씨媒氏는 모든 백성을 짝지어 주는 일을 맡아 한다. 남녀 출생 3개월이 되면 생년월일과 이름을 기록한다. 남자는 30세에 장가들고 여자는 20세에 시집가도록 한다. 여자가 재가再嫁하면 데리고 가는 자녀까지 기록한다. 중춘의 달에는 남자와 여자가 한자리에 모이도록 명령한다. 이때는 혼례를 하지 않고 동거하더라도 금지하지 않는다. 만약 아무 까닭 없이 모이라는 명령에 따르지 않으면 벌을 내린다."[3]

매씨媒氏의 업무에는 고매신의 역할을 아예 국가 기능으로 강제하는 내용이 있다. 고대에는 인구가 부족이나 국가의 힘을 과시하는 가장 큰 척도였다. 상商은 물론 주周대에 법령으로 못 박을 만큼 인구 증가는 국가 역량과 직결되는 가장 중요한 일이었던 것이다. 현조와 고매신 전설은 모계사회에서 부계사회로 옮겨가던 상황을

---

3   "媒氏掌萬民之判. 凡男女自成名以上, 皆書年月日名焉. 令男三十而娶, 女二十而嫁. 凡娶判妻入子者, 皆書之. 中春之月, 令會男女, 於是時也. 奔者不禁. 若無故而不用令者, 罰之.", 「地官司徒-媒氏」, 『周禮』.

묘사한 것으로 볼 수 있다. 춘분 → 현조(제비) → 고매신으로 이어지는 흐름은 특정한 날에 군혼群婚과 잡혼雜婚, 족외혼族外婚 등의 습속까지 용인했던 것을 뜻한다. 아버지를 알 수 없는 설契의 난생卵生 설화는 물론 춘분에 남녀가 혼례 없이 동거하는 것을 나라에서 장려하다시피 했던 것은 부계사회가 완전히 고착되지 않았던 정황을 보여주는 흔적이다. 현조 전설은 남성의 성징性徵을 은유한 것으로도 해석한다. 현玄은 북방 현무 7수에서 의미하듯 거북과 검은색을 연상시킨다. 새鳥는 쪼아대는 공격적, 남성적 특성을 갖는 동물이다. 활과 화살도 뾰족한 끝을 가진 긴 물건을 쏜다는 이미지를 갖는다.

2. 매서운 북풍北風을 부르는 대붕大鵬

鵷 황금 봉황 원

"남쪽에 원추鵷鶵라는 새가 있다…. 원추는 남해에서 북해로 날아가는데 오동나무가 아니면 깃들지 않고, 대나무 열매가 아니면 먹지 않으며, 예천의 감로수가 아니면 마시지 않는다."[4]

『장자莊子』 「추수秋水」 편에 나온다. 원추鵷鶵는 황금색 봉황을 가리킨다. 봉황 전설의 대표 주자다. 전설에 따르면 봉황은 색깔에 따라 다섯 종류로 나뉜다. 황금색 원추 외에 붉은색은 진봉眞鳳, 푸른색은 청란靑鸞, 흰색은 홍곡鴻鵠, 보라색은 악작鷟鷟이라고 한다. 원추의 추鶵를 추雛로 보아 어린 봉황으로 해석하기도 한다. 원鵷은 사방신 중 북방신이기도 하다. 『산해경山海經』 「대황동경大荒東經」에 나오는 이름이다. 『산해경』과 『장자』는 문화적 배경이 같다. 『산해경』은

---

[4] "南方有鳥, 其名爲鵷鶵…. 夫鵷鶵發于南海而飛于北海, 非梧桐不止, 非練實不食, 非醴泉不飮.", 「秋水」, 『莊子』

남방 초楚 땅의 신화 전설을 대거 수록했고, 장자약 기원전 369~기원전 286는 전국戰國시대 초 왕실의 후예로 알려져 있다. 『산해경』과 『장자』에 나오는 봉황의 이름이 같은 것은 우연이 아니다.

"북쪽 바다에 물고기가 있는데 이름을 곤鯤이라고 한다. 곤의 크기는 몇천 리나 되는지 알 수 없다. 곤이 변해서 새가 되니 이름을 붕鵬이라고 한다. 붕의 등은 몇천 리나 되는지 알 수가 없다. 한번 떨쳐 날면, 날개가 하늘에 드리운 구름과 같다. 이 새는 바다를 건너서 남쪽 바다로 날아가는데, 그곳은 천지天池다."[5]

『장자莊子』 「소요유逍遙遊」 편의 처음 부분이다. 동양적 상상력과 호연지기浩然之氣를 한껏 과시한 우화寓話라는 평을 받는다. 곤鯤은 북해北海에 사는 상상의 큰 물고기다. 고래와 비슷한 동물로 해석한다. 붕은 크고 사나운 봉황을 가리킨다. 붕은 날아오를 때 두 날개로 삼천 리의 바닷물을 후려쳐 회오리 바람을 만든 뒤 구만 리 상공까지 치고 올라가 구만 리 바깥 남쪽 바다로 반년을 날아간다고 한다. 겨울이 되어 뼛속 깊이 파고드는 매서운 북풍北風은 붕이 북해에서 남해로 날아갈 때 펄럭이는 날갯짓에서 일어나는 것이다.

대붕大鵬 이야기는 『산해경』과 『장자』에서 동시에 언급된 북방신 우강禺彊, 禺强의 모습과 같다. 우강은 물고기와 새의 모습을 하고 있다. 북쪽 바다의 신일 때는 물고기였다가 남쪽으로 날아갈 때는 새의 몸에 바람의 신으로 바뀐다. 우강이 역병疫病의 신이기도 한 것은 겨울철 찬바람이 불 때 사람들이 병에 많이 걸리는 것을 가리킨다.

---

5 "北冥有魚, 其名爲鯤. 鯤之大, 不知其幾千里也. 化而爲鳥, 其名爲鵬. 鵬之背, 不知其幾千里也. 怒而飛, 其翼若垂天之雲. 是鳥也, 海運則將徙于南冥. 南冥者, 天池也.", 「逍遙遊」, 『莊子』

3. 새와 바람 달력 風曆

郊 나라 이름 담

"나의 선조인 소호씨少皞氏[6]가 즉위할 때 봉황鳳鳥이 날아왔소. 이에 새鳥로써 일을 기록하고 관직 이름을 삼았던 것이오. 봉조씨鳳鳥氏는 천문 역법 장관, 현조씨玄鳥氏는 춘분과 추분, 백조씨伯趙氏는 하지와 동지, 청조씨靑鳥氏는 입춘과 입하, 단조씨丹鳥氏는 입추와 입동을 관장하는 관리였소.

또 축구씨祝鳩氏는 교육과 재정, 저구씨雎鳩氏는 군사와 전쟁, 시구씨鳲鳩氏는 수리와 토지, 상구씨爽鳩氏는 법률과 치안, 골구씨鶻鳩氏는 민정과 언론을 맡았소. 이들 오구는 백성을 평안하게 하는 일을 하였소. 오치五雉는 다섯 분야의 공업 기술을 맡아 편리한 도구를 만들고 도량형을 통

---

[6] 소호씨는 산동성(山東省) 일대에서 신석기 후기의 대문구(大汶口) 문화를 형성했던 동이족(東夷族)의 조상신이다. 대문구 문화는 기원전 4100~기원전 2600년 황하(黃河) 하류의 태산(泰山)을 중심으로 산동성 서남부와 하남성(河南省) 동부, 강소성(江蘇省) 과 안휘성(安徽省) 북부 등에 분포했다.

일해 백성이 고르게 살도록 하였소. 구호九扈는 아홉 가지 농사 업무를 맡으며 백성이 건전한 풍속을 유지하도록 했소."⁷

　　동쪽 바다 근처 소호씨가 다스리는 새鳥들의 왕국의 관직 이름과 맡은 업무다. 소호씨의 후손인 담郯나라⁸ 제후 담자郯子가 노魯나라 소공昭公을 만나 소개한 내용이라고 『좌전左傳』은 전한다. 공자孔子가 이를 전해 듣고 직접 담자를 찾아와 옛 관제官制와 올바른 정치에 대해 깊은 가르침을 청했다고 『좌전』은 덧붙인다. 담자 일화는 상상 속 새들의 나라가 아니라 새를 토템으로 하는 고대 부족에 관한 이야기다.

　　주목할 대목은 국가의 최상층부를 이루는 관직이다. 담자는 천문 역법을 맡은 관리를 군사와 행정을 담당하는 관리에 앞서 소개한다. 새鳥와 역법의 중요성에 대한 고대인들의 인식을 상징적으로 드러낸 부분이다. 새鳥는 갑골문에서 봉鳳이면서 풍風이었다. 옛사람들은 새가 천제天帝의 전령傳令으로 바람을 타고 와 사시팔절四時八節의 때를 알려주는 신령한 존재라고 생각했다. 『서경書經』 「요전堯典」에서도 강조됐지만 과거 농경 시절에는 정확한 역법을 만들어 풍년을 기약하는 것이 지도자의 가장 큰 덕목이었다.

7　"我高祖少皥摯之立也, 鳳鳥适至, 故紀于鳥, 爲鳥師而鳥名. 鳳鳥氏, 曆正也. 玄鳥氏, 司分者也. 伯趙氏, 司至者也. 靑鳥氏, 司啓者也, 丹鳥氏, 司閉者也. 祝鳩氏, 司徒也. 鴡鳩氏, 司馬也. 鳲鳩氏, 司空也. 爽鳩氏, 司寇也. 鶻鳩氏, 司事也. 五鳩, 鳩民者也. 五雉, 爲五工正, 利器用, 正度量, 夷民者也. 九扈爲九農正, 扈民無淫者也.", 「昭公十七年」, 『左傳』

8　담(郯)나라는 산동성(山東省) 임기(臨沂)시 담성(郯城)을 중심으로 산동성 남부와 강소성(江蘇省) 북부의 접경 지역에 위치했던 작은 제후국이다. 기원전 11세기 상(商)나라 중흥 군주 무정(武丁)의 아들이 처음 담나라의 제후에 봉해졌다. 전국(戰國) 초기인 기원전 414년 월(越)나라에 의해 멸망했다. 동이족으로 알려진 공자(孔子)가 동이족의 원조 격인 담나라에 깊은 관심을 가졌던 것으로 전해진다.

때에 맞춰 찾아오고 사라지는 새는 역법 제작의 중요한 판단 기준이자 그 자체가 달력이었다. 소호씨 왕국의 현조씨는 춘분에 날아와서 추분에 돌아가는 제비연·燕의 관직이다. 백조씨는 하지에 울기 시작해 동지에 그치는 때까치백로·伯勞의 직책이다. 청조씨는 입춘부터 울기 시작해 입하에 그치는 종달새창안·鶬鴳의 자리다. 단조씨는 입추에 날아와서 입동에 돌아가며 큰 물에 들어가 조개가 된다는 금계별치·鷩雉의 직책이다. '지천시知天時'라는 별명을 가진 봉조씨는 사시팔절의 모든 때와 역법을 총괄하는 관직이다.[9] 새鳥 관직은 진한秦漢 시대에 팔풍八風이라는 바람 이름으로 대체된다. 새 관직과 팔풍은 여덟 방위와 여덟 절기, 계절에 따른 물후物候 변화의 세 가지 역법 요소를 명칭에 담고 있다. 『회남자淮南子』「천문훈天文訓」과 『사기史記』「율서律書」 등에 팔풍에 대한 내용이 나온다.

"무엇을 팔풍이라 하는가. 해가 동지를 지나 45일째 조풍이 이른다. 조풍이 이른 지 45일째 명서풍이 이른다. 명서풍이 이른 지 45일째 청명풍이 이른다. 청명풍이 이른 지 45일째 경풍이 이른다. 경풍이 이른 지 45일째 양풍이 이른다. 양풍이 이른 지 45일째 창합풍이 이른다. 창합풍이 이른 지 45일째 부주풍이 이른다. 부주풍이 이른 지 45일째 광막풍이 이른다"[10]

---

9 서진(西晉) 두예(杜預·222~284)의 『춘추좌씨경전집해(春秋左氏經傳集解)』와 당(唐) 공영달(孔穎達·574~648)의 『오경정의(五經正義)』 주석. 馮時, 『中國天文考古學』, 中國社會科學出版社, 2017, 259~260쪽 참조.

10 "何謂八風. 距日冬至四十五日 條風至. 條風至四十五日 明庶風至. 明庶風至四十五日 淸明風至. 淸明風至四十五日 景風至. 景風至四十五日 涼風至. 涼風至四十五日 閶闔風至. 閶闔風至四十五日 不周風至. 不周風至四十五日 廣莫風至", 『淮南子』, 『史記·律書』

제5장 새와 바람

팔풍은 하늘의 여덟 방위에서 불어오는 바람이다. 이들 바람은 이분이지二分二至와 사입四立의 여덟 절기와 연결된다. 온도와 습도 등 절기에 따른 물후 변화에 따라 불어오는 바람의 기운과 방위가 달라진다. 동지에는 북쪽의 광막풍, 입춘에는 동북쪽의 조풍, 춘분에는 동쪽의 명서풍, 입하에는 동남쪽의 청명풍, 하지에는 남쪽의 경풍, 입추에는 서남쪽의 양풍, 추분에는 서쪽의 창합풍, 입동에는 서북쪽의 부주풍이 각각 불어온다. 소호씨 나라의 새들도 바람을 타고 현조, 청조, 백조, 단조씨의 차례로 방위별, 절기별로 찾아오고 날아간다. 새와 팔풍은 고대의 바람 달력風曆이자 물후력物候曆, 기상력氣象曆이라고 천문학자들은 평가한다.

팔풍과 방위와 절기

방위	절기	명칭	의미
북	동지	광막풍(廣莫風)	넓은 벌판(廣莫)에서 불어오는 찬 기운
동북	입춘	조풍(條風)	만물이 가지(條)처럼 뻗어 나감
동	춘분	명서풍(明庶風)	양기(陽氣)를 받아 만물이 무리(庶) 지어 나옴
동남	입하	청명풍(淸明風)	맑고 깨끗하며 온화한 기운
남	하지	경풍(景風)	만물이 높아지고(景) 양기도 다함
서남	입추	양풍(凉風)	서늘한 바람에 만물이 성숙함
서	추분	창합풍(閶闔風)	하늘 문이 닫히므로(閶闔) 만물을 거둬들여 저장함
서북	입동	부주풍(不周風)	음기가 가득해 막히고 통하지 않음(不周)

4.   하늘의 음악 천뢰天籟

籟 세 구멍 퉁소 뢰

"너는 사람이 내는 소리인뢰·人籟는 들어보았으나 땅이 우는 소리지뢰·地籟는 듣지 못했을 것이다. 네가 땅의 소리를 들었다 하더라도 하늘이 일으키는 소리천뢰·天籟는 듣지 못했을 것이다. … 저 천지의 덩어리가 숨을 내쉬는 것을 바람이라고 한다. 바람은 잠잠하다가 한번 일어나면 천지의 온갖 구멍이 다 울부짖는다. …

숲이 바람에 일렁이면 백 아름이 넘는 큰 나무의 콧구멍과 입, 귓구멍이 벌렁거리는 듯하다. 쭉 뻗은 가룻대나 둥근 동물 우리, 절구마냥 패인 옹이나 움푹 꺼진 웅덩이, 고요한 연못 같은 온갖 구멍에서 소리가 난다. 세찬 물줄기 부딪치는 소리, 휘익 화살 날아가는 소리, 야단 치는 소리, 숨 들이마시는 소리, 외치는 소리, 울부짖는 소리, 깊은 굴속을 휘감아 지나가는 소리, 애처로운 소리들. 앞에서 우 하고 소리치면 뒤에서는 웅 하고 노래한다. 선선한 바람은 작게 울고 회오리 바람은 크게 운다. 사나운 바람이 한바탕 휩쓸고 가면 온갖 구멍들은 또다시 텅 빈다."[11]

장자(莊子)

세상에는 세 가지 소리籟가 있다. 사람이 부는 통소 소리人籟, 땅 구멍이 숨을 토해내는 소리地籟, 하늘이 천지에 일으키는 바람 소리天籟다. 장자莊子는 「제물론齊物論」에서 삼뢰三籟 모두 바람이라고 했다. 사람이 통소의 대나무 구멍을 통해 바람을 불어 넣으면 음악이 된다. 천지 만물에 뚫린 구멍은 자연의 통소다. 바람이 자연의 악기를 통해 울려내는 소리는 자연의 음악이 된다. 하늘과 땅을 닮은 천의무봉天衣無縫의 가락이 천뢰와 지뢰다.

바람은 바람일 뿐 인간의 감각과 사고로 해석할 수 있는 대상은 아니다. 천뢰와 지뢰를 이해하기 위해서는 다시 인간의 소리인 인뢰로 바꿔야 한다. 바람을 담아내기 위해서는 바람의 특색에 맞는 하늘과 땅의 소리를 모아야 한다. 바람은 여덟 방위에서 불어온다. 팔풍은 이분이지二分二至와 사입四立의 여덟 절기와 연결된다. 바람은 절기마다 다른 특색을 띤다. 절기마다 달라지는 바람은 여덟 가지 소리로 나타난다. 여덟 가지 소리를 내는 천지의 물질은 팔음八音의 재료가 된다. 동양 음악은 팔음의 재료로 천뢰와 지뢰를 인뢰로 바꾼 작업의 결정물結晶物이다. 팔음의 재료는 쇠金·돌石·나무木·흙土·가

---

11 "女聞人籟, 而未聞地籟, 女聞地籟而未聞天籟夫. … 夫大塊噫氣, 其名爲風, 是唯無作, 作則萬竅怒呺. … 山林之畏佳, 大木百圍之竅穴, 似鼻, 似口, 似耳, 似枅, 似圈, 似臼, 似洼者, 似汚者. 激者, 謞者, 叱者, 吸者, 叫者, 譹者, 宎者, 咬者, 前者唱于而隨者唱喁. 泠風則小和, 飄風則大和, 厲風濟則衆竅爲虛."「齊物論」,『莊子』

죽革·실絲·대竹·바가지匏다.¹²

쇠金

쇠金를 대표하는 악기는 종鐘이다. 종소리는 천지 가득 울리면서橫 무거우므로重 추분秋分에 알맞다. 서방西方을 뜻하는 주역의 태兌괘와 창합풍閶闔風에 어울린다. 기상이 굳세므로壯 무武와 형벌刑罰과 연관 된다.

돌石

돌石을 표현하는 악기는 경磬이다. 돌소리는 가볍고輕 원만해溫潤 입 동立冬에 적합하다. 서북방西北方의 건乾괘와 부주풍不周風과 합쳐진다. 사리 분별辨別을 잘해 절개와 의리節義를 떠올리게 하는 소리다.

나무木

나무木로 만드는 악기는 타악기인 축柷과 어敔다. 나무 소리는 짧고短 여운이 없으므로無餘 입하立夏에 알맞다. 동남방東南方의 손巽괘와 청명풍淸明風과 합치된다. 나무 소리는 곧으니直 사람들이 욕심을 비 우고 자신을 깨끗하게 한다.

---

12 이혜구 역주, 『신역 악학궤범』, 국립국악원, 2000, 67~70쪽. 「樂書」, 『史記』

실絲

실絲은 거문고인 금琴과 슬瑟을 만든다. 실 소리는 섬세纖微해 하지夏至의 음으로 쓴다. 남방南方의 이离괘와 경풍景風·마파람과 나란히 한다. 실 소리는 애처로우면서도哀 반듯해方正 마음을 한데 모을 수 있다. 선비가 금슬을 몸에서 놓지 않는 것은 마음을 모아 의로운 뜻을 세우기 위해서다.

대竹

대竹로 만드는 악기는 피리인 관管과 약籥이다. 대나무 소리는 맑고 빼어나므로清越 춘분春分과 어울린다. 동방東方의 진震괘와 명서풍明庶風에 배속된다. 대나무 소리는 백성을 모아 편안하게會容 한다.

박匏

박匏은 생笙과 우竽의 재료다. 박 소리는 높고崇聚 길어長 입춘立春에 알맞다. 동북방東北方의 간艮괘와 조풍條風에 합한다. 박 소리는 가늘고 맑으므로㶷 자신을 삼가고思謹 남을 공경하게 된다.

흙土

흙土은 질나발인 훈壎과 부缶를 만든다. 흙 소리는 아래로 깊이 내려가므로下 입추立秋의 음이다. 서남방西南方의 곤坤괘와 양풍涼風과 합치한다. 흙 소리는 탁濁하면서 너그러우므로厚 사람을 기를 수 있다.

가죽革

가죽革은 북인 고鼓와 도鼗를 만드는 데 쓰인다. 가죽 소리는 풍성하고 커서隆大 동지冬至에 알맞다. 북방北方의 감坎괘와 광막풍廣莫風과 어울린다. 가죽 소리는 시끄러워讙 군중을 떨쳐 일어나게 한다.

팔음의 물질은 실絲과 가죽革을 남북의 자오선子午線으로 삼아 왼쪽은 박匏, 대竹, 나무木의 하늘天로 자라는 재료로 이뤄진다. 오른쪽은 흙土, 쇠金, 돌石의 땅地과 친한 재료가 자리한다. 왼쪽은 양기陽氣의 밝은 소리를 내며, 오른쪽은 음기陰氣의 무거운 소리를 낸다. 동양 음악은 천지의 여덟 물질에 여덟 절기의 바람을 불어 넣은 소리들로 어우러진다.

팔방, 팔절, 팔풍, 팔음과 악기

하늘(天)	동남(東南)-손(巽) 입하(立夏) 청명풍(淸明風) 목(木)-축(柷)·어(敔)	남(南)-리(离) 하지(夏至) 경풍(景風) 사(絲)-금(琴)·슬(瑟)	서남(西南)-곤(坤) 입추(立秋) 양풍(凉風) 토(土)-훈(壎)·부(缶)	땅(地)
	동(東)-진(震) 춘분(春分) 명서풍(明庶風) 죽(竹)-관(管)·약(龠)	자오선 (子午線)	서(西)-태(兌) 추분(秋分) 창합풍(閶闔風) 금(金)-종(鐘)	
	동북(東北)-간(艮) 입춘(立春) 조풍(條風) 포(匏)-생(笙)·우(竽)	북(北)-감(坎) 동지(冬至) 광막풍(廣莫風) 혁(革)-고(鼓)·도(鼗)	서북(西北)-건(乾) 입동(立冬) 부주풍(不周風) 석(石)-경(磬)	

6장
태양의 전설

1. 과보(夸父)와 해의 경주(競走)
2. 양산박(梁山泊)과 산동(山東)섬
3. 태양신 소호씨(少昊氏)
4. 태양조(太陽鳥)의 상징 부호
5. 순(舜)임금의 정체
6. 태양신과 상(商)나라 시조
7. 해와 달의 창조주
8. 태양 운행도(運行圖)
9. 해가 매일 동쪽에서 뜨는 비밀

1. 과보夸父와 해의 경주競走

夸 자랑할 과

"과보는 태양을 쫓아 달리다 해질 무렵이 되었다. 목이 몹시 말라 황하와 위수의 물을 마셨다. 두 강의 물로는 부족해 북쪽으로 대택의 물을 마시러 갔다가 미처 닿기 전에 목이 말라 죽었다. 갖고 있던 지팡이를 버렸는데 등림으로 변했다."[1]

『산해경山海經』에 나오는 '과보가 해를 쫓다夸父逐日'라는 신화다. 과夸는 정면으로 선 사람大과 우亏가 합쳐진 글자다. 우亏는 나무 장대 간·竿 또는 피리다. 과는 튼튼하고 긴 다리로 구름云까지 뛰어넘는 과·跨 사람, 높은 소리의 생황 피리우·竽를 자랑스럽게 부는 사람 등으로 해석한다. 금문의 아랫부분은 피리于와 이를 부는 입ㅁ을 묘사한 것이다. 피리만 그린 글자꼴도 있다. 보父는 부락의 수령에 대한 존칭 또는 남자에 대한 미칭美稱이다.

---

1 "夸父與日逐走, 入日. 渴欲得飮, 飮於河渭, 河渭不足, 北飮大澤. 未至, 道渴而死. 棄其杖, 化爲鄧林.",「海外北經」,『山海經』

과(夸)의 갑골문

과(夸)의 금문

불타는 듯한 나날들이었다. 강물이 바짝 말라 사람들은 마실 물을 구할 수 없었고, 타들어 가는 대지에 농작물은 물론 숲마저 빨갛게 변해버렸다. 땅에는 맹수와 독사가 우글거렸다. 모든 것이 작렬하는 해 때문이었다. 십일병출十日竝出이라고 열 개의 해가 한꺼번에 하늘에 나타났다는 말까지 나돌았다. 과보는 거인족의 수령이었다. 온건한 성품이었으나 용감하고 부족에 대한 책임감이 강했다. 어느 날 그는 굳게 결심했다. '해를 붙잡아 땅에서 벌어지는 참상에 대한 책임을 단단히 따져 묻겠다'고. 그리고 주변에 자신의 계획을 밝혔다. 모두가 만류했다. 해는 너무 멀리 있어 도착하기도 전에 지쳐 쓰러질 것이라거나, 가까이 가면 너무 뜨거워 타 죽을 것이라고 했다.

그러나 과보는 뜻을 굽히지 않았다. 작정한 다음 날 동쪽 바다에서 해가 둥실 떠올랐다. 처음 느릿느릿해 보이던 해는 하늘 높이 올라가자 속도를 내기 시작했다. 과보도 해를 따라잡기 위해 질풍처럼 내달렸다. 해는 서쪽의 우곡禺谷 가까이 이르러서야 속도를 늦추기 시작했다. 과보는 더욱 힘을 냈다. 곧 손에 잡힐 것만 같았다. 하지만 너무 목이 말랐다. 하루 종일 물 한 모금 마시지 못한 채 쉬지 않고 달려왔던 터였다. 그는 황하와 위수의 물을 바닥까지 다 마셨다. 그럼에도 갈증이 가시지 않았다. 다시 대택大澤의 물을 마시려 걸음을 옮겼으나 미처 이르기도 전에 지친 몸과 심한 갈증으로 쓰

| 과보축일 신화를 묘사한 그림 | 측(夨)의 갑골문 |

러지고 말았다. 죽기 전 과보는 자신이 지니고 있던 지팡이를 바닥에 던졌다. 지팡이는 향기롭고 과즙 가득한 복숭아 숲으로 변했다.

　과보축일 신화에 대해서는 다양한 해석이 존재한다. 영생永生에 대한 인간의 갈구와 염원을 표현한 것이라는 시각이 있다. 영원한 시간을 상징하는 해를 유한한 존재인 인간이 뒤쫓다 실패한 것을 은유했다는 것이다. 등림은 복숭아숲桃林을 말한다. 복숭아는 동양에서 장수를 의미한다. 그리스 이카루스의 신화처럼 절대자인 신에 대한 도전을 묘사한 것으로 보기도 한다. 이카루스는 밀랍으로 붙인 새의 날개를 달고 해 가까이 올랐다가 밀랍이 녹는 바람에 바다로 떨어져 죽었다.

魃 가물귀신 발

황제족黃帝族에 대항한 염제족炎帝族과 치우족蚩尤族의 전쟁 신화를 그린 것이라는 주장도 있다. 『산해경』「대황북경大荒北經」에 따르면 황제족은 염제족을 물리친 뒤 치우족과 전쟁을 벌였다. 치우족은 풍백風伯·운사雲師·우사雨師를 동원해 비바람과 안개를 몰아치며 황제족을 곤경으로 몰아넣었다. 황제족은 비를 가두는 응룡應龍과 비장의 무기인 황제의 딸 발魃을 내세워 전세를 뒤집었다. 발의 몸속에는 해와 같은 불덩어리가 들어 있어 비바람과 안개를 몰아낼 수 있었다. 패색이 짙어진 치우족은 과보족에 도움을 요청했다. 과보는 염제의 후손인 물의 신水神 공공씨共工氏의 증손이자 후토后土의 손자였다. 두 부족이 힘을 합쳤으나 결국 전쟁에 졌고, 수령인 치우와 과보는 붙잡혀 죽고 말았다. 전쟁 후 북쪽 지방에 살게 된 발은 늘 가뭄인 한발旱魃을 불러오고, 남쪽에 머물게 된 응룡은 항상 비를 뿌리고 다니게 됐다. 해와 과보의 경주는 황제족과 염제족 간의 대를 이은 갈등을 묘사한 것이라는 견해다.

천문적 관점에서 해 그림자를 측정하는 인신측영人身測影 및 입간측영立竿測影을 상징한 것이라는 풀이도 유력하다. 해시계의 원조는 사람의 몸이다. 거인인 과보의 다리比·髀는 해시계로서의 역할을 의미하며, 해와의 달리기는 그림자를 쫓아 시간을 파악했던 상황을 묘사한 것으로 설명한다. 갑골문의 측反은 과보축일夸父逐日을 상징하는 글자라고 한다. 해가 질 때 그림자가 땅에 길게 누운 글자 모양이 과보축일 신화의 결말과 같다는 것이다. 과보가 들고 다니던 지팡이는 그림자를 재는 도구인 나무 장대㐄라고 한다. 과의 갑골문에서 왼쪽은 나무 장대인 규표圭表를 그린 것이라고 강조한다.

2. 양산박梁山泊과 산동山東섬

泊 배 댈 박

과보夸父가 극심한 갈증으로 쓰러지기 전 찾았던 대택大澤은 어디일까? 신화 전설 속 지명을 현실에서 찾는다는 게 쉬운 일은 아니다. 하지만 대택의 경우 유력한 단서가 넘쳐난다. 드문 사례다. 산동성山東省의 한 거대한 호수를 대택大澤 또는 대야택大野澤, 거야택巨野澤, 거야택鉅野澤, 광야택廣野澤 등으로 이름했던 기록이 옛 문헌에 숱하게 나온다. 『주례周禮』, 『산해경山海經』, 『서경書經』, 『좌전左傳』, 『사기史記』, 『이아爾雅』, 『설문說文』 등 권위 있는 문헌들에 호수에 대한 다양한 내용이 나온다. 호수가 있던 곳은 현재 하택荷澤시 거야巨野현이라는 행정 지명으로 불린다. 흔히 산동성의 지형 특성을 이야기할 때 북5호北五湖와 남4호南四湖라는 말을 쓴다. 산동성 서부의 제녕濟寧시를 중심으로 북쪽으로 다섯 개의 호수, 남쪽으로 네 개의 호수가 있다는 뜻이다.

북5호는 북쪽 황하에서 남쪽 제녕까지 안산安山·현재 東平, 마답馬

踏, 남왕南旺, 촉산蜀山, 마장馬場의 순서로 다섯 개 호수가 차례로 이어진다. 남4호는 제녕에서 남쪽으로 남양南陽, 독산獨山, 소양昭陽, 미산微山 등 네 개 호수의 이름이 펼쳐진다. 북5호는 호수들이 따로 떨어져 있고 수면水面 면적도 작다. 남4호는 인근 지역에 따라 이름을 별도로 붙였을 뿐 하나로 연결된 거대 호수다. 아홉 개 호수는 절강성浙江省 항주杭州에서 출발해 북상하는 대운하大運河의 핵심 노선을 이룬다. 대운하는 이들 호수를 가로지르며 황하黃河를 건너 수도 북경北京에 이른다. 아홉 개 호수는 황하와 이어지기 전 산동반도와 대륙을 동쪽과 서쪽으로 나누는 자연 경계를 형성한다. 방향은 다르지만 압록강과 두만강이 한반도와 만주를 남북으로 가르는 것과 비슷하다.

대야택 또는 거야택은 북5호의 상고上古시대 모습으로 추정된다. 대야택이 언제 만들어졌는지는 알 수 없다. 하지만 관련 기록이 전

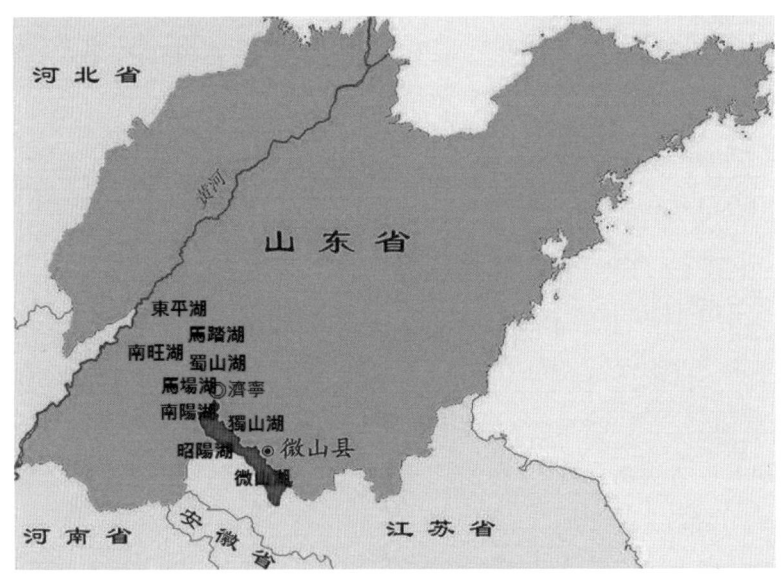

산동(山東)반도의 북5호와 남4호

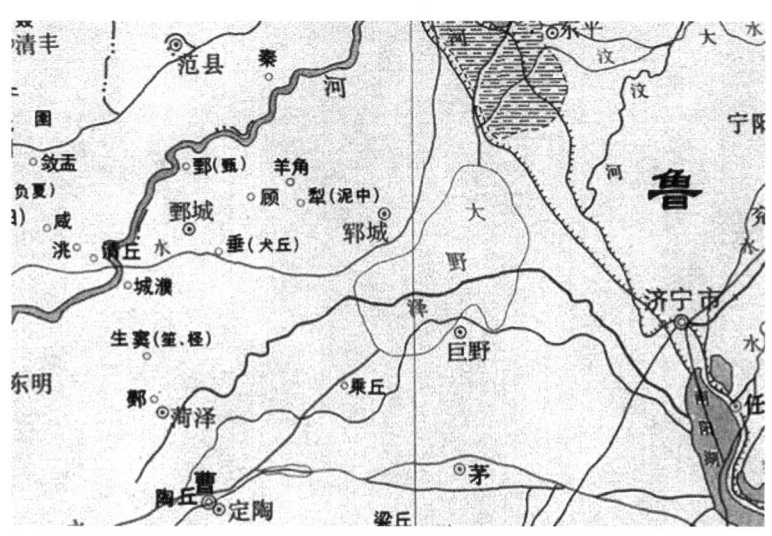

제녕(濟寧) 북쪽의 대야택(大野澤). 대야택은 송(宋)대의 양산박(梁山泊)이다. (출처: 百度)

해지는 옛 문헌들의 성서成書 시기로 미뤄 볼 때 역사시대 이전부터 존재했던 것으로 보인다. 대야택은 황하 하류의 지류인 제수濟水가 통과하면서 만들어진 거대 호수였다. 호수 주변은 옛 신화 전설로 가득한 곳이다. 호수 남쪽 거야성巨野城과 동쪽 호반은 치우蚩尤의 시신이 둘로 나뉘어 묻힌 곳으로 알려진다. 또 우禹임금이 황하의 물길을 다스리며 치수 사업을 한 곳 중 하나도 대야택이다. 상商나라의 14대 왕 조신祖辛, 15대 옥갑沃甲, 16대 조정祖丁, 17대 남경南庚 등 4왕이 도읍으로 사용했던 운성鄆城은 호수 서북쪽이다. 호수 서남쪽에는 요堯임금의 땅으로 알려진 정도定陶가 자리한다.

대야택은 송宋나라를 무대로 한 『수호전水滸傳』의 양산박梁山泊이라는 이름으로 특히 유명하다. 황하 하류가 당唐 말부터 북송北宋까지 남쪽으로 물길을 틀면서 대야택은 초거대 호수로 변했고, 육지였던 양산梁山은 호수 속의 섬이 되어버렸다. 대야택이 배를 대는 양산

산동반도(山東半島)의 지형 (출처: 百度)

박으로 지명이 바뀐 까닭이다. 북송 말부터 금金, 원元대까지는 황하가 더욱 남쪽으로 내려갔고 양산박은 점차 땅이 메워져 지금과 같은 다섯 개의 군소 호수가 되었다. 안산호는 청淸 말에 현재의 동평호로 이름이 바뀌었다.

산동성 서부에 이처럼 호수들이 남북으로 길게 이어진 이유는 무엇일까? 기상학자들은 지구의 마지막 빙하기가 기원전 1만 년경에 끝나면서 이후 해수면이 높아졌던 흔적으로 분석한다. 연구에 따르면 산동반도는 기원전 6500년경부터 빙하기의 얼음이 급속도로 녹기 시작했다. 기원전 5000~기원전 4000년경에는 기온이 지금보다 2~3℃ 높아지면서 해수면은 2~4미터 더 올라갔다. 온 세상이 물바다가 되면서 산동반도는 하남성河南省 등 대륙과 떨어진 섬으로 변했고, 산동반도 자체도 두 개의 섬으로 나뉘었다. 태산泰山을 중심으로 한 중서부 산악고원지대는 서도西島, 산동반도 끝의 교동반도膠東半島 구릉지대는 동도東島가 되었다. 이 시기 황하는 하남성 중부에서 직접 바다로 흘러 들어갔다.

　기원전 4000년경부터 지구 온도가 내려가면서 바닷물이 조금씩 뒤로 물러났다. 황하는 상류에서 실어 온 황토를 하류에 퇴적시켜 하남성과 산동성을 붙여나갔다. 기원전 2300년경 두 지역이 연결되고 기원전 1300년경에는 완전히 붙었다. 동쪽 교동반도도 이때 서쪽과 이어져 지금과 같은 모습을 갖추게 되었다.[2] 산동성의 아홉 개 호수는 이때 바다였던 흔적이다.

　대문구大汶口는 태산泰山 남쪽 자락에 있다. 기원전 4500~기원전 2500년경의 신석기 후기 유적지가 대거 발견된 곳이다. 바닷물이 물러나면서 산동반도가 하남성과 연결되던 시기다. 대문구 지역은 산동반도를 중심으로 강소성江蘇省, 안휘성安徽省, 절강성浙江省까지 이어지는 상고上古시대 동이족東夷族 활동의 주무대다. 거인족인 과보족의 흔적을 대문구의 신석기 동이족에게서 찾으려는 시도도 있다. 과보가 갈증을 해소하려던 대택과 군사동맹이었던 치우의 흔적이 전해지는 대야택은 같은 곳이다. 인류학적으로 대문구 신석기인들은 거인족으로 평가된다. 학자들이 대문구 사람들의 유골을 조사한 결과 남성 평균 신장은 다른 지역보다 훨씬 큰 172.2센티미터였다. 수천 년 전 유골의 평균 신장이 현대인과 맞먹을 정도였고, 일부 유골은 185~190센티미터에 이를 만큼 컸다고 한다.[3] 산동 사람들을 흔히 산동대한山東大漢이라고 부른다. 산동 사람들이 키가 크고 우람하다는 뜻이다. 과보족의 유전자 특징이 현재까지 전해진 것으로도 볼 수 있다.

2　김인희, 『소호씨 이야기』, 물레, 2009, 77~86쪽.

3　위의 책, 100~104쪽.

3. 태양신 소호씨少昊氏

昊 하늘 호

___

대문구 문화의 주인공은 소호씨少昊氏 또는 소호少昊 금천씨金天氏다. 금천씨는 전국戰國시대 오행설五行說에 따라 소호씨가 오제五帝의 한 명인 서방西方 백제白帝로 일컬어지면서 뒤에 생긴 이름이다. 금金과 서西는 오행 상징이 같다. 동진東晉시대 도가道家 서적인 『습유기拾遺記』에 따르면 소호씨의 아버지는 하늘에서 가장 빛나는 샛별太白星·금성이고, 어머니는 하늘 궁전인 선궁璇宮의 신녀神女인 황아皇娥다. 황아가 어느 날 동쪽 바닷가 궁상窮桑에 놀러 갔다가 샛별의 정령精靈을 만나 소호씨를 낳았다. 궁상은 '홀로 우뚝 선 뽕나무'라는 뜻이다. 동쪽 바닷속의 해 뜨는 나무인 부상扶桑과 같다. 궁상에서 태어난 소호씨를 궁상씨라고도 부른다. 궁상은 공자孔子의 고향인 산동성山東省 곡부曲阜다. 곡부와 대문구 문화 중심지인 태안泰安은 같은 지역이다.

호(昊)의 금문   대(昦)의 금문

소호씨의 호昊는 하늘이라는 뜻이다. 밝을 호皞로도 쓴다. 호의 본래 글자는 햇빛 대昦다. 앞을 보고 선 사람大의 머리 위에 해日가 떠 있는 모습이다. 하늘 한가운데 우뚝 선 태양신을 가리킨다. 대昦는 얼굴 모皃의 본래 글자로도 본다. 모皃는 흰백·白 얼굴과 사람의 다리儿·어진 사람 인를 합친 글자다. 백白은 사방으로 퍼져나가는 해의 빛살을 그린 모양이다. 사람이 햇빛처럼 뻗치는 태양광 형상의 관을 쓴 것으로도 해석한다. 새를 토템으로 한 동이족의 족장이 머리에 오색찬란한 빛을 내는 새의 깃털관鳥羽冠을 쓴 모양이기도 하다. 태양광 형상의 조우관을 쓴 족장은 태양신을 자처했거나 태양신으로 받들어졌다. 대昦와 모皃가 황皇으로 이어지고, 황은 뒤에 임금의 뜻을 갖게 됐다. 황皇은 봉황鳳凰새인 황凰에 앞서 쓴 글자다.

모(皃) 또는 대(昦)의 갑골문   황(皇)의 갑골문

제6장 태양의 전설 **103**

소호씨는 새의 얼굴에 사람의 몸을 하고 있다. 이름은 지擊다. 지는 새매라고도 하고, 봉황이라고도 한다. 소호씨의 성도 봉鳳 또는 풍風이다. 바람이라는 글자가 만들어지기 전 갑골문에서는 봉으로 풍을 대신했다. 그가 임금 자리에 오를 때 하늘에서 봉황이 날아와 축하의 춤을 추었다는 말이 전해진다. 소호씨는 나라를 다스리는 관직의 명칭을 새의 이름으로 정했다고 한다. 대문구大汶口 문화를 상징하는 대표적인 유물로 고고학자들은 규鬹라는 질그릇을 꼽는다. 규는 태양조인 삼족오를 본뜬 것으로 세 개의 발을 가진 용기다. 물이나 술 등 액체를 담거나 끓이는 주전자 비슷한 그릇이다. 태양조인 소호씨를 상징한다. 규는 대문구 문화를 계승한 용산龍山 문화에서도 특징적 유물로 출토된다.

규(鬹) (출처: 搜狐)

4. 태양조太陽鳥의 상징 부호

炅 빛날 경

신석기 유적 중 대문구大汶口 문화는 도기陶器·질그릇 문화가 가장 발달했다는 평을 듣는다. 각각의 무덤마다 준尊·항아리, 호壺·단지, 화盉·주전자, 두豆·고기 그릇, 정鼎·솥 등 음식 조리와 식품 저장 등에 쓰이는 다양하면서도 엄청난 수의 도기가 쏟아졌기 때문이다. 이들 도기 중 준은 겉에 새겨진 독특한 문양으로 특히 주목받는다. 모래 섞인

대문구(大汶口) 문화 도준(陶尊)의 태양조 상징 부호

진흙으로 만들었던 준은 높이 50센티미터 이상에 지름 40센티미터 정도의 두꺼운 항아리로 물이나 술을 담는 제기祭器로 사용됐던 것으로 추정된다.

도준 부호의 가운데 윗부분 ○는 해를 그린 것이다. 중간의 해를 받친 부분과 아래의 왕관처럼 솟은 모양에 대해서는 학자들 간에 의견이 엇갈린다. 해를 받친 중간 부분에 대해서는 활활 타오르는 해의 불꽃을 그린 것이라는 주장이 나온다. 갑골문의 화火와 비슷하다는 근거에서다. 아래의 삐죽 솟은 부분은 산山으로 본다. 해日·불火·산山을 합한 것으로, 찬란한 햇빛을 뜻하는 경炅이라는 글자라고 한다. 불이 왕성하게 타오르는 모습의 달炟이라는 견해도 있다. 달炟은 섶시·柴을 태워 하늘에 제사 지내는 번제燔祭를 묘사한 것으로 풀이한다. 중간 부분을 구름으로 보는 시각도 있다. 산 위의 구름을 뚫고 해가 떠오르는 일출 모습인 아침 단旦을 묘사했다는 것이다.

태양조가 해를 등에 지고 날아가는 모습으로 보아야 한다는 주장도 유력하게 제기된다. 중간 부분의 양끝을 보면 불이나 구름보다는 날개를 펄럭이는 새의 형상에 가깝다는 것이다. 아랫부분도 산이 아니라 태양신과 태양조를 모시는 제단祭壇이나 솟대를 그린 것이라고 강조한다. 그 근거로 바닥 끝이 뾰족한 도준이 출토될 때 모두 무덤 주인의 눈길이 정면으로 향한 발끝에 예외 없이 박혀 있었다는 점을 든다. 망자의 영혼이 태양조를 타고 하늘로 올라가기를 염원한 주술 기호라는 것이다. 동이족의 다른 갈래인 양저良渚·기원전 3300~기원전 2000 문화의 새 토템 문양도 강력한 근거로 제시된다. 양저 문화는 새 토템 신앙이 대문구大汶口 지역보다 빨랐던 것으로 추정한다. 절강성浙江省 항주杭州와 태호太湖를 중심으로 한 장강長江

하류로 온화한 기후 조건에 쌀농사가 일찍 도입돼 해의 운행은 물론 새의 이동에 민감했던 지역이다. 양저 유적에서 출토된 둥근 옥벽玉璧에 새겨진 문양에는 제단 위 솟대에 새가 앉아 있고, 제단 안에는 태양조를 상징하는 부호들이 표현돼 있다. 태양신과 태양조를 숭배하는 문화가 동이 지역에 넓게 퍼져 있었던 반증으로 봐야 한다는 것이다.

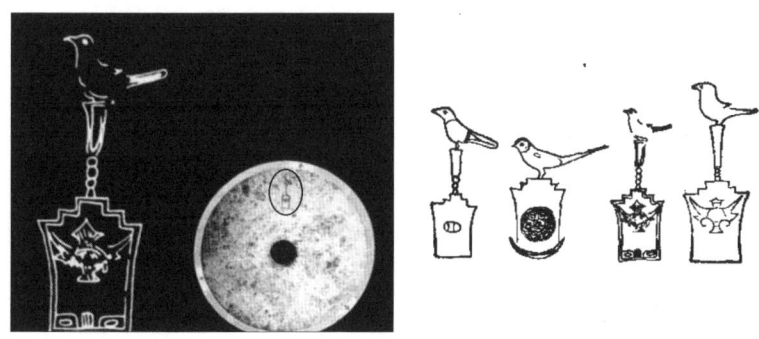

양저(良渚) 문화의 하늘을 뜻하는 둥근 옥벽(玉璧)에 새겨진 태양조와 솟대 문양 (출처: 搜狐)

5. 순舜임금의 정체

夋 천천히 걷는 모양 준

① "제준帝俊의 아내인 아황이 삼신국의 선조를 낳았다." - 『산해경山海經』「대황남경大荒南經」

"요堯임금은 두 딸을 순舜임금에게 시집보냈다." - 『사기史記』「오제본기五帝本紀」

"순舜임금의 두 비는 요임금의 두 딸로 언니는 아황, 동생은 여영이다." - 『열녀전列女傳』⁴

② "제준帝俊이 후직을 낳았다." - 『산해경山海經』「대황서경大荒西經」

"주나라의 시조는 후직으로 이름은 기다. 어머니는 유태씨의 딸로 강원이라 한다. 강원은 제곡帝嚳의 정비다." - 『사기』「주본기周本紀」⁵

---

4   "帝俊妻娥皇, 生此三身之國",「大荒南經」,『山海經』. "堯以二女妻舜",「五帝本紀」,『史記』. "有虞二妃者, 帝堯之二女也. 長娥皇, 次女英", 劉向(紀元前77~前6·西漢),『列女傳』

5   "帝俊生后稷",「大荒西經」,『山海經』. "周后稷, 名棄. 其母有邰氏女, 曰姜原. 姜原爲帝嚳元妃",「周本紀」,『史記』

③ "은(상)나라 조상 설의 어머니는 간적이다. 유융씨의 딸로 제곡帝嚳의 둘째 비다." - 『사기』「은본기殷本紀」

"은(상)나라 사람들은 시조인 제곡帝嚳에게 하늘 제사를 지낼 때 조상 명도 함께 지냈다." - 『예기禮記』「제법祭法」

"상나라 사람들은 시조인 순舜에게 하늘 제사를 지낼 때 조상 설도 함께 지냈다." - 『국어國語』「노어魯語」[6]

④ "제곡帝嚳은 태어날 때부터 신령스럽고 특이해서 스스로 자기 이름을 준夋이라고 말했다." - 『제왕세기帝王世紀』[7]

⑤ "제곡帝嚳 … 정비는 유태씨의 딸 강원씨로 후직을 낳았다. 차비는 유융씨의 딸 간적씨로 설을 낳았다. 차비는 진륭씨로 요임금을 낳았다. 차비는 추자 씨로 지를 낳았다." - 『대대례기大戴禮記』「제계帝系」[8]

요약하면,

① 아황娥皇의 남편 = 제준帝俊 또는 순舜
② 주周 시조 후직后稷의 아버지 = 제준帝俊 또는 제곡帝嚳
③ 상商 시조 설契의 아버지 = 제곡帝嚳 또는 순舜
④ 제곡帝嚳 = 준夋
⑤ 제곡帝嚳 = 상商 시조, 주周 시조, 요堯임금 아버지, 소호씨少皞氏 아버지

---

6   "殷契, 母曰簡狄, 有娀氏之女, 爲帝嚳次妃",「殷本紀」,『史記』. "殷人帝嚳而郊冥",「祭法」,『禮記』. "商人禘舜而祖契", 左丘明(生卒未詳, 春秋末),「魯語」,『國語』

7   "帝嚳, 生而神異, 自言其名曰夋", 皇甫謐(215~282·西晉),『帝王世紀』

8   "帝嚳…上妃, 有邰氏之女也, 曰姜嫄氏, 産后稷. 次妃, 有娀氏之女也, 曰簡狄氏, 産契. 次妃, 曰陳隆氏, 産帝堯. 次妃, 曰娵訾氏, 産帝摯", 戴德(生卒未詳, 紀元前 1世紀·西漢),「帝系」,『大戴禮記』

신화 전설로 치부한다 하더라도 당혹스럽기 그지 없다. 세계世系의 선후가 뒤바뀌고 왕조도 달라지는 등 뒤죽박죽인 탓이다. 제곡帝嚳과 순舜이 같은 존재라면 요堯의 사위인 순이 요의 아버지가 되는 어처구니없는 일까지 생긴다. 옥석을 가릴 수밖에 없다. 날조의 가능성도 배제할 수 없기 때문이다. 고증에 따르면 제준帝俊, 준夋, 순舜은 같은 인물이다. 순은 준과 음이 비슷해 빌려 쓴假借 글자로 본다. 준俊은 본래 준夋으로 썼다. 준夋은 쭈그려 앉은 모습인 준踆, 준蹲과 서로 통하는 글자다. 태양신의 이름은 제준帝俊이다. 태양조인 금오金烏 또는 삼족오三足烏를 준조蹲鳥, 준조踆鳥, 준오踆烏라고 한다. 해 속에 자리 잡고 앉은 새들이라는 뜻이다. 준夋, 준俊, 준踆, 준蹲은 같은 자원字源에서 파생된 글자들이다. 결론적으로 순과 준은 태양신이자 태양조를 가리키는 이름이다.

제곡帝嚳이 홀로 남는다. 곡嚳은 준이나 순과 같은 존재로 보기에는 발음이 전혀 다르다. 상商대 갑골문에는 제곡이라는 글자가 전혀 보이지 않는다고 한다. 이는 제곡이 상나라 시조라는 것에 대해 의문을 갖게 하는 결정적 근거로 작용한다. 조상에 대한 제사를 극도로 중시했던 상의 풍속을 감안하면 갑골문에 자신들의 시조 이름을 전혀 언급하지 않은 상황을 납득하기 어렵기 때문이다. 제곡은 주周가 창조해 낸 가공의 신격神格으로 여기는 시각이 지배적이다. 그렇게 추리할 이유는 있다. 제후국이던 주가 종주국인 상을 멸망시킨 뒤 자신들의 정당성 확보와 함께 상왕조 흔적 지우기 등 역사 왜곡 작업을 진행했을 개연성이 크기 때문이다. 실제 주가 세워지면서 모든 문헌과 유물에서 제준의 흔적은 사라졌다. 민간 신화집인 『산해경』과 20세기 중반 호남성湖南省 장사長沙에서 출토된 초楚나라 『백서帛書』를 제외하고는 춘추전국春秋戰國의 수많은 제자백가諸

子百家 서적에서 제준의 이름은 아예 나오지 않는다. 상나라 시조의 모친인 간적簡狄과 주나라 시조를 낳은 강원姜原이 각각 제곡의 둘째 비와 정비로 등장하는 것도 이해하기 어렵다. 제후국과 종주국의 관계는 물론 왕조의 선후, 연대적 격차 등을 감안할 때 서열을 의도적으로 뒤바꾼 것으로 의심할 수밖에 없는 대목이다.

실제 중국 상고 신화는 상주商周 교체 이후 화하족들이 황제黃帝를 필두로 한 오제五帝 중심의 역사화 작업을 진행하면서 극단적인 모순을 드러낸다. 특히 서한西漢 초 사마천司馬遷이 쓴 『사기史記』 「오제본기五帝本紀」는 무리한 역사화 작업의 결정판이라 할 수 있다. 「오제본기」는 황제의 큰 아들 현효玄囂의 밑에 제곡帝嚳을 배치한 뒤 주周 시조 기棄, 상商 시조 설契, 요堯임금을 후손으로 나열했다. 둘째 아들 창의昌意 아래로는 전욱顓頊을 놓고 순舜임금, 우禹임금, 진秦 시조 영嬴, 초楚 시조 계련季連을 차례로 배열했다. 신화 전설에 나오는 모든 신격神格과 역사 인물을 황제의 한 자손으로 편입시키는 대일통大一統 작업을 완성한 것이다. 수천 년 전 신석기와 청동기 시대 각 지역에서 씨족과 부족들이 독립적으로 형성됐던 상황을 염두에 둔다면 「오제본기」는 극단적 상상과 창작의 결과물이라고 해도 과언이 아니다. 심지어 황제조차도 화하족인지, 동이족인지, 북방 유목민족인지 여전히 논쟁이 벌어지고 있는 상황이다.

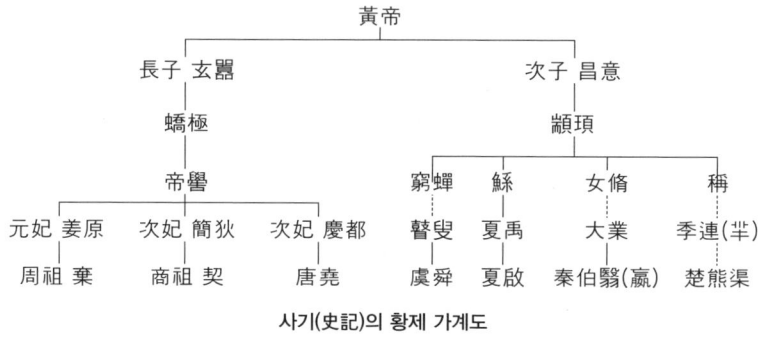

사기(史記)의 황제 가계도

6. 태양신과 상商나라 시조

夔 짐승 이름 기

상商대 갑골문에는 "고조高祖 기夔에게 제사를 지낼까요?"라고 점쳐 묻는 복사卜辭가 많이 나온다. 고조는 상의 시조始祖를 가리킨다. 갑골문의 기夔라고 쓴 자형字形은 글자라기보다는 그림에 훨씬 가깝다.

"동해에 유파산이 있어, 바다로 칠천 리 들어간다. 산 위에 짐승이 있는데, 소 같은 생김새에 몸은 푸르고 뿔은 없으며 다리는 하나다. 물속을

시조신(始祖神) 기(夔·원 안 글자)의 제사를 점치는 복사(卜辭)

『산해경』의 기(夔)

드고날 때 비바람이 몰아치고 해와 달 같은 빛을 내며, 울음소리는 우레와 같다. 이름을 기夔라 한다."⁹

『산해경』의 기夔에 관한 내용이다. 갑골문의 기夔와는 전혀 모습이 다르다. 『설문해자』는 기에 대해 '엄마 원숭이母猴'를 뜻한다고 했다. 기夔의 갑골문은 크게 두 가지 글자 형태로 분류된다. 한 부류는 원숭이와 가까운 모양이고, 다른 부류는 새와 비슷한 모습이다. 설문의 풀이대로 기夔를 원숭이로 본다면 노夔·원숭이로 쓰는 것이 맞다. 기와 노의 다른 점은 윗부분에 뿔처럼 생긴 획이 있고 없고 한 가지뿐이다.

원숭이 모양 기(夔)

다른 글자꼴의 기夔는 새 모양에 머리에 뿔이 있고 다리는 하나다. 뾰족한 부리를 연상시키는 세모꼴 머리와 쭈그린 모습은 준夋과 비슷하다. 두 부류의 갑골문을 종합하면 뿔이 돋은 새 모양 머리에 원숭이 몸을 하고 외다리에 절룩거리거나 쭈그린 모습을 한 존재를

---

9 "東海中有流波山, 入海七千里. 其上有獸, 狀如牛, 蒼身而無角, 一足, 出入水則必風雨, 其光如日月, 其聲如雷, 其名曰夔.", 「大荒東經」, 『山海經』

기夔라고 할 수 있다. 외다리인 것은 『산해경』의 기와 같다. 원숭이 모양 기夔와 노夒는 본래 같은 글자였으나 사람들이 조금씩 달리 쓰면서 다른 글자가 됐다. 새 모양 기夔는 나중에 준夋과 곡嚳으로 글자가 나뉘었다고 한다. 상商의 고조 이름은 갑골 복사의 그림 형태 기夔로 쓰는 것이 가장 오래됐다. 태양신 준夋, 제준帝俊, 순舜은 뒤에 나왔다.

새 모양 기(夔)

7. 해와 달의 창조주

旬 열흘 순

태양신인 제준帝俊은 중국 문헌에서 사실상 잊혀진 존재라 할 수 있다. 정사正史는 물론 제자백가諸子百家의 수많은 서적에도 그의 이름은 나오지 않는다. 제준과 다른 자연신과의 관계도 명확하게 서술된 것이 없다. 그리스 로마 신화의 태양신 아폴론과 비교하면 아예 무시된다는 느낌을 지울 수 없다. 신화 속 삼황오제三皇五帝인 염제炎帝 신농씨神農氏와 황제黃帝 헌원씨軒轅氏 등이 역사화 과정을 거치면서 인간 세상의 제왕으로 화려하게 등장한 것과는 판이한 취급이다.

제준에 대한 소홀한 대우는 상商을 무너뜨리고 역사적 주도권을 쥔 화하족의 의도적 삭제와 누락 때문으로 풀이한다. 상 왕조 등 동이족이 숭배하던 절대신이었기 때문이다. 하지만 주周대 이후 제준에 대한 철저한 도외시 작업에도 불구하고 그는 결코 흔적을 지울 수 없는 운명을 지니고 있다. 해와 달을 창조한 가장 중요한 신神임에도 불구하고 화하 문화권에서는 그를 대체할 다른 신화적 존재가 없기 때문이다. 고대 천문 역법의 기원起源을 거슬러 오르다 보면 결국은 화하족이 그토록 지우려 애썼던 제준을 만나게 된다.

"동남쪽 바다 밖 감수 사이에 희화국이 있다. 희화라는 여자가 감연에서 해를 목욕시킨다. 희화는 제준의 처로 열 개의 해를 낳았다." - 『산해경山海經』「대황남경大荒南經」[10]

"흑치국 … 아래에 탕곡이 있다. 탕곡 위에 있는 부상은 열 개의 해가 목욕하는 곳으로 흑치의 북쪽에 있다. 물속에 큰 나무가 있는데, 해 아홉은 아랫가지에 있고 해 하나는 윗가지에 있다." - 『산해경』「해외동경海外東經」[11]

"탕곡 위에 부목이 있는데, 해 하나가 막 도착하자 다른 해 하나가 막 떠나고 있다. 모두 까마귀 등에 실려 있다." - 『산해경』「대황동경大荒東經」[12]

"어떤 여자가 달을 씻기고 있다. 제준의 아내인 상희가 열두 개의 달을 낳아 여기서 처음으로 달을 씻겼다." - 『산해경』「대황서경大荒西經」[13]

『산해경』에 나오는 해와 달에 관한 묘사다. 태양과 관련해 제준의 처 희화羲和가 열 개의 해를 낳았고, 이들은 탕곡또는 양곡·暘谷의 부상이란 나무에서 하루에 하나씩 까마귀 등에 얹혀 차례로 하늘을 운행한다는 내용이다. 희화가 태양 수레에 해를 태우고 하늘을

---

10 "東南海之外, 甘水之間, 有羲和之國. 有女子名曰羲和, 方浴日于甘淵. 羲和者, 帝俊之妻, 生十日.",「大荒南經」,『山海經』

11 "黑齒國 … 下有湯谷. 湯谷上有扶桑, 十日所浴, 在黑齒北. 居水中, 有大木, 九日居下枝, 一日居上枝."「海外東經」,『山海經』

12 "湯谷上有扶木, 一日方至, 一日方出, 皆載于烏."「大荒東經」,『山海經』

13 "有女子方浴月. 帝俊妻常羲, 生月十有二, 此始浴之.",「大荒西經」,『山海經』

날개를 단 태양신 제준(帝俊)과 태양 수레를 모는 희화(羲和)

운행한다는 다른 이야기도 전해진다. 태양지모太陽之母 희화羲和는 삼황오제인 인류 시조 복희伏羲와 여와女媧에서 한 글자씩 따온 이름이다. 희화는 『서경書經』「요전堯典」에 나오는 희중羲仲·희숙羲叔과 화중和仲·화숙和叔 형제와도 앞 글자가 겹친다. 이들 형제는 요임금에 의해 동서남북의 네 방향이 끝나는 곳에서 일월성신日月星辰의 운행을 관찰해 백성들에게 역법을 제공하는 임무를 맡았다. 형제의 이름은 진한秦漢시대에 들어 춘·추분과 동·하지의 사시四時를 관장하는 관직 이름으로 쓰였다.

열 개의 해가 하늘을 모두 운행하면 열흘이 된다. 열흘을 순旬이라 한다. 순은 손가락 등 인체에서 따온 십진법十進法의 산물로 볼 수 있다. 순旬의 갑골문은 윗부분의 십十자 모양부터 원에 가깝게

순(旬)의 갑골문

순(旬)의 금문

빙 돌린 모습이다. 첫 번째 해부터 열 번째 해까지 차례로 돌며 하늘을 운행하면 열흘인 순이 되는 것을 나타낸 것이다. 갑골문의 빙 돌린 형태 속에 해日를 추가한 것은 금문金文이다.

순旬의 갑골문에서 윗부분의 十 모양은 갑甲이라는 글자다. 갑의 갑골문은 十 또는 十를 네모(口) 속에 넣은 田의 형태 두 가지를 같이 썼으나, 전국戰國시대 전서篆書에서 지금의 갑甲 모양으로 굳어졌다. 갑甲은 10천간天干의 첫 글자이자 갑골문에서 사용 빈도가 가장 높은 글자다. 상 왕조가 일순一旬을 돌 때마다 앞으로의 열흘에 불행과 재난이 있을지 없을지를 점쳐 물었기 때문이다. 최소한 열흘에 한 번씩은 갑이 갑골문에 새겨졌다는 뜻이다. 순旬은 회回·돌 회, 선亘·베풀 선, 뻗칠 긍, 선宣·베풀 선이라는 글자로 파생된다. 모두 한 바퀴 돈다는 뜻이다.

제준은 태양신일 뿐만 아니라 달을 창조한 신이기도 하다. 『산해경』에 따르면 그의 또 다른 처 상희常羲는 열두 개의 달을 낳았다. 열 개인 해는 십천간과 십진법, 열두 개인 달은 십이지지地支와 12월을 상징한다. 열 개의 해는 모두 아들, 열두 개의 달은 모두 딸이다. 양陽과 음陰의 뜻이다. 희화羲和와 상희常羲는 희라는 공통 글자에서 보듯 같은 신이다. 상희는 달의 여신인 항아嫦娥 또는 상아嫦娥와 같다. 항아를 상희의 딸로도 해석한다.

회(回)의 금문

선(亘)의 갑골문

선(宣)의 갑골문

8. 태양 운행도運行圖

昆 맏 곤

해는 하루 동안 어떤 길을 따라갈까? 태양 운행도運行圖를 보면 출발지는 양곡暘谷이고, 중간 기착지는 곤오崑吾며, 도착지는 몽곡蒙谷이다. 해가 경부선 열차라면 양곡은 서울이고, 곤오는 대전, 몽곡은 부산쯤 된다. 『회남자淮南子』「천문훈天文訓」에 나오는 해의 일일 노선도다. 양곡은 해가 돋는 골짜기, 몽곡은 어둠에 덮인 골짜기를 뜻한다. 양곡을 탕곡湯谷이라고도 한다.[14] 해가 목욕을 해 물이 뜨겁게 끓는 곳이라는 의미다. 몽곡은 어두운 골짜기 매곡昧谷으로도 쓴다.[15]

곤오는 해가 하늘 한가운데를 통과하는 지점이다. 남쪽에 있다는 전설의 산 이름이다. 남쪽은 고도古都 장안長安을 기준으로 한 것이다. 『회남자』를 편찬한 서한西漢의 황실 종친 유안劉安·기원전 179~기원전 122이 수도 장안에 살았다는 전제하의 방향이다. 곤오는 장

---

14 『산해경(山海經)』「해외동경(海外東經)」, 『초사(楚辭)』「천문(天問)」
15 『서경(書經)』「요전(堯典)」

안 정남쪽의 도가道家 발상지 종남산終南山의 지맥支脈으로 추정한다. 2,000여 년 전 류안은 장안에서 한낮에 해가 곤오를 지나는 모습을 봤을 것으로 짐작한다.

곤오산은 붉은 구리赤銅가 많이 난다고 한다.[16] 붉은 구리로 만든 곤오검昆吾劍은 옥석玉石을 진흙 자르듯 하는 전설의 신검神劍이다. 곤오산의 토착 부족인 곤융昆戎이 주周나라 목왕穆王에게 바친 것으로 전해진다. 명검의 대명사로 중국 영화나 소설에 단골 소재로 나온다. 곤오는 사람 이름이기도 하다. 초楚나라 선조의 한 사람으로 도기陶器를 처음 만들었다는 전설 속 인물이다.

곤昆은 갑골문에는 보이지 않고 금문에 나오는 글자다. 곤이 문장에 실제로 쓰인 사례가 없어 글자의 본뜻에 대해서는 이론이 분분하다. 먼저 곤충昆蟲으로 보는 의견이다. 글자의 생김새가 벌레와 닮았다는 것이다. 맏이兄, 무리衆, 함께同라는 견해도 있다. 해日 아래에서 두 사람比이나 무리众가 함께同 밭일을 하는 모습이다. 옛날 농사일은 형의 주도로 동생과 함께 했을 것이므로 곤을 형으로 본다. 해 아래에 세 사람人이 그려진 글자는 무리를 뜻하는 중衆이나 동同이다. 어제의 해日와 오늘의 해를 비교比했을 때 똑같아서 동同이라고 한다는 주장도 있다. 곤은 관貫과 같은 발음으로 자손子孫이나 후예後裔의 뜻으로도 풀이한다.

곤(昆)의 금문　　　　　　　금오부일(金烏負日)

16　『산해경』「중산경(中山經)」,「중차이경(中次二經)」.

새鳥가 해日를 등에 태우고 하늘을 나는 금오부일金烏負日의 모습을 그린 것이라는 해석도 나온다. 글자의 아랫부분比은 새의 두 날개 또는 두 다리를 그린 것으로 본다. 곤오가 해의 운행 과정과 관련한 명칭으로 등장하는 연유다. 곤을 혼混·섞다이나 곤滾·흐르다의 본래 글자로도 본다. 둥근 해가 마차 바퀴처럼 하늘에서 굴러가는 모습을 연상했다는 주장이다.

『회남자』의 태양 운행도[17]를 보면 오전에 양곡暘谷 → 함지咸池 → 부상扶桑 → 곡아산曲阿山 → 증천曾泉 → 상야桑野 → 형양衡陽을 통과해 한낮에 곤오에 이른다. 양곡에서 눈을 떠 함지에서 목욕하고 부상 나무에 오르는 것은 해의 출발 과정이다. 실제 운행은 전설의 지점들인 곡아산(동쪽 산), 증천(동쪽 물 많은 곳), 상야(동쪽 뽕나무 들판), 형양(동남쪽 산) 등 네 곳을 지나 중간 기착지인 곤오에 이르는 것이다.

오후에는 조차산鳥次山 → 비곡悲谷 → 여기女紀 → 연우淵虞 → 연석連石 → 비천悲泉 → 우연虞淵을 통과해 종점인 몽곡에서 멈춘다. 조차산은 해를 등에 실은 금오인 새鳥가 잠시 쉬는次 산이다. 이어 비곡(서남쪽의 깊고 험한 계곡), 여기(서북쪽의 그늘진 땅), 연우(땅 이름), 연석(서북쪽의 산 이름), 비천(슬픈 생각이 들게 하는 샘), 우연(서쪽 연못)을 차례로 지난다. 함지가 출근 전 아침 샤워를 하는 곳이라면, 우연은 퇴근 후 저녁 목욕을 하는 곳이다. 양곡과 함지는 같은 곳이고 몽곡과 우연도 마찬가지다. 문헌에 따라 명칭이 다를 뿐이다. 몽곡을 몽사蒙汜라고도 한다.

---

17 유안 저, 이석명 역, 「천문」, 『회남자 1』, 사단법인 올재, 2017, 192~194쪽.

9. 해가 매일 동쪽에서 뜨는 비밀

鴟 부엉이 치

해는 하루의 여정을 마치고 서쪽 끝 몽곡에서 잠을 자며 휴식을 취한다. 그런데 이튿날 아침이면 동쪽 끝 양곡에서 어김없이 같은 모습으로 떠오른다. 밤새 해는 쉬지도 않고 동쪽으로 다시 이동한 것일까? 아니면 누군가가 옮겨준 것일까? 굴원屈原이 쓴 『초사楚辭』에 그 답이 나온다. 치구예함鴟龜曳銜이다.

해가 낮에 까마귀로 변신해 하늘을 이동하듯이 밤에는 수리부엉이鴟로 바뀐다. 낮의 까마귀와 밤의 부엉이 모두 태양조인 준조踆鳥의 화신이다. 힘든 하루 일을 마치고 잠자는 준조를 등에 지고 동쪽의 양곡까지 옮겨주는曳銜 것은 물과 어둠의 동물인 거북이龜다. 혼천론渾天論을 비롯한 동양 우주론에서 해는 밤에 물속이나 땅 아래로 들어가는 것으로 생각했기 때문이다. 1972년 호남성湖南省 장사長沙시 마왕퇴馬王堆의 한漢나라 묘에서 발굴된 백화帛畵에 치구예함의 전설이 자세하게 그려져 있다.

마왕퇴 백화는 무덤 주인의 내관 뚜껑에 덮인 T자형의 채색 비단 그림이다. 위로부터 천상天上, 인간人間, 지하地下 세계 등 3단계로 구성된 그림의 맨 아래쪽 양끝에 거북이가 수리부엉이를 등에 태우고 가는 치구예함의 그림이 선명하다.

마왕퇴 백화 (출처: 蒲城教育文学网)

치구예함(鴟龜曳銜)

7장
달

1. 달과 물고기
2. 달과 여성
3. 항아(嫦娥)의 비극
4. 달을 부르는 기이한 이름들

1.   달과 물고기

朏 초승달 비

눈을 감고 아기 물고기가 속삭이는 소리에 귀 기울이는 듯한 얼굴. 큰 물고기 두 마리가 맴을 도는 사이로 살풋 잠이 든 듯 마주한 또 다른 얼굴. 인면어문人面魚紋이라는 이름의 신석기 초기의 옹관甕棺 뚜껑 안쪽 그림이다. 1955년 앙소仰韶·기원전 5000~기원전 3000 문화에 속하는 중국 서안西安 반파半坡 유적지에서 출토됐다. 옹관은 어린아이가 질병이나 자연재해 등으로 숨졌을 때 시신을 넣고 뚜껑을 덮어 땅에 묻은 항아리다.

　인면어문이 그려진 옹관 뚜껑은 직경 39.8센티미터, 높이 16.5센티미터로 한복판에 조그만 구멍이 뚫렸다. 죽은 아기 영혼이 바깥 출입을 할 수 있도록 배려한 것이다. 신비스런 느낌이 가득한 도안을 두고 전문가들 사이에 무려 30가지에 가까운 해석이 나왔다. 대표적으로 토템설과 생식숭배설이 주장됐고, 천문학 차원에서는 월상月相 변화설이 제기됐다.

옹관(甕棺) 뚜껑의 인면어문(人面魚紋)　　　　옹관묘
(출처: 西安半坡博物館)

    토템설은 물고기를 조상신이나 보호신으로 여긴 부족들의 상징으로 보는 견해다. 반파를 비롯한 앙소 유적지는 황하黃河 중류에 있다. 강과 가까워 물고기를 주식원主食源으로 하는 것이 자연스러운 환경이었고 이를 조상신의 선물로 여겼다. 잦은 홍수 피해로 인해 물속을 자유롭게 다니는 존재에 대한 경외의 감정도 가졌을 것으로 추정한다. 물고기 문양은 앙소 유적의 대표적 특징이라 할 정도로 출토 도기에 흔하게 나타난다. 인면어문에서 사람 얼굴은 물고기 신의 모습을 한 무사巫師로도 풀이한다. 죽은 아이의 영혼이 물고기 신의 인도로 조상들이 있는 곳으로 무사히 갈 수 있도록 기원하는 의미라는 것이다.

    생식숭배설은 인간의 출생력과 생존성이 높지 않던 시절 물고기의 여성적 외형과 경이적인 다산 능력에 자신들의 염원을 기탁한 것이라는 주장이다. 앙소 문화 도기에서 물고기와 개구리는 생식숭배의 문화 기호이고, 수많은 알은 다산의 상징으로 여겨진다. 외형적으로 물고기의 길고 가느다란 삼각형 생김새와 지느러미, 음순처

앙소 문화에 속하는 서안 강채(姜寨)에서 출토된 질그릇 대야 다산을 상징하는 물고기와 개구리 문양이 특징이다. 개구리 배에 찍힌 점들은 많은 자식을 상징한다. (출처: 百度)

럼 여닫히는 물고기의 입술은 여성 생식기에 대한 연상을 강하게 불러일으킨다. 개구리는 임신부처럼 배가 불룩한 모양이다. 물고기는 여성의 음부와 수정受精, 개구리는 자궁과 임신을 상징한다.[1] 인면어문에서 입술가로 길게 그려진 물고기 문양에서 상상되듯 사람의 얼굴은 여성 생식기에서 분만되는 아기를 뜻한다. 일찍 죽은 아기의 영혼이 생명을 얻어 다시 태어나고 자손들이 번성하기를 간절히 바란 것이라는 풀이다.

월상변화설은 인면어문의 사람 얼굴이 달의 변화를 나타낸 것이라는 주장이다. 달은 물고기, 개구리, 여성과 관련한 상상을 불러일으키는 존재다. 보름달일 때는 아기를 가진 듯 가득하고, 초승달일 때는 방금 출산한 듯 홀쭉하다. 인면어문에서 초승달비·朏 그림은 눈썹이 핵심이다. 가느다랗고 길쭉한 모양이 달빛이 막 생기기 시작한 것을 나타낸다. 여성의 아미蛾眉와 같다. 상현上弦은 이마 오른쪽에 하얀 반달이 그려진 형태다. 서쪽 하늘에 반달이 뜬 모습이다. 보름망·望은 머리 꼭대기가 밝게 빛나는 모양이다. 감았던 눈을 뜨

---

[1] 이중톈 저, 김택규 역, 「선조」, 『이중톈중국사(易中天中國史)』, 글항아리, 2013, 48~52쪽.

고 하늘과 땅을 환하게 쳐다보는 듯하다. 하현下弦은 인면어문의 반대쪽 얼굴이다. 왼쪽 아래에 밝은 반달 모양이 보인다. 동쪽 하늘에 반달이 떠 있다는 뜻이다. 그믐회·晦은 하늘에서 달빛이 사라졌을 때다. 이마 전체를 검게 그려 캄캄한 밤을 나타냈다. 물고기의 윤곽을 희미한 점선으로 표현한 것도 같은 뜻이다.[2]

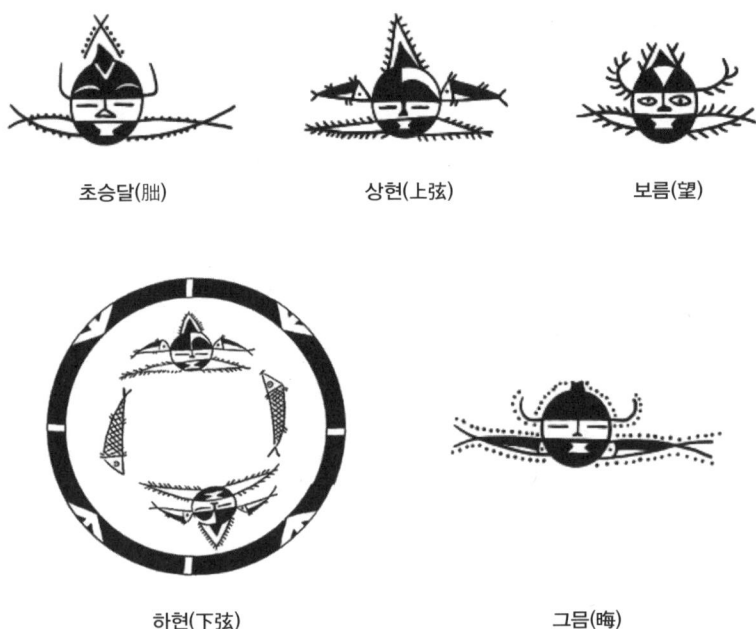

초승달(朏)   상현(上弦)   보름(望)

하현(下弦)   그믐(晦)

---

2 육사현·이적 저, 양홍진·신월선·복기대 역, 『천문고고통론』, 주류성, 2017, 143~149쪽.

2.   달과 여성

女 계집 녀

　달은 여성의 비밀을 가장 많이 아는 존재다. 한 달에 한 번 생리 현상을 겪는 것은 달과 여성이 공유하는 비밀이다. 여성이 볼록하게 아이를 가졌다가 다시 홀쭉해지는 것은 달이 자신의 몸을 둥글게 채웠다가 다시 기울어지는 모습을 따라 하는 것 같다.
　여성이 없으면 종족 번식이 불가능하다. 원시 사회가 모계사회에서 출발했고, 생식숭배가 원시 신앙의 일반 형태인 것은 필연적 결과라 할 수 있다. 원시 시대 생식은 쉬운 일이 아니었다. 옛사람들의 수명은 지금 사람들과 비교할 수 없을 만큼 짧았다. 여성은 씨족의 번성을 위해 많은 자식을 낳아야만 했다. 하지만 출산 과정에서 자신의 생명이 희생되는 것도 감수해야 했다. 여성의 임신한 배는 자랑일 수도 있었지만, 죽음의 신과도 늘 가까이해야 하는 운명이었다. 당연히 여성의 보호본능이 가장 강하게 작용한 신체 부위는 아랫배였다.

갑골문의 여女는 여성의 이 같은 보호본능을 묘사한 글자다. 두 팔이 아랫배를 가린 모습은 여성을 나타내는 가장 두드러진 특징이다. 남자를 가리키는 인人의 팔 모양과 대비하면 확연한 차이를 알 수 있다. 여성은 두 팔로 아랫배를 가린 반면 남성은 두 팔로 무릎을 짚은 모습이다. 여女는 아직 결혼하지 않은 여성이다. 결혼한 여성은 빗자루추·帚를 든 모습의 부婦·며느리를 쓴다. 아이가 생기면 여女의 젖가슴을 강조해 두 점을 추가한 모母·어미를 사용한다.

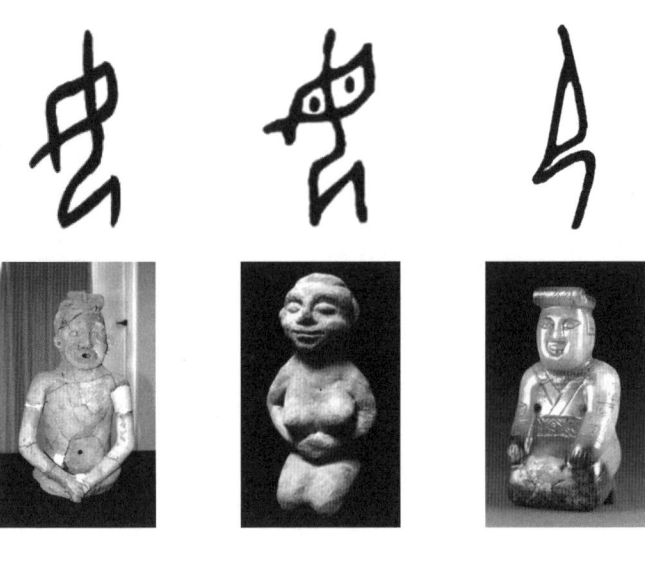

여(女)의 갑골문   모(母)의 갑골문   인(人)의 갑골문

3. 항아嫦娥의 비극

嫦 항아 항

하늘 선녀 항아嫦娥는 천신天神 예羿의 아내였다. 어느 날 항아는 예에게서 바람도 쐴 겸 잠시 인간 세상에 같이 다녀올 생각이 없느냐는 말을 들었다. 천제天帝이자 태양신인 제준帝俊에게서 받은 임무가 있다는 것이었다. 항아는 인간 세상에 대한 호기심도 동했고 남편과도 떨어지기 싫어 함께 가기로 했다. 예의 임무는 태양신의 아들들에 관한 것이었다. 제준帝俊의 아내 희화羲和는 열 개의 해를 낳았고, 이들은 중요한 일을 수행하고 있었다. 지상의 암흑을 걷어내고 만물에게 생명과도 같은 빛과 따뜻함을 안겨주는 일이었다. 태양 형제들은 매일 아침 한 명씩 탕곡湯谷에서 말끔히 몸을 씻고 부상扶桑 나무에 올라 어머니가 모는 태양 수레또는 금빛 까마귀인 금오·金烏를 타고 하루 종일 하늘을 돌다 저녁에 몽곡蒙谷에서 쉬었다. 다음 날에는 또 다른 형제 한 명이 똑같은 일과를 되풀이했다. 열 명의 형제가 한 바퀴 돌면 일순一旬이 되었다. 그들은 하루 종일 하늘에 떠 있었지만 같이 놀 친구도, 이야기할 상대도 없었다.

　수백만 년, 수천만 년, 아니 그보다도 더 오랜 시간이 흘렀다. 어느 날 형제들은 자신들의 하루하루가 너무 지겹다는 생각이 들었다. 한자리에 모인 형제들은 다음 날 하늘에 한꺼번에 떠올라 다 같이 놀자는 데 의견을 모았다. 당초엔 하루만 규칙을 어기로 했지만 같이 노는 것이 너무나 재미있었던 형제들은 날마다 하늘로 달려 나갔다. 형제들이 새로운 재미에 푹 빠진 사이 땅에서는 아비규환의 생지옥이 펼쳐졌다. 펄펄 끓는 열기에 강물과 호수는 말라붙고 동식물은 불타 죽었다. 당시 인간 세상을 다스리던 요堯임금은 천제에게 하소연을 했다. 제준은 인간 세상의 참상을 더 이상 내버려둘 수 없어 하늘 세계 궁술弓術의 일인자인 예를 불렀다. 자신의 아들들이 다시는 규칙을 어기지 못하도록 따끔하게 혼내주라는 것이었다. 그러면서 붉은색 활과 열 개의 화살이 담긴 하얀 화살통을 건넸다.

　땅에 내려온 예는 요임금을 찾아가 천제의 위로를 전하면서 자신이 태양 형제의 횡포를 막겠다고 말했다. 하늘에서 사자使者가 왔다는 소문에 순식간에 모여든 백성들은 예를 뜨겁게 응원했다. 백성들의 성원에 한껏 고무된 예는 제준의 혼내주기만 하라는 당부를 잊고 하늘에 해가 떠오르자 정통으로 화살을 날렸다. 픽 하는 소리와 함께 하늘에서 황금 날개에 세 발 달린 삼족오三足烏가 떨어졌다. 예는 해가 나타나기만 하면 화살을 날렸고 어김없이 황금 까마귀가 땅에 떨어졌다. 해가 하나둘씩 사라지자 땅의 열기는 조금씩 가셨지만 요임금은 또 다른 걱정이 생겼다. 하늘에 해가 하나도 남지 않으면 땅은 암흑에 뒤덮여 또 다른 재앙이 닥쳐올 것이기 때문이었다. 그래서 예의 화살통에서 화살 한 개를 슬며시 빼냈다. 오늘날 하늘에 하나의 해가 남아 있는 까닭이다.

예는 태양 형제의 재앙을 물리치자 그동안 인간을 괴롭혔던 여섯 마리의 무지막지한 괴물들도 차례로 해치워 사람들이 땅에서 안심하고 살도록 했다. 임무를 마친 예는 제준에게 제사를 올리며 경과 보고를 했다. 하지만 제준은 예를 외면하면서 하늘로 복귀하라는 명령을 내리지 않았다. 아들 형제가 못된 짓을 했지만 훈육만 하라는 자신의 당부를 잊은 예가 원망스러웠던 탓이었다. 예가 하늘로 돌아가지 못하자 남편을 따라 인간 세상에 내려왔던 항아도 같은 처지가 됐다. 천신과 선녀였음에도 땅에 내려온 이상 앞으로 인간처럼 유한한 삶을 살아야 한다는 사실도 견딜 수 없었다. 낙담한 예는 술과 사냥으로 날을 지샜다. 심지어 하백河伯의 부인이자 낙수洛水의 여신인 복비宓妃와 바람까지 피우며 급격히 타락해 갔다.[3] 항아는 절망의 늪에 빠졌다.

어느 날 예에게 심기일전할 만한 이야기가 전해졌다. 곤륜산崑崙山의 서왕모西王母에게서 불사약不死藥을 얻으면 하늘로 돌아갈 수 있다는 것이었다. 마음을 고쳐먹은 예는 새의 깃털도 빠진다는 곤륜산의 약수弱水와 산을 둘러싼 용암 불길을 뚫고 천신만고 끝에 서왕모를 만나 불사약을 청했다. 서왕모는 예가 인간 세상을 위해 자신의 모든 것을 희생한 일을 알고 있었기에 선뜻 불사약을 내주었다. 하지만 문제가 있었다. 예와 항아가 약을 반씩 나눠 먹으면 땅에서 영원히 죽지 않고 살 수는 있었지만, 깃털보다 가벼운 몸으로 하늘

---

[3] 예(羿)의 고사는 두 가지 판본이 있다. 하나는 천신 예의 이야기이고, 또 하나는 요임금 시절 유궁국(有窮國)의 군주 후예(后羿)에 관한 것이다. 두 이야기는 종종 섞여서 전해진다. 예의 마지막은 비극적이다. 천신 예는 자신의 궁술을 시샘한 제자에게 피살되었다. 다만 죽어서도 인간을 위해 귀신을 물리치는 종포신(宗布神)이 되었다. 후예는 자신을 배신한 부인과 신하인 한착(寒浞)의 음모에 죽는다.

로 돌아가려면 한 사람이 다 먹어야만 했다. 예는 집에 돌아와 항아와 길한 날을 잡아 불사약을 나눠 먹기로 했다. 영원히 죽지 않고 살다 보면 어느 날 천제의 노여움이 풀려 하늘로 돌아갈 수 있을 것이라는 생각에서였다. 그러나 항아는 기약 없는 기다림을 견딜 자신이 없었다. 고민하던 그녀는 천 년 묵은 거북 껍질과 천 년 된 시초蓍草로 점을 치는 이웃의 용한 무당을 찾아갔다. 무당은 항아가 불사약을 먹고 하늘로 돌아가는 것은 운명이고, 앞으로 모든 것이 잘 해결될 것이라는 점괘를 내놓았다. 집으로 돌아온 항아는 무당의 점괘를 믿고 남편 몰래 혼자 약을 다 먹어버렸다. 그러자 몸이 한없이 가벼워지더니 하늘로 날아오를 수 있게 되었다. 항아는 하늘 세계로 향하다 혼자 돌아갈 면목이 없어 중간에 있는 달에 잠시 머물기로 했다. 남편인 예가 무슨 방법을 강구해 뒤따라올 수도 있다고 생각했다. 달에 도착한 지 얼마 안 돼 항아는 자신의 몸이 바뀌는 것을 느꼈고, 마침내 두꺼비섬여·蟾蜍로 변하고 말았다.

항아의 행동을 어떻게 보아야 할까? 이기적인 행동으로 천제의 벌을 받은 것으로 치부해야 할까? 항아는 남편을 따라 인간 세상에 내려왔을 뿐 아무 잘못도 없는데 왜 예와 같은 대우를 받아야 하며, 남편에 대한 천제의 처분에 자신도 순순히 따라야만 할까? 하

항아분월(嫦娥奔月)을 묘사한 한(漢)대 화상석

늘로 돌아갈 때 그 많은 천체 가운데 홀로 달로 간 까닭은 무엇이며, 하필이면 두꺼비로 변했을까? 항아가 달로 도망친 항아분월嫦娥奔月 고사故事는 모계사회에서 부계사회로 바뀌는 과정에서 발생하는 사회적 갈등을 묘사한 것이라는 시각이 적지 않다.

예사구일(羿射九日)

항아와 예의 관계는 여와女媧와 복희伏羲 관계의 복사판으로 해석한다. 인류를 창조한 최고신이었던 여와는 부계사회로 전환되면서 복희의 아내로 전락하고 남성신에 종속된 하급신으로 격하되는 수모를 겪는다. 한漢대 벽화나 화상석에서 복희와 여와가 뱀의 몸으로 꼬리를 교차하고 있는 것과 달리 여와는 본래 개구리였다고 한다. 여와의 와媧는 개구리 와蛙, 예쁠 와娃와 같은 글자라는 것이다. 여와와 같은 개구리에게 복희와 같은 뱀은 대항 불가능의 천적일 수밖에 없다. 지배와 피지배 관계로 재편되는 남성의 위계질서를 은유한 것이다. 달은 여성성을, 개구리는 모계사회의 다산多産과 포용을 뜻하는 것으로 해석한다. 항아는 분열과 독점, 폭력적 질서 개편으로 묘사되는 부계사회를 거부하고 자신의 고향인 달로 탈출을 시도했고, 개구리로서의 정체성을 되찾았다는 것이다.⁴ 예의 살상용 화살과 세 발 달린 삼족오, 까마귀의 날카로운 부리 등은 모계의 개구리족을 공격하는 부계의 폭력을 상징한 것이라고 한다.

---

4   이중톈 저, 김택규 역, 「선조」, 『이중톈중국사(易中天中國史)』, 글항아리, 2013, 48~63쪽.

4. 달을 부르는 기이한 이름들

霸 달의 넋 백

달은 변신의 귀재다. 한 달(삭망월 기준 29~30일) 동안 하루도 빠짐없이 모습을 바꾸거나 아예 검은 베일을 치고 사라지기도 한다. 사람들은 달의 변신을 좇기 위해 달이 색다른 모습을 보이는 순간을 잡아 이름을 붙였다. 지금도 달에 쓰이는 이름이 아홉 개나 된다. 삭朔·음력 초하루, 기삭既朔·음력 초이틀, 비朏·음력 초사흘, 상현上弦·반달·음력 8~9일, 즉망即望·음력 14~15일, 망望·보름·음력 15~16일, 기망既望·음력 16~17일, 하현下弦·반달·음력 22~23일, 회晦·그믐·음력 마지막 날 등이다. 삭과 망, 상현과 하현은 상호 대칭되는 위치에서 十자를 이룬다. 달의 모양이 달라지는 것은 해와 달, 지구의 3자가 잇달아 위치를 바꾸기 때문이다. 회와 삭의 이틀은 달이 보이지 않는다. 해와 지구 사이에 달이 들어와 햇빛 속에 모습을 감추기 때문이다. 보이지 않는 첫날을 회, 둘째 날을 삭이라고 한다. 회는 달빛이 모두 없어져 캄캄하다는 뜻이다. 삭은 되살아날 소蘇와 같다. 달이 죽었다가 다시 소생蘇生해

새 달을 시작하는 것이 삭이다.

"1월 임진일 달빛은 거의 없었다방사백·旁死霸. 다음 날인 계사일 무왕은 아침에 주나라를 떠나 상나라 정벌에 나섰다. … 달이 이미 살아나 빛을 뿌릴 때기생백·旣生霸 뭇 나라의 제후와 백관이 주나라의 명을 받들었다."[5]

『서경書經』 「주서周書·무성武成」 편의 일부다. '무성', '강고康誥', '소고召誥' 등 『서경』 「주서」에는 기생백, 방사백 등 기이한 용어가 여덟 개나 보인다. 방사백旁死霸, 방생백旁生霸, 기사백旣死霸, 재생백哉生霸, 기방생백旣旁生霸, 기망旣望, 비朏, 기생백旣生霸 등이다. 하지만 지난 세기 초까지도 이들 용어에 대한 정확한 의미를 알지 못했다. 청말淸末~민국초民國初의 대학자 왕국유王國維·1877~1927가 '생백사백고生霸死霸考'라는 논문을 1915년 발표하면서 의미의 윤곽이 드러났다. 백霸이 달에 대한 묘사라는 것까지는 후한後漢 때 『설문해자說文解字』를 통해 아는 내용이었다. 하지만 한 달 중 어떤 모습과 어떤 시점의 달을 가리키는지에 대해서는 지난 2,000여 년간 의문이었다. 용어의 확실한 의미를 알아야 상의 멸망과 주의 건국 등 상고上古의 역사 연대를 특정할 수 있는 대단히 중요한 문제였다.

백(霸)의 갑골문

---

5 "惟一月壬辰, 旁死霸. 越翼日癸巳, 王朝步自周, 于征伐商. … 旣生霸, 庶邦冢君暨百工, 受命于周.", 「周書·武成」, 『書經』

백霸의 갑골문 자형字形은 두 가지다. 비雨와 가죽革 또는 가죽革과 달月을 합친 글자 모양이다. 비가 올 때 짐승의 가죽을 말리면 희부옇게 색깔이 변해 달처럼 얼룩덜룩하게 되는 것을 묘사한 것으로 풀이한다. 백霸의 개념에 대해 설문은 "달이 살아나기 시작해 백魄처럼 된다"며 "전달이 큰 달(30일)이면 초이틀, 전달이 작은 달(29일)이면 초사흘"이라고 했다.[6] 후한 반고班固가 편찬한 『백호통의白虎通義』는 "달은 3일에 백魄을 이루고 8일에 빛光을 이룬다"고 했다.[7] 두 문헌의 풀이대로라면 백霸과 백魄은 음력 3일 전후와 관련 있어 보인다. 초사흘은 초승달이 보이는 날이다. 초사흘은 비朏라는 별도 용어가 있다. 따라서 백霸은 달이 살아나기 시작해 비朏까지 이르거나 약간 못 미치는 시점으로 추정된다. 당唐의 안사고顏師古는 백은 월질月質이라고 했다. 월질은 달의 바탕 또는 본질이라는 뜻이다. 설문은 "달月은 비어 있으며, 태음太陰의 정수"라고 했다. 종합하면 달의 바탕은 비어 있지만 아예 안 보여 존재를 찾을 수 없을 때가 아니라, 소생의 날짜인 삭朔을 지나 희미하게 빛을 드러내 존재를 알 수 있을 때를 백이라고 한 것으로 판단된다. 비朏는 달月이 나온다出는 글자 모양에서 보듯 달빛이 보다 또렷할 때를 가리킨다. 하지만 백霸과 비朏는 시점이 대체로 동일한 데다 해석에서도 뚜렷한 구분이 어려워지면서 점차 같은 뜻으로 쓰게 됐다. 굳이 따지자면 비는 백에 비해 시기적으로 조금 늦게 나온 글자인 데다 단독 의미로 사용된 경우가 많았고, 백은 수식어로 쓰인 사례가 대다수였다.

---

6   "霸, 月始生魄然也. 霸魄疊韻. 承大月二日, 承小月三日." 백(霸)은 백(pò)과 패(bà)의 두 발음이 있다. 백은 달과 관련한 명칭이다. 패로 읽으면 으뜸의 뜻이다. 백(霸)과 백(魄)은 통용된다. 문헌에서 서로 바꿔 쓰는 글자들이다. 백(霸)은 갑골문(甲骨文), 백(魄)은 금문(今文)에서 나왔다.

7   "月, 三日成魄, 八日成光."

월상사분설月相四分說

왕국유는 서주西周시대 청동기 금문金文을 연구하다가 『서경』에 나온 기이한 명칭들이 월상月相·달의 위치에 따른 모양 변화을 표현한 것이라는 것을 파악해 '생백사백고'를 발표했다. 논문의 핵심은 월상사분설月相四分說이었다. 그는 금문에서 가장 많이 나온 달 이름을 중심으로 한 달을 네 시기로 구분했다. 초길初吉, 기생백旣生霸, 기망旣望, 기사백旣死霸이었다. 초길은 새 달이 시작되어 길하다는 뜻이었다. 기생백은 망望처럼 완전히 차거나 아주 밝지는 않지만 살아난 지 이미旣 오래인 달의 모양이라고 했다. 기망은 보름이 이미 지났을 때의 달이었다. 기사백은 회晦처럼 완전히 어두워지지는 않았으나 밝음이 생겨난 지 오래되어 이미 죽은 것과 같은 달로 해석했다. 재생백哉生魄, 재사백哉死霸, 방생백旁生霸, 방사백旁死霸, 기방생백旣旁生霸은 사용된 사례가 거의 없어 시기를 나누는 용어로 보지 않았다. 재哉는 시작始, 방旁은 가깝다近는 뜻이다. 따라서 재생백哉生魄과 재사백哉死霸은 각각 기생백과 기사백의 첫날로 풀이했다. 방생백과 방사백은 기생백과 기사백의 둘째 날이었다. 기방생백에서 기는 필요 없는 글자로 보았다. 왕국유의 월상사분설은 당시 엄청난 반향을 불러일으켰다. 학계에서는 3,000년 전인 주나라 때 서양에 앞서 월 4주의 주일제週日制를 도입한 것이 증명됐다고 흥분했다.

월상사분설

달 이름	시기
초길(初吉)	삭(음력 1일)부터 상현(7~8일)
기생백(既生霸)	상현(8~9일)부터 망(14~15일) • 재생백(哉生魄) = 기생백의 첫날 • 방생백(旁生霸) = 기생백의 둘째 날
기망(既望)	망(15~16일)부터 하현(22~23일)
기사백(既死霸)	하현(23일)부터 회(달의 마지막 날) • 재사백(哉死霸) = 기사백의 첫날 • 방사백(旁死霸) = 기사백의 둘째 날

월상정점설月相定點說

월상사분설 발표 이후 학계의 집중적 연구로 큰 의문점과 모순이 드러났다. 그 결과 월상정점설月相定點說이 나왔다. 골자는 달의 모양을 관찰하는 것은 날짜를 확정하기 위한 것이지 어떤 기간을 설정하기 위한 것이 아니라는 것이었다. 기생백, 기사백 등은 특정한 달 모양과 특정한 날짜를 지칭한 용어이며, 기간을 가리키는 것이 아니라는 주장이었다. 또 초길初吉은 어떤 달에서 처음으로 길한 날짜라는 의미이며, 달의 모양을 나타내는 용어가 아니라고 반박했다. 옛 문헌에서 달의 중간에 초길을 쓴 사례가 상당수 보인다는 근거를 댔다. 재생백, 재사백 등을 기생백과 기사백의 범위에 포함시키는 것에 대해서도 의문을 제기했다. 하지만 월상사분설과 월상정점설 모두 압도적 지지를 받지 못하면서 여전히 논쟁이 거듭되고 있다.

월상정점설

달 이름	시점	비고
기사백(旣死霸)	삭(음력 1일)	
방사백(旁死霸)	음력 2일	• 방사백과 재생백은 둘 다 비(朏)를 가리킨다는 주장도 나옴
재생백(哉生霸)	비(음력 3일)	
기생백(旣生霸)	망(음력 15일)	• 기생백이 비라는 주장도 나옴
방생백(旁生霸)	음력 16일	• 기망(旣望)이 방생백이라는 주장도 나옴 • 망이 기망이라는 주장도 나옴
기방생백(旣旁生霸)	음력 17일	

수식어 중심설

방旁, 재哉, 기旣의 글자 본뜻에 충실하게 달 이름을 해석해야 한다는 주장이다.[8] 방은 가깝다近는 뜻인 만큼 아직 특정 날짜에 미치지 못한 것未及으로 봐야 한다는 것이다. 재는 시작始의 의미인 만큼 특정 날짜의 당일이다. 기旣는 이미 지났다는 뜻인 만큼 특정 날짜를 지난 것으로 풀이해야 한다는 설명이다. 하지만 방을 특정 날짜에 미치지 못하는 것으로 보는 것은 기존 해석과 배치되는 부분이다. 수식어에 충실하게 달 이름을 해석할 경우 전前달이 작은 달일 때 방생백旁生霸은 음력 초이틀이지만, 전달이 큰 달일 때는 방생백 없이 바로 비朏가 된다.

---

8   馮時, 『中國古文字學槪論』, 中國社會科學出版社, 2016, 473~484쪽.

수식어 중심설

달 이름	시 점	
	작은 달(직전 달)	큰 달(직전 달)
방사백(旁死霸)	회 전날(음력 28일)	회 전날(음력 29일)
재사백(哉死霸)	회 당일(음력 29일)	회 당일(음력 30일)
기사백(旣死霸)	삭(음력 1일)	삭(음력 1일)
방생백(旁生霸)	음력 2일	없음
생백(生霸), 재생백(哉生霸)	비(음력 3일)	비(음력 2일)
기생백(旣生霸)	비 다음 날~망	비 다음 날~망
기망(旣望)	망 다음 날~회 이틀 전	망 다음 날~회 이틀 전

고삭례告朔禮

아직도 뜻이 완벽하게 밝혀지지 않은 특이한 달 이름들은 춘추春秋 시기 금문에서 발견되지 않는 것으로 미뤄 서주西周 때 일시 시행되다가 사라진 것으로 보인다. 천문 역법이 발달하면서 달을 직접 관측해 특이한 이름을 붙이지 않더라도 실내에서의 추산推算만으로 달의 변화를 파악할 수 있게 됐기 때문이다. 서주 때 시행된 달 이름들은 삭朔을 전후해 집중된 특징을 갖는다. 삭을 대단히 중시했다는 반증이다. 고대 봉건국가에서는 역법 제정이 치국治國의 대사大事였다. 천자는 매년 음력 12월이 되면 제후들에게 다음 해의 열두 달 책력을 배포했다. 제후들은 자신의 영지로 돌아와 종묘宗廟에 천자가 하사한 역서曆書를 보관했다. 그리고 매달 삭일이 되면 양 한 마리를 잡아 종묘에 제사를 지낸 뒤 사전에 반포된 월령月令에 따라 그 달의 정책을 백성들에게 펼쳤다. 이를 고삭례告朔禮라고 한다. 삭은 단순한 날짜가 아니라 매달 천자의 새로운 정치가 시작된다는 의미다.

제2부

별

1장 동양의 별자리

2장 동방 창룡(蒼龍)

3장 북방 현무(玄武)

4장 서방 백호(白虎)와 남방 주조(朱鳥)

5장 북두칠성(北斗七星)

별

별에 대한 관측은
인류의 시작과 함께였을 것이다.

하늘과 땅, 낮과 밤 등 주변 환경에 대한 호기심과 탐구는 생존 본능의 자연스러운 행위이기 때문이다. 선사시대 암벽이나 고인돌에 새겨진 별 그림 등은 그런 행위의 흔적이라 할 수 있다. 처음에는 밝은 별이 언제쯤, 어디에서 뜨는지를 눈여겨봤을 것이다. 그러다 기억의 편의와 재미를 위해 별끼리 선을 이어 신神이나 사람, 동물 등의 형상을 마음속에 만들었을 것이다. 별과 별의 선을 이은 것이 별자리인 성좌星座가 되고, 신이나 동물 등의 형상은 하늘 속 별의 무늬인 성상星象이 됐다.

　오랜 관측 결과 눈여겨본 성좌와 성상이 정해진 계절과 시간에, 일정한 방향에서 떠오르고 지는 모습을 자연스럽게 파악했을 것이다. 특정 별자리가 보이면 목축을 하거나 농사를 지을 때 미리 계획을 세워 준비를 할 수 있음을 경험적으로 알게 됐을 것이다. 중요 별자리로 하늘의 영역을 나눠 위치를 기록하고, 농사 등에 도움이 되는 계절과 시간을 가족이나 공동체가 공유했을 것이다. 별의 영역과 위치를 그린 것은 성도星圖가 되고, 계절과 시간을 기록한 것은 역법曆法이 됐다.

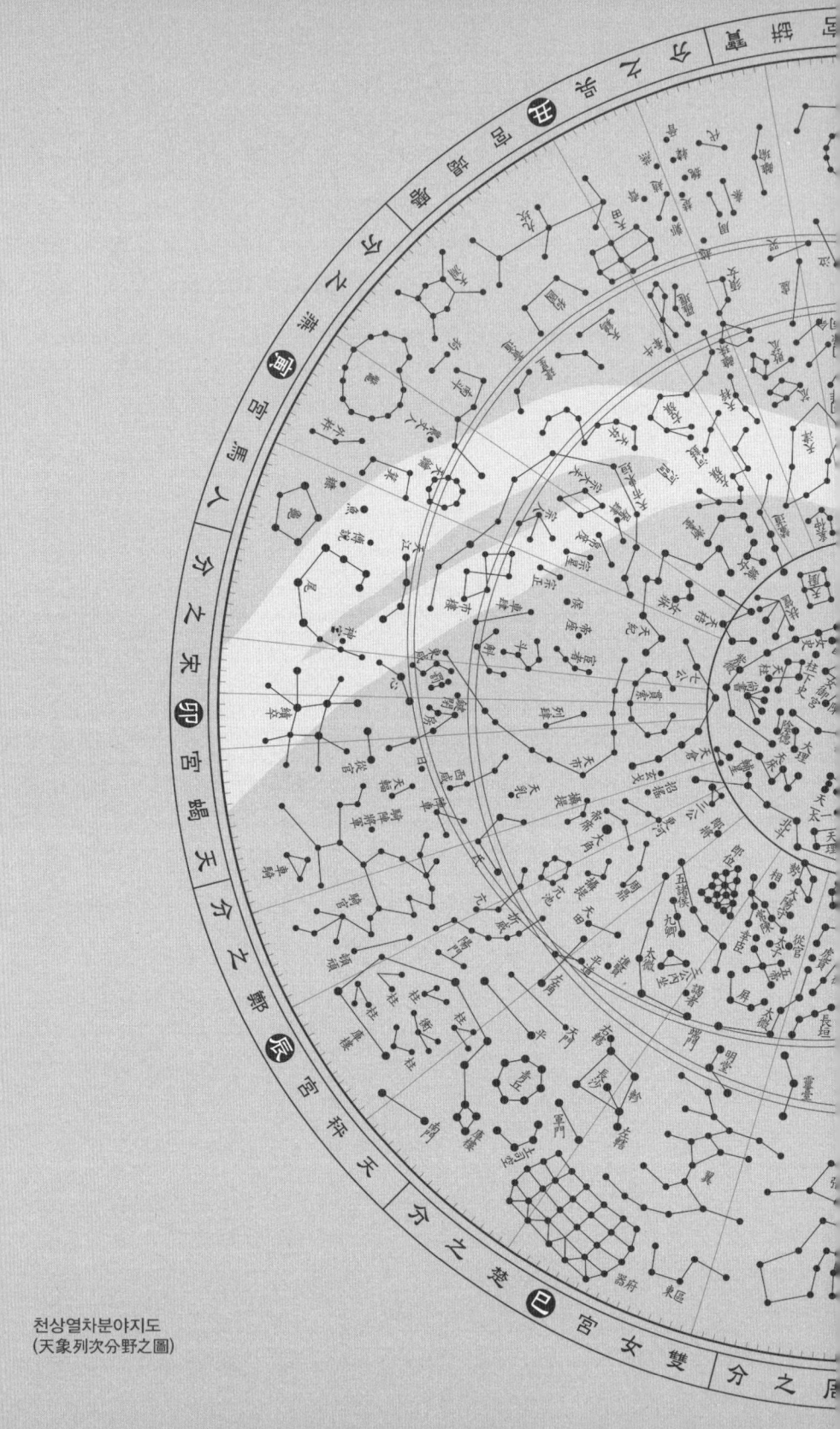

천상열차분야지도
(天象列次分野之圖)

1장
동양의 별자리

1. 동양 천문의 기본 구조
2. 별자리 그림 성도(星圖)
3. 성도(星圖) 속 신화 전설 – 가마를 탄 귀신별

1. 동양 천문의 기본 구조

宿 별자리 수

동양의 별자리 체계는 3원三垣 28수二十八宿를 기본 구조로 한다. 중앙집권적 제국帝國의 질서를 하늘에 상정한 구도構圖라 할 수 있다. 하늘의 중심인 북신北辰·북극성을 중심으로 적도의 별들이 동심원을 그리며 에워싸는 형태다. 3원이 천제天帝가 있는 하늘의 도성都城이라면 28수는 적도에 우산살처럼 포진한 제후국들이다. 3원 28수 체계에서 가장자리의 28수가 중심의 3원보다 훨씬 중요하다. 해와 달, 행성行星 등 움직이는 천체를 파악할 때 적도 주변의 붙박이별恒星·恒星인 28수가 관측의 기준이 되기 때문이다. 28수의 사계절 순환에 대응해 1년간 황도黃道를 따라 움직이는 해의 위치, 매일 바뀌는 달의 위상位相 변화 등을 종합하면 시간의 질서인 역법曆法을 만들 수 있다.

    28수는 달의 운행을 기준으로 정한 것이다. 달이 하늘을 한 바퀴 도는 데 28일 정도 걸리는 점을 감안해 적도 주변의 붙박이별

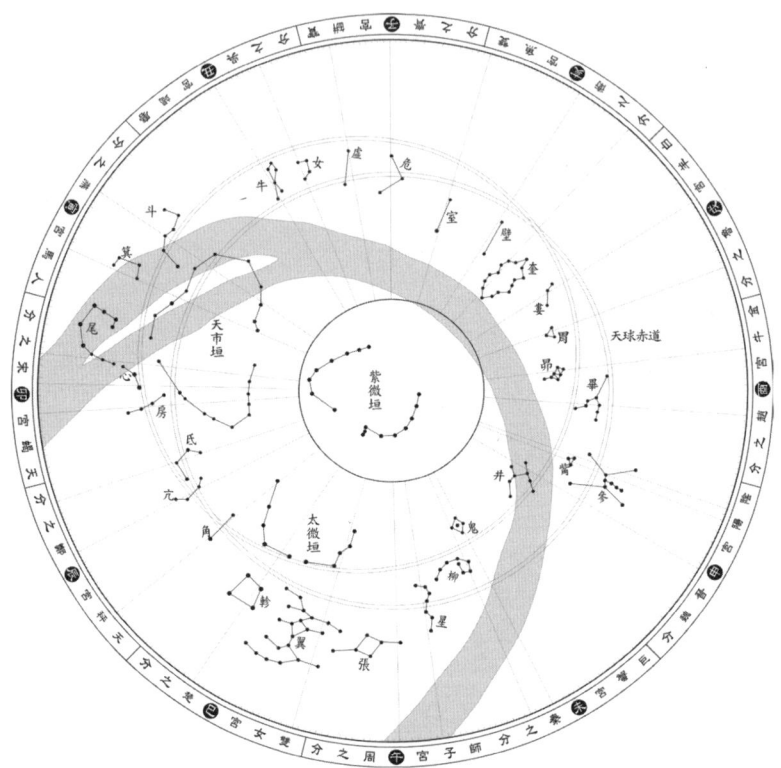

3원(三垣) 28수(二十八宿)

4상(四象) 체계

28개로 하늘 구역을 나눈 것이다. 28수는 상商나라 말에서 주周나라 초에 개념이 형성돼 전국시대기원전 453~기원전 221에 완전한 체계를 갖춘 것으로 본다. 28수를 동서남북 각 방위마다 일곱 개씩 묶어 동물 모양으로 만든 것을 사상四象이라 한다. 동방 창룡蒼龍, 서방 백호白虎, 남방 주조朱鳥, 북방 현무玄武로 신화 속 영물靈物을 형상한 것이다. 상象을 만든 것은 개개 별을 식별하는 것보다 관측에 훨씬 편리하기 때문이다. 동방 창룡은 각角·항亢·저氐·방房·심心·미尾·기箕의 7수, 북방 현무는 두斗·우牛·녀女·허虛·위危·실室·벽壁의 7수다. 서방 백호는 규奎·루婁·위胃·묘昴·필畢·자觜·삼參의 7수, 남방 주조는 정井·귀鬼·류柳·성星·장張·익翼·진軫의 7수다.

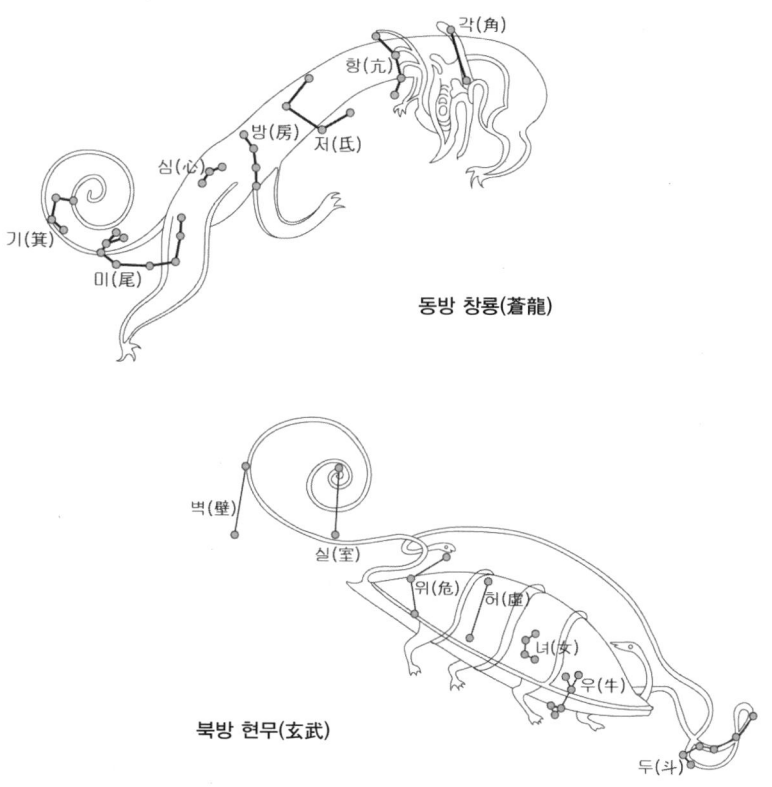

동방 창룡(蒼龍)

북방 현무(玄武)

제1장 동양의 별자리

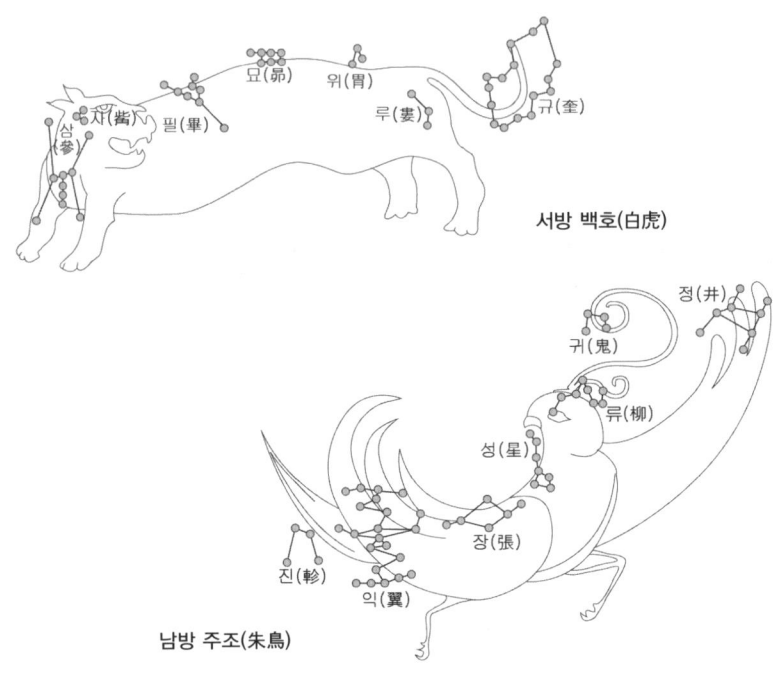

서방 백호(白虎)

남방 주조(朱鳥)

垣 담 원

3원은 자미원紫微垣, 태미원太微垣, 천시원天市垣을 가리킨다. 원垣은 담장을 뜻한다. 각 원은 동쪽 담장과 서쪽 담장이 둥그렇게 하나의 울타리를 이루고, 그 속의 별자리들이 직책에 따라 하늘 궁궐의 임무를 수행하는 개념이다. 3원의 중심은 북극성과 북두칠성이 소속된 자미원이다. 자미원은 천제天帝가 사는 궁궐, 태미원은 하늘의 조정, 천시원은 하늘의 시장으로 해석한다. 자미원은 하늘의 한가운데 위치한다. 태미원은 남방 주조 7수, 천시원은 동방 창룡 7수 방향으로 치우쳐 있다.

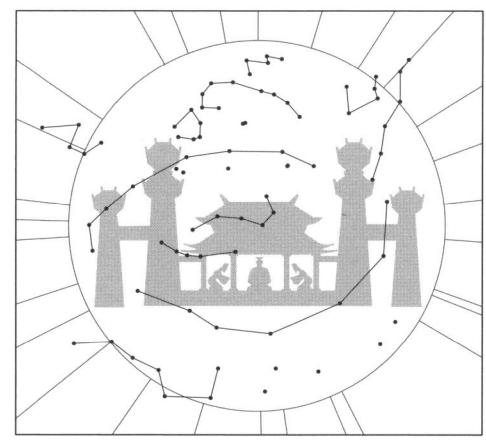

자미원(紫微垣)

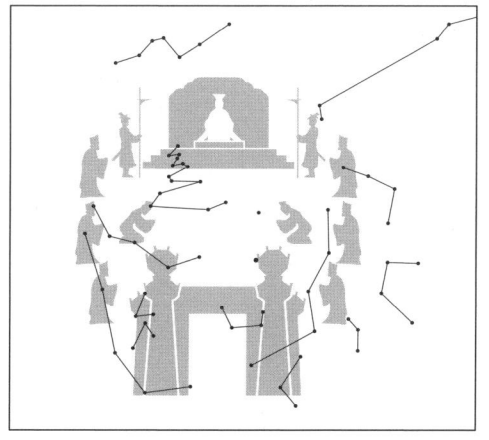

태미원(太微垣)

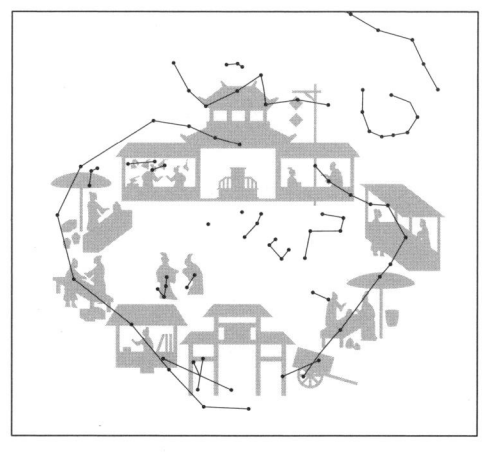

천시원(天市垣)

2. 별자리 그림 성도星圖

規 동그라미 규

동양의 성도星圖는 원도圓圖와 횡도橫圖의 둘로 나뉜다. 원도는 둥근 하늘 덮개에 총총히 박힌 별자리들을 한 폭의 그림에 모두 담은 것이다. 횡도는 개별 별자리를 하나하나 그려서 가로로 펼친 두루마리처럼 만든 것이다. 횡도는 6~7세기의 수당隋唐 시기에 새로운 유행으로 출현했다. 따라서 동양 성도는 원도가 먼저 제작됐다고 할 수 있다. 원도는 동양 천문의 상징인 천원지방天圓地方의 개천설蓋天說과 북극을 정점으로 한 적도좌표계 등 두 개념을 기본 바탕으로 한다. 원도의 완성작은 조선朝鮮 태조 4년인 1395년 돌에 새긴 천상열차분야지도天象列次分野之圖와 남송南宋 순우淳祐 7년인 1247년 제작된 중국 강소성江蘇省 소주蘇州의 석각 천문도라 할 수 있다. 횡도는 8세기경의 돈황성도敦煌星圖와 조선 세종世宗 때 이순지李純之·1406~1465가 편찬한 『천문류초天文類抄』의 보천가步天歌 별 그림 등을 들 수 있다.

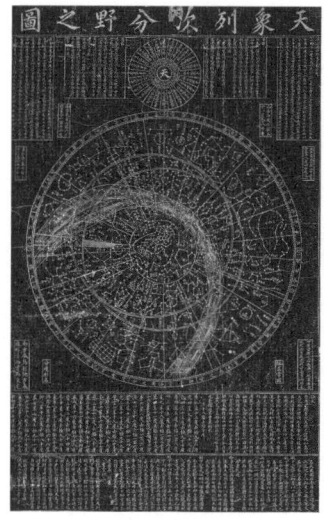 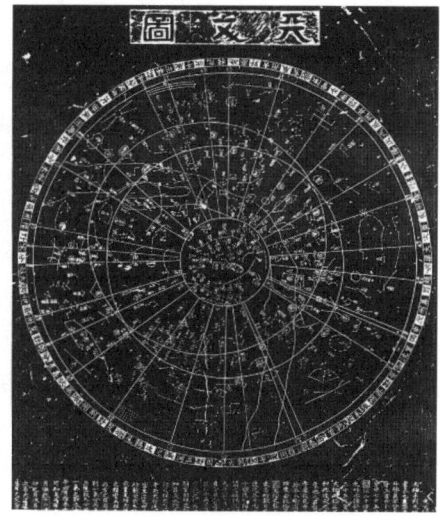

천상열차분야지도   소주(蘇州) 천문도 (출처: 위키피디아)

원도의 특징은 ① 네 개 동그라미, ② 중앙에서 방사선처럼 테두리로 뻗은 28개 직선, ③ 테두리의 12개 영역 구분 등의 세 요소를 들 수 있다. 네 개 동그라미는 한가운데 조그만 원인 내규內規와 중간의 적도원赤道圓인 중규中規, 테두리의 큰 원인 외규外規 등 동심원 세 개와 적도원과 엇비슷하게 그려진 황도원黃道圓이다. 내규는 북극을 중심으로 항상 보이는 별자리 구역을 나타낸 것이다. 외규는 관측자가 볼 수 있는 별들의 지평선 한계를 표시한 것이다. 내규는 1년 내내 별을 볼 수 있는 범위라는 뜻에서 항현권恒見圈이라고 한다. 외규 밖의 별은 1년 내내 땅속에 숨어 있다는 의미에서 항은권恒隱圈이라고 부른다. 적도와 황도의 두 원이 교차하는 지점은 춘분점과 추분점이다. 춘분점과 추분점에 위치한 별자리의 변동과 세차운동歲差運動 기간을 계산하면 성도의 제작 시기를 알 수 있다.

항현권인 내규에서 적도원을 거쳐 항은권인 외규까지 부채살 모양을 이루는 28개의 직선은 하늘의 원둘레인 365와 1/4°(1년의 날짜)를 28수의 영역으로 나눈 선이다. 하늘을 28조각 낸 이 직선은 현대 천문도의 적경赤經과 같다. 28수의 운행에 따른 적경 변화와 남중南中 시각을 파악하면 시간과 계절을 결정할 수 있다. 외규의 테두리에는 해의 12달 운행에 따른 12지지12진·辰 구분, 세성歲星·목성의 이동 주기에 맞춘 12차 표시, 별자리와 지상地上의 12국國 조합, 서양 황도 12궁의 하늘 영역 등 다양한 의미를 별자리와 결합시킨다. 이 같은 특징을 모두 갖춘 원도를 전천성도全天星圖라고 한다.

3. 성도星圖 속 신화 전설 - 가마를 탄 귀신별

원도圓圖의 발전 과정은 성좌星座와 성상星象 일부만 그린 초기 단계 → 북극권을 대표한 북두칠성北斗七星과 적도권의 28수를 강조한 중간 단계 → 북극권의 3원과 적도권의 28수 및 부속 별자리를 모두 그린 전천성도全天星圖의 단계를 밟는다. 특히 중간 단계 원도는 상당 기간 신화 전설 속 사람이나 동물을 별자리와 함께 그렸다는 점에서 눈길을 끈다. 개별 별자리의 유래와 성립 과정을 이해하는 데 큰 도움을 주는 까닭이다. 1987년 서안西安교통대학에서 발견된 1세기경 서한西漢 무덤의 벽화성도는 이 같은 중간 단계 원도의 특징을 선명하게 보여준다. 서안교통대 성도는 당나라 이전 별자리 그림 가운데 내용이 가장 풍부하다는 평을 받는다.

　서안교통대 성도는 28수에 대한 천문 지식과 신화 전설이 조화를 이룬 그림이라고 할 수 있다. 성도는 구름 무늬로 바탕을 채웠고, 그 사이로 학이 날아다녀 선가仙家적 색채를 짙게 풍긴다. 내원內圓의 오른쪽에는 붉은 해와 해 속을 나는 까마귀, 왼쪽에는 하얀 달과 달 속에서 뛰노는 토끼와 두꺼비가 그려졌다. 테두리의 원형圓形 띠에는 28수와 신화 전설에 나오는 사람과 동물 등이 묘사됐다. 성도에는 북두칠성을 비롯한 북극권은 표현되지 않았다.

서안(西安)교통대학 서한묘(西漢墓) 벽화성도 (출처: 百度)

서안교통대학 벽화성도의 28수 구분

서안교통대의 서한묘 별자리 그림의 세부 내용은 다음과 같다.[1]

동방 창룡 7수

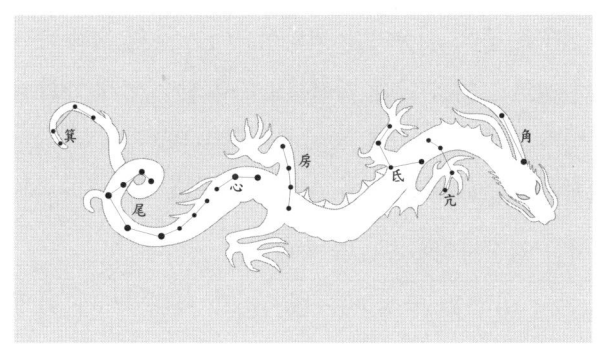

- **각角** : 28수의 기점起點이자 동방 창룡 7수의 첫 별자리인 각수는 용의 뿔을 가리킨다. 일반적으로 전천성도全天星圖에는 좌각과 우각의 별 두 개로 그려진다. 서한묘 벽화성도壁畫星圖에는 별 네 개가 그려졌다. 우각 위의 천전天田 2성과 좌각 아래의 천문天門 2성 등 부속 별자리를 같이 그린 것으로 보인다. 좌각은 서양 처녀자리Virgo 알파α별인 1등성 스피카Spica다.
- **항亢** : 벽화성도에는 용의 앞쪽 두 발과 뒤쪽 두 발, 꼬리에 각각 하나씩 모두 다섯 개의 둥근 별이 그려져 있다. 이 가운데 용의 앞쪽 오른발의 동그란 점 한 개가 항수다. 항수는 용의 목이다. 전천성도에는 네 개의 별로 그려진다.
- **저氐** : 저수는 용의 가슴(또는 뒤돌아보는 형태의 머리로도 봄)이다. 벽화성도에서 용의 앞쪽 왼발의 동그란 점이 저수다. 저수도

---

1 황유성, 『사람에게서 하늘 향기가 난다 - 東洋 天文에의 초대』, 린쓰, 2018. 3월 28수의 각 별자리에 대한 자세한 내용은 이 책을 참조

전천성도에는 별 네 개로 표시된다. 저수는 서양 별자리로는 황도 12궁의 제7궁인 천칭자리Libra에 속한다.

- 방房 : 방수는 용의 배를 가리킨다. 벽화성도에는 용의 뒤쪽 오른발의 동그란 점이다. 방수도 전천성도에는 별이 네 개다.
- 심心 : 심수는 용의 심장이다. 벽화성도에는 용의 뒤쪽 왼발에 주홍색의 큰 별로 그려져 있다. 전천성도에서 심수는 세 개의 별이다.
- 미尾 : 미수는 용의 꼬리다. 벽화성도에는 밝은 별 한 개로 나타냈다. 전천성도에는 아홉 개의 별이 그려진다. 방, 심, 미의 세 별자리는 서양 전갈자리Scorpius에 속한다.
- 기箕 : 본래 창룡을 구성하는 별자리가 아니었으나 뒤에 미수를 잇는 별자리가 되었다. 바람을 상징하는 별자리다. 벽화에서는 도포 차림에 머리에 관모를 쓴 남자가 양반다리로 앉아 두 손으로 키를 까부리는 모습이다. 남자 앞의 네 개의 별이 키를 가리킨다. 전천성도에도 기수는 네 개의 별로 표시된다.

북방 현무 7수

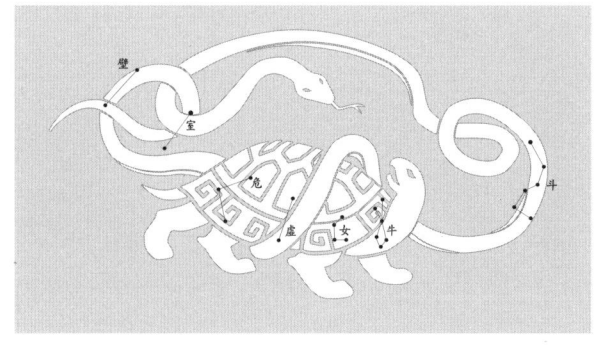

- 두斗 : 신화 전설에서 두수는 생명을 관장하는 별이다. 벽화성도

에는 도포를 걸친 남자가 다리를 벌리고 서 있고, 오른손의 한 개와 앞쪽의 선으로 연결된 다섯 개 등 여섯 개로 남두南斗를 만들었다. 전천성도에서도 남두는 북두칠성과 닮은 바가지 모양의 별 여섯 개다.

- 우牛 : 벽화성도에서 뒤를 돌아보는 사람이 그려져 있고, 사람의 뒤를 따르는 소의 모습이 보인다. 소의 배에는 별 세 개가 나란하다. 벽화성도의 그림은 칠월 칠석 견우와 직녀 전설을 묘사한 것이다. 견우별에 대해서는 두 가지 주장이 있다. 우수가 하나고, 하고河鼓 3성이 다른 하나다. 서양 별자리에서 직녀는 거문고자리Lyra 알파α별인 1등성의 베가Vega다. 반면 우수는 3등성 이하의 어두운 별이다. 하고 3성을 주장하는 쪽은 우수가 너무 어두워 밝게 빛나는 직녀별의 짝으로 어울리지 않는다고 한다. 하고는 은하수 건너편의 독수리자리Aquila 알파α별인 1등성의 알타이르Altair다. 거리도 하고가 직녀와 가깝다. 선진先秦시대 이후 민간에서는 대체적으로 하고를 견우로 본다. 전천성도에서 우수는 여섯 개의 별로 그려진다.

- 녀女 : 무녀婺女 또는 수녀須女로도 불리는 녀수는 혼사나 장례에 쓸 베와 비단을 짜고 옷을 짓는 낮은 계급의 부녀자다. 벽화성도의 녀수는 쭈그려 앉은 여자 앞에 별 두 개와 뒤쪽 발꿈치에 별 한 개, 머리를 둥근 별로 만들어 모두 네 개의 별을 그렸다. 전천성도에도 녀수는 기수箕宿와 닮은 모양의 네 개 별이다.

- 허虛·위危 : 벽화성도에는 녀수의 뒤에 누운 탑 모양의 별 다섯 개가 있다. 탑 모양 속에 검은색의 작은 뱀이 그려진 것이 특히 눈에 띈다. 별 다섯 개는 앞의 2별이 허수, 뒤의 삼각형 모양의 3별이 위수다. 허수는 폐허를 상징하며, 주검 앞에 울음을 터뜨리는

곡읍哭泣의 별이다. 위수는 위태로운 삼각형 지붕 위에서 강제로 집 짓기 노역을 하는 백성을 의미한다. 전천성도에서도 별 개수는 벽화성도와 같다. 검은색 뱀은 북방 현무를 상징한다. 거북은 생략하고 작은 뱀으로 현무를 나타냈다.

- **실室·벽壁** : 한漢대 이전에는 실수와 벽수가 한 별자리로 합쳐지기도 하고, 두 별자리로 나뉘기도 했다. 두 별자리일 때는 앞부분의 세로 별 두 개를 영실營室, 뒷부분의 세로 별 두 개를 동벽東壁이라고 불렀다. 전국戰國시대 제후의 무덤인 증후을묘曾侯乙墓에서 출토된 칠기 상자에는 서영西縈과 동영東縈으로 돼 있다. 한 별자리로 합쳐졌을 때는 정定 또는 영실이라고 했다. 춘추春秋시대 이전에는 하나의 별자리였으나 이후 분리됐다. 실수와 벽수는 겨울철 토목과 건축 등에 동원되는 백성의 부역을 뜻한다. 전천성도에서도 사각형 중 앞부분 두 개의 별은 실수, 뒷부분 두 개의 별은 벽수다. 벽수의 윗별은 서양 안드로메다자리Andromeda 알파α별과 페가수스자리Pegasus 델타δ별을 겸한다.

서방 백호 7수

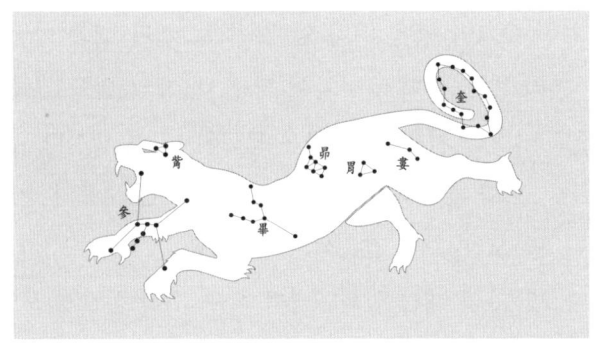

- 규奎 : 규수는 하늘의 도서관 또는 무기고를 뜻한다. 전천성도에서 규수는 열여섯 개의 별이지만 벽화성도에는 다섯 개만 그려졌다.

- 루婁 : 루수는 가을 수확 이후 신령에게 희생犧牲으로 바칠 가축을 기르는 울타리를 뜻한다. 벽화성도에 보이는 달아나는 동물 모양의 흔적에서 알 수 있다. 하지만 심한 훼손으로 어떤 동물인지 알아보기가 어렵다. 동물의 몸 아래에 두 개의 별, 머리 부분에 한 개의 별이 있다. 전천성도에도 루수는 세 개의 별이다.

- 위胃·묘昴 : 벽화성도에서 위수와 묘수는 훼손이 심한 데다 선으로 이은 별자리 구조가 어색해 명확하게 구분하기 힘들다. 짧은 선으로 이은 별 여섯 개와 속에 그려진 동물, 그 뒤로 다소 간격이 있는 별 두 개가 보인다. 전천성도에서 묘수는 일곱 개의 별이 그물처럼 촘촘히 모여 있는 형상이다. 이를 감안하면 벽화성도는 묘수와 위수의 순서를 바꿔서 그린 것으로 본다. 별 속에 그려진 동물은 다리와 발굽, 갈기를 감안할 때 말로 보인다. 묘수는 오랑캐가 길게 늘어뜨린 머리인 모두髦頭를 뜻하기도 한다. 별 속의 동물이 말이라면 오랑캐가 말을 타고 쳐들어오는 것을 묘사한 것이다. 위수는 하늘의 식량 창고를 뜻한다. 전천성도에서는 삼각형 모양의 세 개 별이다. 묘수는 서양의 플레이아데스성단Pleiades이다.

- 필畢 : 필수는 전천성도에서 Y자 모양의 여덟 개 별로 그려진다. 필은 새나 짐승을 잡는 긴 자루가 달린 그물이다. 벽화성도에서는 도망가는 토끼를 사람이 쫓고 있다. 별 다섯 개로 만든 그물을 오른손에 잡고 몸 뒤의 왼손에는 그물 자루인 별 한 개를 쥔 모습이다. 필수는 서양의 황소자리Taurus에 속한다.

- **자**觜 : 자수는 백호의 머리다. 자의 글자 뜻은 올빼미 머리 위로 삐죽 솟은 뿔털이다. 벽화성도에도 올빼미 머리 위에 수직으로 솟은 긴 뿔털이 그려져 있다. 두 발로 별 두 개를 움켜쥐고 있고, 날개 뒤에 별 한 개가 그려져 있다. 자수는 전천성도에서도 삼각형 모양의 별 세 개다.
- **삼**參 : 서방 백호를 대표하는 별자리다. 사상四象을 처음 만들 때는 자수와 삼수만으로 호랑이를 구성했다. 벽화성도에는 가운데 훼손된 호랑이 흔적이 보인다. 호랑이 앞발에 한 개, 머리 위에 한 개, 등과 꼬리 위의 두 개 등 네 개의 별이 그려졌다. 등과 꼬리 위의 훼손된 가운데 부분에 한 개의 별이 더 있을 것으로 추정한다. 삼수는 처음부터 세 개의 별로 만들어졌기 때문이다. 전천성도에서는 가운데 별 세 개와 사각형 테두리 네 개 등 일곱 개의 별로 그려진다. 삼수와 자수를 합치면 서양의 오리온자리 Orion와 같다.

남방 주조 7수

- **정**井 : 정수는 하늘의 우물이다. 전천성도에는 별 여덟 개로 그려

진다. 벽화성도에는 별 네 개의 사각형 모양으로 우물 정을 만들었다. 정수는 서양의 쌍둥이자리Gemini다.

- **귀**鬼 : 여귀輿鬼라고도 부른다. 여는 수레 또는 가마의 뜻이다. 여귀는 귀신이 탄 수레나 가마인 상여喪輿를 가리킨다. 네모난 상여의 한복판에 희부옇게 보이는 별의 기운을 적시積尸 또는 적시기積尸氣라고 한다. 시체가 쌓인 기운으로 귀신의 눈처럼 보인다. 벽화성도에는 두 사람이 앞뒤로 가마를 들고 있다. 가마에는 머리 위에 검고 긴 뿔이 있고, 담청색 몸에 반점이 있는 괴물인 귀신이 타고 있다. 귀신을 가마에 태워 가는 발상이 흥미롭다. 전천성도에는 사각형의 별 네 개로 그려진다. 적시기는 프레세페Praesepe라는 이름의 유명한 산개성단散開星團이다.

- **류**柳·**성**星·**장**張·**익**翼 : 전천성도에서 류수 8성은 주조의 부리, 성수 7성은 목, 장수 6성은 모이 주머니, 익수 22성은 날개다. 벽화성도에는 네 개의 별자리를 한 마리의 큰 새로 표현했다. 새 머리 앞쪽의 아래위를 이은 별 두 개는 류수, 새 몸 위의 별 세 개는 성수, 새 아래의 별 세 개는 장수로 판단된다. 익수는 새의 날개로 대신했다.

- **진**軫 : 진수는 28수를 마무리하는 별자리로 주조의 꼬리를 의미한다. 기수와 함께 바람을 주관하는 별이다. 벽화성도처럼 전천성도도 별 네 개로 나타냈다.

2장
동방 창룡 蒼龍

1. 용의 생김새

2. 수용과 암룡 가리는 법

3. 창룡의 사계(四季) 순환

4. 항룡유회(亢龍有悔)

5. 조개와 봄

6. 우주 조개와 별

7. 불의 달력

8. 불의 신 축융(祝融)

1. 용의 생김새

龍 용 룡

"뿔은 사슴, 머리는 낙타, 눈은 토끼, 목은 뱀, 배는 조개, 비늘은 물고기, 발톱은 매, 발바닥은 범, 귀는 소를 닮았다角似鹿, 頭似駝, 眼似兔, 項似蛇, 腹似蜃, 鱗似魚, 爪似鷹, 掌似虎, 耳似牛."

중국 최초의 사서辭書『이아爾雅』[1]에 수록된 용의 모습이다. 아홉 가지 동물을 닮았다고 해서 구사지물九似之物로 불린다. 용은 수천 년간 동양을 대표해 온 동물이다. 그런 만큼 용의 참모습에 대한 궁금증은 오랜 세월 이어졌지만 실제 용이라고 단언할 만한 동물은

---

1 『이아(爾雅)』는 고대 한자(漢字) 어휘를 수록한 중국 최초의 사서(辭書)다. 이아의 이(爾)는 가깝다(近), 아(雅)는 바르다(正)는 뜻으로 발음, 어휘, 어법(語法) 등의 표준어를 가리킨다. 전국(戰國·기원전 453~기원전 221)시대 어휘들이 주로 실려 있어 대체로 서한(西漢) 초 이전에 성서(成書)된 것으로 추정한다. 본래 3권 20편이었으나 19편만 전해진다. 4,300여 어휘를 2,091항목으로 분류, 해석했다. 『이아』는 유가(儒家) 13경(經)으로 꼽힌다.

발견하지 못했다. 이아의 묘사대로라면 현실에 도저히 존재할 수 없는 상상 속 조합으로 여겨진다. 그럼에도 비슷한 실물이나 연상聯想 동기도 없이 하늘에서 뚝 떨어지듯 구사지물이 생겼는지는 의문일 수밖에 없다. 지금까지 용의 실체를 특정하지 못하고 그 기원에 대한 갖가지 의견만 난무하는 실정이다.

용의 실체와 관련해『사기史記』,『좌전左傳』,『논형論衡』 등 옛 문헌에 추정 단서가 될 만한 일부 내용은 나온다.² 문헌에 따르면 순舜임금 시절 환룡씨豢龍氏라는 용을 기르는 직책이 있었다고 한다. 또 하夏나라 때는 어룡씨御龍氏라는 관리가 용을 돌보았다는 기록도 있다. 심지어 하나라 왕 공갑孔甲 때 용 네 마리를 길렀는데 암컷 한 마리가 죽자 어룡씨가 몰래 젓갈을 담아 왕에게 바쳤고, 왕이 너무 맛있으니 더 진상進上하라고 하자 처벌이 두려워 도망갔다는 대목도 나온다. 환豢은 기르는 것이고 어御는 길들이는 것이니, 용이 가축과 다름없었고 식용까지 했다는 뜻이다. 만약 용을 기른 것이 사실이라면 실제 어떤 동물이었을까?

첫째, 용의 원형原形은 악어라는 해석이다. 학자들은 하남성河南省 복양현濮陽縣 서수파西水坡에서 발견된 앙소仰韶 문화 45호 무덤 유적을 그 근거로 든다. 무덤 주인의 양옆에 조개껍질로 만든 두 마리 동물 중 하나가 용이고, 다른 하나가 호랑이라는 것이다. 하지만 조개껍질을 모아 만든 형상은 익히 알려진 용의 모습과는 거리가 있어 보인다. 오히려 악어 모양에 가까운 것이 사실이다. 기원전 6000~기원전 3000년의 하남성과 산동성山東省 등 황하 중 하류 지역은 온도가 지금보다 2~3℃ 높고 넓은 습지여서 온대 악어인 양자揚子악

2　『사기(史記)』「하본기(夏本紀)」.『춘추좌전(春秋左傳)』「소공(昭公)」 29년.『논형(論衡)』「용허(龍虛)」 참조.

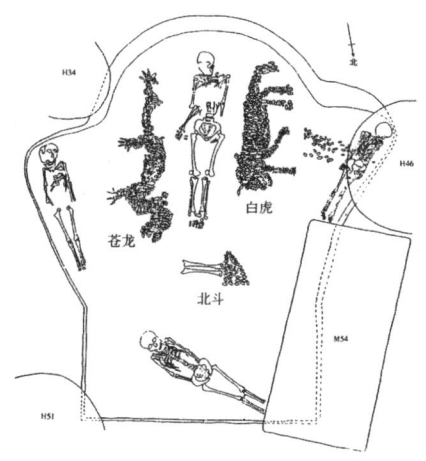

서수파(西水坡) 45호 무덤 (출처: 搜狐)

어가 살았다고 한다. 양자악어는 10월 말 겨울잠에 들어가 이듬해 3월 말 깨어났다. 악어는 사육과 식용이 가능한 동물이다.

서수파 45호 무덤은 천문고고학에서 대단히 중요한 유적으로 꼽는다. 동양 천문의 기본 구조를 이루는 사상四象 동물 가운데 핵심인 동방 창룡과 서방 백호가 기원전 4000년경의 신석기 문화에 실물로 나타난 증거로 보기 때문이다. 절기상 동방 창룡은 춘분, 서방 백호는 추분을 상징한다. 동면에서 깨어난 악어신이 봄을 끌고 오며, 이때 하늘에 나타난 창룡을 악어와 같은 존재로 인식했던 것으로 추정한다. 창룡의 긴 별자리 모습에서 악어와 흡사한 형태를 떠올렸던 것으로 짐작할 수 있다.

둘째, 토템합체설이다. 합쳐진 토템의 중심 요소는 뱀이거나 말이다. 돼지와 곰도 거론된다. 토템합체설은 용이 구사지물이라는 논거와도 흡사하다. 우선 뱀 토템합체설이다. 강력한 뱀 토템 부족이 다른 부족을 흡수 통합하면서 그들의 토템 요소를 자신들에게 추가한 형상이 용이라는 주장이다. 뱀 토템합체설의 가장 강력한 근거는 용의 생김새다. 용의 가장 중요한 특징인 길고 가는 몸체에 활처럼 굽은 모습은 실재하는 동물 가운데 뱀 이외에 찾아보기 어렵다고 강조한다. 악어는 결코 용으로 볼 수 없다고 한다. 악어는 몸체가 나무 등걸처럼 굵고 곧아서 용의 모습과 맞지 않다는 것이다. 용의 가장 중요한 특징은 뱀처럼 길고 가는 몸체이고 다른 형상은 부수적이라고 주장한다. 말, 돼지, 소, 사슴, 곰, 호랑이, 도롱뇽, 물고기 등의 요소가 가미된 여러 형태의 용 유물이 발견되지만 기본 형태는 뱀이라는 것이다.

반면 말이 용의 합체 형상에서 뱀 이상의 핵심 요소를 차지한다는 주장도 만만찮다. 옛 문헌 기록은 물론 출토 유물이 뒷받침한다는 것이다. 동한東漢의 왕충王充은 『논형論衡』에서 "시중에서 용 그림을 그리면 말 머리에 뱀 꼬리로 그린다世俗畫龍之象, 馬首蛇尾"는 기록을 남겼다. 용에 대한 당시 인식은 말과 뱀의 조합이었던 셈이다. 두 동물의 조합을 북방 유목민과 남방 농경민 간의 정치적 통합과 융화의 결과로 해석하기도 한다. 농경 지역에서 가장 흔한 동물이 뱀이고, 유목 지역에서 가장 중요한 것은 말이기 때문이다. 말 자체를 용으로 간주한 경우도 있다. 『주례周禮』에 "말 크기가 8자 이상이면 용龍, 7자 이상이면 내騋, 6자 이상이면 말馬이라 한다"는 대목이 나온다.³ "천자의 말을 용이라 하며 높이는 7자 이상, 제후는 말이라 하며 높이는 6자 이상, 경과 대부는 구駒라 하며 높이는 5자 이상이다"라는 내용도 전해진다.⁴ 말의 크기와 타는 사람의 신분에 따라

---

3 "馬八尺以上爲龍, 七尺以上爲騋, 六尺以上爲馬.", 「夏官司馬·廋人」, 『周禮』

4 "天子馬曰龍, 高七尺以上. 諸侯曰馬, 高六尺以上. 卿大夫曰駒, 高五尺以上.", 何休(東漢), 『春秋公羊解詁』

말을 용이라고 했다는 것이다.

돼지와 뱀 또는 곰과 뱀을 합체했다는 주장도 강력하게 제기된다. 내몽골과 요하遼河 지역의 홍산紅山 문화에서 관련 유물이 집중적으로 발견되기 때문이다. 기원전 4700~기원전 2900년의 신석기 시대에 최초로 가축이 된 돼지는 인간이 수렵 생활을 벗어나 정착 생활이 가능하도록 했던 가장 중요한 동물이었다. 곰은 고대 홍산 문화 지역 주변 환경에서 가장 흔하게 접할 수 있는 동물의 하나로 강력한 토템 상징이었다. 하지만 토템합체설에 대한 비판도 만만찮다. 강력한 부족이 약한 부족을 정복하면 자신들의 토템을 강요하는 것이 일반적인 현상이며, 패배한 부족의 약한 토템을 굳이 도입할 필요가 없다는 것이다. 또 학계 연구 결과 상고上古시대에 다른 부족을 압도할 만한 뱀 토템 부족이 발견되지 않는다는 근거를 댄다. 신화 전설 속 화하족 시조인 황제黃帝는 곰, 염제炎帝는 소 토템이었고, 치우蚩尤는 새, 강족羌族은 양羊 토템이었다는 것이다. 복희伏羲와 여와女媧 신화에서만 뱀 토템이 나타난다고 한다.

말과 뱀의 조합

돼지 또는 곰과 뱀의 조합

셋째, 천문天文 기원설이다.[5] 동방 창룡 7수를 선으로 연결하면 갑골문과 금문 용龍의 글자 형태와 똑같아진다는 주장이다. 수천 년의 세월에도 용의 실체를 찾을 수 없었던 것은 하늘에 존재하는 형상을 땅의 자연계에서 찾았기 때문이라는 것이다. 하늘을 쳐다보는 시간과 횟수가 압도적으로 많았던 옛적 동방 창룡은 봄과 만물의 탄생을 알려주는 중요한 별자리로 고대인들이 숭배하는 대상이었다고 강조한다. 용을 수신水神으로 인식하는 것도 창룡의 꼬리 부분이 은하수에 잠겨 있는 형태인 것과 무관하지 않다고 덧붙인다.

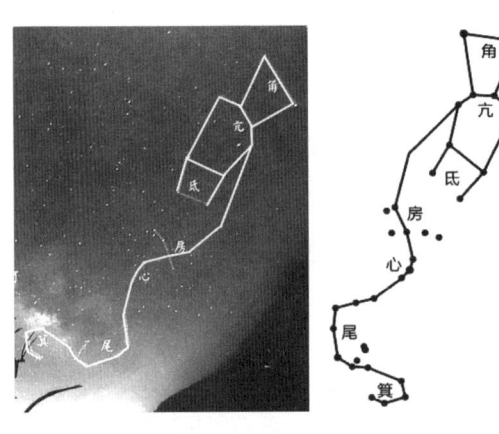

동방 창룡 7수
(출처: 星圖軟件)

용(龍)의
갑골문(위)과 금문(아래)

---

5 馮時, 『中國天文考古學』, 中國社會科學出版社, 2017, 413~420쪽.

2. 수용과 암룡 가리는 법

星 별 성 / 晶 밝을 정

성星과 정晶은 본래 같은 글자였다. 밤하늘의 별을 표현할 때 갑골문은 동그라미(○)와 네모(□, ◇)를 그렸다. 성과 정이 두 글자로 나뉜 것은 별과 별빛을 구분하면서였다. 동그라미와 네모만 그렸던 본래 글자는 별빛을 뜻하는 정이라고 했다. 별은 동그라미와 네모에 소리를 나타내는 생生을 추가해 성이라고 했다.

성과 정의 동그라미(○)나 네모(□) 속에 점(⊙)이나 줄(⊖)을 추가한 것은 구口와 차별화하기 위한 의도였다. 하지만 점이나 줄을 더하자 일日과 구분하기 어려워지는 또 다른 문제가 생겼다. 그래서 성

동일한 자형(字形)인 갑골문의 성(星)과 정(晶)

성(星)의 갑골문　　　　성(星)의 금문

과 정은 밤하늘의 별처럼 같은 글자를 많이 써서 하늘에 하나밖에 없는 일日과 다르게 보이도록 했다. 성과 정의 갑골문에 세 개 이상의 동그라미나 네모가 보이는 까닭이다. 성星의 소리 부분인 생生에 대해 별이 나뭇가지 사이로 보이는 모습이라거나 혜성의 꼬리 부분을 묘사한 것이라는 등의 풀이가 있지만 확실하지는 않다. 해日가 별을 낳은 것生이 성星이라는 주장도 있지만 갑골문의 초기 형태를 보면 맞는 해석이라고 할 수 없다.

용의 수컷과 암컷을 어떻게 가릴까? 봉황은 수컷이 봉, 암컷이 황이지만 용은 웅룡雄龍과 자룡雌龍을 구분하는 별도 글자가 없다. 암수 구분법에 대한 여러 주장이 있지만 대부분 낭설로 치부된다. 출토된 용의 유물이나 문양에서 꼬리가 바깥으로 꺾인 S형은 수용, 꼬리가 안으로 말린 C형은 암룡이라고 한다. 뿔이 크게 솟아오른 것은 수용, 뿔이 작거나 아예 없는 것은 암룡이라는 의견도 있다. 용은 아예 암수가 없다고도 한다. 상상의 동물인 용은 등장할 때부터 부권사회父權社會의 절대자인 황제를 가리키는 데 쓰였고, 배우자인 황후는 봉鳳으로 용봉이 한 짝이라는 것이다.

하지만 용의 자웅을 가리는 천문고고학적 방법이 있다. 자웅 판별보다는 음양 구분이 더욱 정확한 개념이라고도 할 수 있다. 봄과 여름은 양이고, 가을과 겨울은 음이다. 동쪽과 남쪽은 양이고, 서쪽과 북쪽은 음이다. 하늘의 용은 양이고, 땅이나 물속의 용은 음이다. 하늘의 용은 천룡天龍이고, 땅의 사직社稷에서 모시는 용은 구룡句龍이다.

용의 자웅과 음양을 판별하는 비밀은 용의 몸에 새겨진 무늬에 있다.[6] 상주商周시대 청동기나 도기 등에 보이는 용의 무늬는 마름모와 비늘의 두 가지 형태다. 양룡은 마름모꼴(◇)인 능형菱形으로 장식돼 있다. 하늘의 별(◇, ▱)을 상징하는 무늬다. 음룡은 물고기나 파충류의 비늘(⊂, D) 형태가 이어진 모습이다. 땅 아래나 물에 잠긴 것을 의미하는 무늬다. 『설문해자說文解字』가 표현한 '춘분春分에 등천登天'한 용은 별 무늬의 웅룡 또는 양룡이다. '추분秋分에 잠연潛淵'한 용은 비늘 무늬의 자룡 또는 음룡이다.

웅룡(雄龍) 또는 양룡(陽龍)

자룡(雌龍) 또는 음룡(陰龍) (출처: 搜狐)

---

6 馮時, 『文明以止-上古的天文, 思想與制度』, 中國社會科學出版社, 2018, 290~299쪽.

3. 창룡의 사계四季 순환

蒼 푸를 창

동양의 순환론은 생장수장生長收藏의 네 마디를 돌면 한 주기가 완성된다. 생장수장은 태어나서生 자라고長 거둬들이며收 저장하는藏 우주 만물의 생애 주기를 나타낸 것이다. 생장수장은 방위로는 동東·남南·서西·북北, 계절로는 봄春·여름夏·가을秋·겨울冬에 배속된다. 오행으로는 목木·화火·금金·수水, 색깔로는 청靑·적赤·백白·흑黑과 상응한다. 동양 별자리는 이런 연결 개념으로 전체 특성을 파악할 수 있다. 사상四象의 첫 영물인 동방 창룡蒼龍 7수는 봄철 해가 지면 동쪽 지평선에서 떠오르는 별들이다. 봄은 시작과 탄생의 계절이다. 남방 주조朱鳥 7수는 여름 별자리로 성장, 서방 백호白虎 7수는 가을 별자리로 수확, 북방 현무玄武 7수는 겨울 별자리로 휴식과 저장을 뜻한다.

4상의 봄철 위치

4상은 지구 공전에 따라 동방 → 북방 → 서방 → 남방의 순으로 출현 주기를 만든다. 동방 창룡은 24절기의 춘분春分날 초저녁에 동쪽 하늘에 모습을 드러내고, 북방 현무는 하지夏至, 서방 백호는 추분秋分, 남방 주조는 동지冬至 초저녁에 각각 동쪽 지평선 위로 떠오른

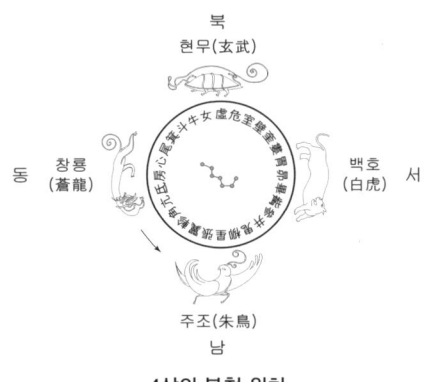

4상의 봄철 위치

다. 동방 창룡은 각角·항亢·저氐·방房·심心·미尾·기箕의 7개 별자리로 용의 형상을 구현한다. 해가 3월 춘분春分날 저녁 6시 서쪽 산등성이로 모습을 감추면 동쪽 지평선에서 창룡의 뿔각·角이 모습을 드러낸다. 자정이 되면 창룡이 남쪽 하늘 높이 날아가듯 가로지르고, 새벽 6시가 되면 서쪽 하늘 아래로 내리꽂힌다. 창룡은 계절 주기로도 구분된다. 춘분부터 매일 1°씩 솟구쳐 올라 청명清明·곡우穀雨·입하立夏·소만小滿을 거쳐 3개월이 지난 6월 초순 망종芒種이 되면 용의 완전한 자태를 밤하늘에 드러낸다.

3개월이 지난 하짓날 저녁 6시 해가 기울 때면 창룡은 이미 남쪽 하늘 높이 떠올라 있고, 다시 3개월이 되는 추분날 저녁 6시가 되면 창룡이 서산 마루로 떨어지는 해를 잡을 듯 곤두박질친다. 동짓날 이후부터 3개월간 자취를 감추었던 창룡은 다시 춘분이 되면 한 해의 새로운 주기를 시작한다. 동방 창룡이 하지 때 남쪽 하늘에 걸릴 때면 북방 현무가 동쪽 지평선에 모습을 드러낸다. 또 추분이 되면 현무가 남쪽 하늘에 높이 솟아 있고, 서방 백호가 동쪽 하늘에 출현한다. 동방·북방·서방·남방의 각 별자리는 2분2지를 기점으로 차례를 바꿔가며 하늘을 순환한다.

4. 항룡유회 亢龍有悔

亢 높을 항

"용龍은 춘분에 하늘로 솟아오르고, 추분에 연못으로 잠긴다春分而登天秋分而潛淵."[7]

용에 대한 『설문해자說文解字』의 자해字解다. 천문의 실제 운행을 보고 글자 풀이를 한 내용이다. 동방 창룡 7수는 춘분부터 모습을 드러내기 시작해 하지에 밤하늘을 장악하고, 추분부터 모습을 감추기 시작해 동지에 사라지는 1년 운행 궤적을 그린다. 주역周易 64괘의 첫 괘인 건乾괘는 천문과 밀접하게 관련되어 있다. 창룡의 사시四時 궤적을 여섯 가지 용의 모습으로 자세하게 묘사하고 있기 때문이다. 6룡의 이름은 각 효爻별로 잠룡潛龍·현룡見龍·약룡躍龍·비룡飛龍·

---

7   段玉裁, 『說文解字注』(臺北, 黎明文化事業股份有限公司, 中華民國73年·1984), 588쪽. 청(淸)대 음운 문자학인 단옥재(1735~1815)가 쓴 『설문해자주』는 허신(許愼)의 『설문해자』에 대한 가장 권위 있고 널리 알려진 주석서다.

항룡亢龍·군룡群龍이다. 용의 명칭이 드러나지 않은 효는 건괘에 대한 마음가짐을 밝힌 구삼九三효뿐이다. 효는 음(--)과 양(—)을 나타내는 부호를 말한다.

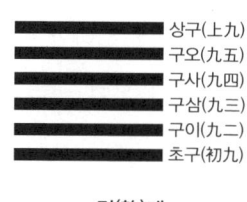

건(乾)괘

- 초구初九 : 잠룡물용潛龍勿用
- 구이九二 : 현룡재전見龍在田, 이견대인利見大人
- 구삼九三 : 군자종일건건君子終日乾乾, 석척약려夕惕若厲, 무구无咎
- 구사九四 : 혹약재연或躍在淵, 무구无咎
- 구오九五 : 비룡재천飛龍在天, 이견대인利見大人
- 상구上九 : 항룡유회亢龍有悔
- 용구用九 : 견군룡무수見群龍无首, 길吉

건괘의 여섯 효六爻 중 첫 효初爻는 연못에 잠긴 용이니 아직 쓸 때가 아니라는 뜻이다. 동방 창룡 7수의 첫 별인 각角수가 해가 진 초봄 동쪽 지평선에 모습을 드러내려 할 때는 음력 2월로 한기가 남아 있을 때다. 땅이 이제 해동되는 만큼 아직 농사를 지을 시기가 아니라는 것이다. 두 번째 효는 용이 밭에 나타났다는 의미다. 창룡의 두 번째 별인 항亢수가 관측될 때는 음력 3월이다. 항수가 각수의 부속 별인 천전天田과 함께 보이는 것이 현룡재전이다. 각수는 새벽에도 지지 않고 서쪽 하늘에서 밝게 빛난다. 하늘 밭에 용이 머물고 있으니 땅에서도 아침 일찍 일어나 봄농사를 지으라는 것이다. 각수는 농사 시기를 알려준다고 해서 농성農星으로 불렸다. 농성이 새벽 하늘에 빛나면 황제를 비롯한 조정 신료들이 풍년을 기원하면서 창룡에 제사를 지냈다.

세 번째 효는 하루 종일 근면 노력한다는 뜻이다. 음력 4월 창룡 7수의 세 번째 별인 저氐수가 보일 때는 용이 동쪽 지평선 위로 몸을 반 이상 드러내며 서서히 솟아오르는 모습을 그린다. 용이 하늘로 계속 솟구쳐 오르는 모양을 쉬지 않고 노력하는 것에 비유한 것이다. 네 번째 효는 연못 밖으로 용이 뛰쳐나오는 모습이다. 꼬리인 미수와 기수만 은하수에 살짝 잠긴 채 창룡출수蒼龍出水하는 것을 말한다. 음력 5월에는 창룡 7수의 방房·심心·미尾수가 잇따라 나타나면서 용은 동쪽 지평선에 완전한 자태를 드러낸다. 다섯 번째 효는 여름철 해가 지면 동방 창룡이 남쪽 하늘을 수평으로 가로지르며 날아가는 모습이다. 용의 전성시대이자 농사 작물이 무성해지는 시기다. 여섯 번째 효는 여름철 높이 올라 거만해진 용이 계절의 전환을 앞두고 후회한다는 뜻이다. 계절이 가을로 바뀌면 용은 해진 뒤 서쪽 하늘 아래로 곤두박질치기 시작한다. 정상에 오르면 반드시 내려오게 된다는 이치를 가리키는 것이다.

여섯 양효가 모두 음효로 바뀌는 용구用九는 용의 머리가 보이지 않는다는 의미다. 군룡은 건괘의 여섯 효 모두 용으로 보기 때문이다. 가을이 깊어지면 용의 머리 부분이 지평선 아래로 사라지면서 각수가 보이지 않는 것을 말한다. 머리가 보이지 않는데도 길하다고 한 것은 가을이 풍성한 수확의 계절이기 때문이다.

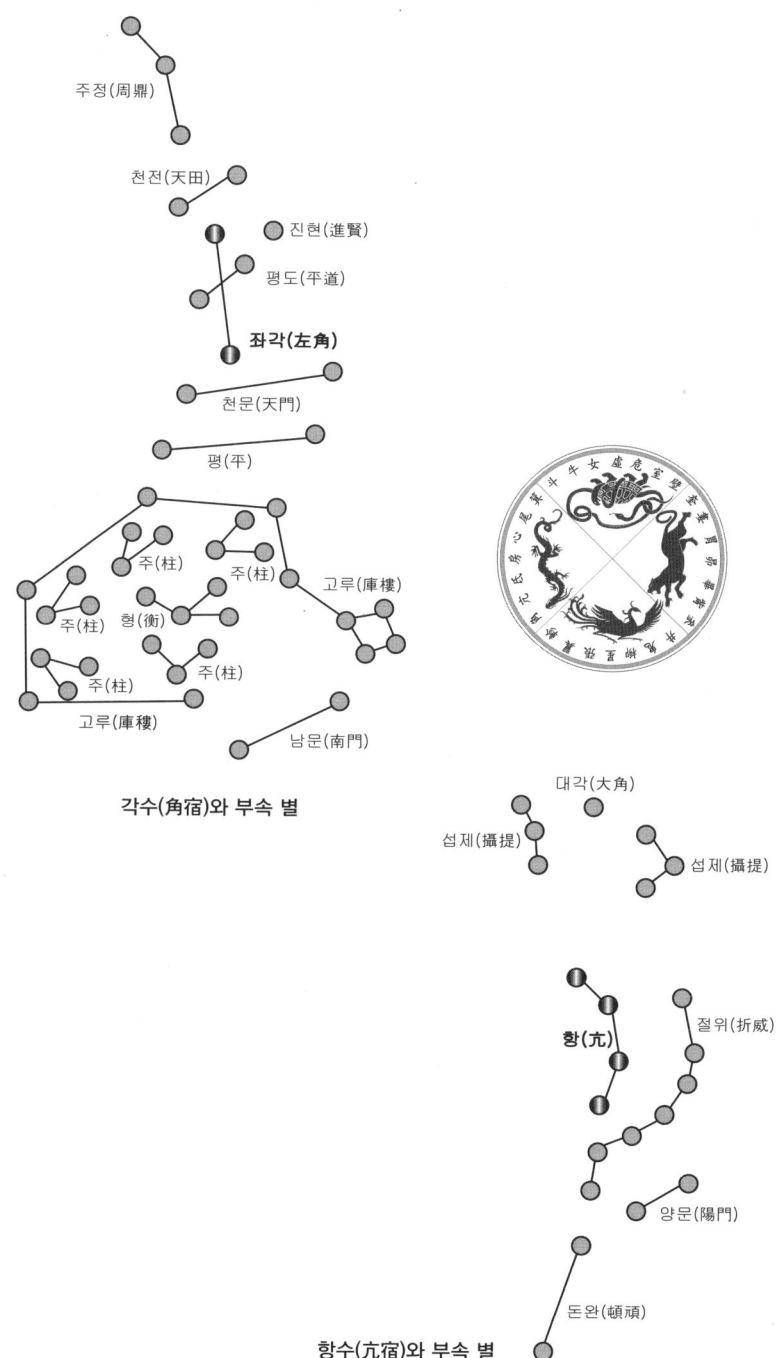

각수(角宿)와 부속 별

항수(亢宿)와 부속 별

제2장 동방 창룡(蒼龍) **183**

5. 조개와 봄

辰 별 진

진辰은 많은 뜻이 담긴 글자다. 조개, 별, 시간 등이 알려진 의미다. 하나의 뜻으로 쓰이더라도 은연중 다른 의미를 풍기는 복합적 얼굴의 글자가 진이다. 갑골문의 진은 조개의 모양에서 따왔다. 봄이 되면 땅속 벌레와 물속 생물이 겨울잠을 깨고 활동을 시작한다. 조개와 같은 양서류는 수면 근처에서 먹이를 찾거나 물가로 올라와 입을 벌려 껍질 속 알몸을 반쯤 내놓은 채 따뜻한 햇볕을 쬐기도 한다. 조개의 이 같은 모습을 묘사한 글자가 진이다.

진(辰)의 갑골문　　　　물가에서 살을 내놓고 햇볕을 쬐는 조개

『설문해자』는 진辰에 대해 "우레震의 뜻이다. 3월에 양기가 움직이면 우레와 번개가 치고, 백성은 농사를 지으며, 만물이 태어난다"[8]고 풀이했다. 봄철 생물의 움직임을 묘사하면서 조개를 이 시기의 대표 글자로 내세운 것이다. 신석기 시대 사람들은 봄이 되어도 대지가 여전히 메말라 새로운 식량을 구하지 못할 때 춘궁기에 시달렸다. 이때 가장 쉽게 허기를 면할 수 있었던 것이 강 기슭에서 움직이는 조개였다. 선사시대 유적지에서 조개무덤이 대거 발견되는 까닭이다. 도요새와 조개가 서로 싸우다 어부만 좋은 일을 시켰다는 '휼방상쟁鷸蚌相爭 어옹득리漁翁得利' 고사도 봄철 조개의 활동을 가리킨 것이다.

내몽골 조보구(趙寶溝)촌 도기 (출처: 百度)

봄을 맞이하는 모습의 영춘도迎春圖다. 그림의 주인공은 조개다. 홍산紅山 문화에 속하는 내몽골 조보구趙寶溝촌에서 발견된 신석기 후기 질그릇에 그려진 것이다. 오른쪽부터 저룡猪龍·멧돼지, 녹봉鹿鳳·사슴, 조룡鳥龍·새에 이어 왼쪽 끝에 삿갓 모양의 조개와 구름 아래로 빗줄기가 쏟아지는 모습이다. 진震은 조개辰와 비雨를 합친 글자다. 진辰 속에 진震을 풀이한 『설문해자』의 뜻을 담은 그림이다. 겨울을 상징하는 멧돼지와 사슴이 지나가고, 하늘을 나는 새가 물고기를

---

8 "辰, 震也. 三月陽氣動, 靁電振, 民農時也. 物皆生"

신기루(蜃氣樓) (출처: 百度)

입에 물고, 조개가 비구름을 토하면 봄이 된다는 의미다. 『예기禮記』 「월령月令」에는 "겨울의 첫 달에는 꿩이 큰 물에 들어가 조개가 된다"[9]고 했다. 새가 조개로 바뀌기도 하고, 조개가 새로 변신하기도 한다는 옛사람들의 인식을 담은 내용이다. 어떤 것이 참모습인지는 모르지만 겨울에 자취를 감췄던 새와 조개가 봄이 되면서 한꺼번에 나타나 온 세상에 생명의 기운을 뿜어내는 그림이다. 생명의 기운과 비구름을 토해내는 조개를 표현한 글자에 신蜃이 있다. 조개가 기운을 내뿜어 건물이나 풍경과 같은 환영이 생겨나는 것을 신기루蜃氣樓라고 한다.

진辰은 봄을 상징하는 시기와 그 방향을 뜻하기도 한다. 진은 12지지地支의 다섯 번째이자 봄기운이 완연한 음력 3월을 말한다. 봄이 되어 창룡이 자태를 드러내는 동쪽 방향도 진이다. '제출호진帝出乎震'이라는 『주역周易』 「설괘전說卦傳」의 내용과 연결된다. 조물주나 만물이 동쪽인 진의 방향에서 출현해 새 생명의 탄생과 시작을 알

---

9   "孟冬之月, 雉入大水爲蜃"

농(農)과 욕(蓐)의 갑골문

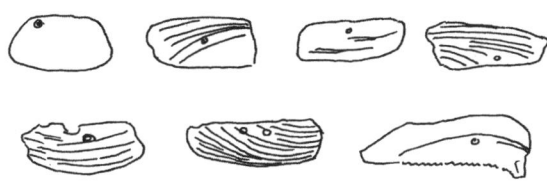

농사 도구로 쓰인 조개껍질

리는 봄이 된다는 뜻이다. 진은 조개의 계절이다.

진辰은 조개껍질로 만든 농사 도구를 가리킨다는 해석도 유력하다. 조개껍질에 구멍을 뚫어 손가락이나 나뭇가지를 끼운 다음 날카로운 부분으로 풀이나 이삭을 자르고 땅을 파는 데 썼다는 설명이다. 농農, 욕辱, 욕蓐, 누耨는 농사 도구인 진과 연결되는 글자다. 농農의 본래 글자는 농農이다. 조개 위에 숲林이 있는 글자다. 욕辱은 조개辰를 손寸으로 잡은 것이다. 욕蓐은 욕辱 위에 풀艸을 더했다. 조개로 농사를 짓는데 풀이 많으면 초艸, 나무가 많으면 임林 등 환경에 따라 달리 쓴 흔적이다. 모두 황무지를 개간한다는 뜻이다. 농農은 밭을 개간할 때 조개를 사용하는 모습이다. 풀밭이나 숲속에서 조개로 황무지를 개간하려면 힘도 들지만 온몸이 흙투성이가 될 수밖에 없다. 욕辱이 욕본다거나 수치스럽다는 뜻을 갖게 된 까닭이다. 욕辱의 뜻이 달라지면서 풀艸이 더해진 욕蓐이 나왔다. 누耨는 욕辱의 왼쪽에 쟁기 자루를 뜻하는 뢰耒를 추가한 것이다.

6. 우주 조개와 별

晨 새벽 신

낮과 밤은 어떻게 생기는 것일까? 지구의 자전을 모르던 시절 옛사람들은 조개가 그 일을 한다고 생각했다. 하늘에 있는 엄청나게 큰 조개가 입을 벌리면 낮이 되고, 입을 닫으면 밤이 될 것이라는 상상이었다.[10] 조보구趙寶溝 문화 질그릇에 그려진 하늘 기운을 토해내는 거대한 삿갓조개도 비슷한 생각 유형이라 할 수 있다. 우주 조개에 대한 이런 상상은 후대에 나타날 개천론蓋天論의 원시 모형이라고 할 만하다. 하늘에 덮개가 있다고 상정想定한 것은 같기 때문이다.

진辰은 별과 별자리의 두 가지 뜻이 있다. 진을 별辰로 해석하는 것은 『설문해자說文解字』와 『이아爾雅』 등 고대 자서字書의 내용과 연결된다. 설문은 "진은 방성으로 천시를 나타낸다辰, 房星, 天時也. 3월에 양기가 움직이면 우레가 치고 백성은 농사를 짓는다"고 했다. 『이아』는 「석천釋天」 편에서 "대진은 방·심·미다大辰, 房心尾也"라고 풀이

---

10 육사현·이적 저, 양홍진·신월선·복기대 역, 『천문고고통론』, 주류성, 2017, 76~83쪽.

했다. 두 자서의 해석은 음력 3월 봄 농사를 짓기 위해 새벽에 집을 나서면 동방 창룡의 방수房宿가 하늘에 떠 있는 모습을 묘사한 것이다. 이 같은 천문 상황을 나타낸 글자가 새벽 신晨이다. 본래 신䢅으로 썼으나 뒤에 단순화했다. 윗부분의 정晶은 방수를 가리킨다.

『이아』가 방·심·미의 세 별을 대진大辰이라고 한 것은 이들을 이은 선線이 조개 모양과 비슷하다고 생각했기 때문으로 보인다. 방수房宿는 입이 벌어진 조개, 심수心宿는 조개 속 진주, 미수尾宿는 껍질 밖으로 삐져나온 조갯살과 닮은 모습이라는 것이다. 진辰은 해日·달月·별星을 통칭하는 보다 넓은 개념으로도 쓰인다. 흔히 쓰이는 삼진三辰이라는 단어는 해·달·별의 뜻이다. 삼진은 춘분의 별인 동방 창룡의 심수心宿, 추분의 별인 서방 백호의 삼수參宿, 사시四時를 나타내는 북두칠성의 세 별을 가리키기도 한다. 진성辰星이라고 두 글자를 쓸 때는 행성인 수성水星을 가리키므로 별 진辰과 구분해야 한다.

일월성신日月星辰에서 성은 별, 신은 별자리를 가리킨다. 별자리 신辰은 해와 달이 만나는 곳의 정반대 방향에 있는 가상의 자리를 상정한 글자다. 달이 12번 차고 기우는 동안 해는 달을 12번 만나

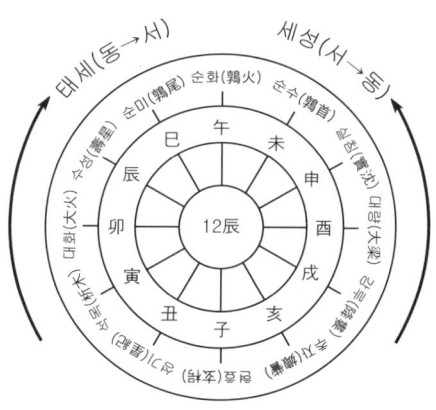

세성과 태세의 운행 방향

면서 하늘을 360° 돌아 1년이 된다. 해와 달이 한 번 만날 때마다 운행 구역을 표시하면 1년 뒤 하늘을 12개 구역으로 나눌 수 있게 된다. 이 구역을 차次라고 한다. 해와 달이 만나서 머무는 숙소의 뜻이다. 차次의 정반대편 밤하늘에 인위적으로 만든 가상의 구역을 신辰이라고 한다. 신을 상정한 까닭은 사람들이 지상에서 감각적으로 느끼는 해의 운행 방향과 일치시키기 위해서다. 해의 실제 운행은 시계 반대 방향(서 → 동)이지만 지상에서는 지구 공전에 의해 시계 방향(동 → 서)으로 움직이는 것처럼 보인다. 신은 천체의 겉보기 운동과 지상의 시간 흐름에 맞춘 것이다. 신은 북두칠성의 자루가 가리키는 12진辰, 지상 방위인 12지지地支 순환 방향과도 같아 사람들에게 친숙하다. 12차는 12년 공전 주기의 세성歲星·목성이 움직이는 방향과 일치한다. 세성 운행 반대편의 가상 구역을 태세太歲라고 한다. 차와 신, 세성과 태세는 대칭 개념이다. 해와 달이 만나는 차次 구역과 가상의 신辰 구역에 출몰하는 별들을 종합하면 해가 1년 중 황도黃道의 어떤 위치에 있는지 알 수 있다. 해의 정확한 위치 파악은 시간과 계절 등 역법을 정하는 데 필수다.

脣 입술 순

입술 순唇·脣과 애 밸 신娠은 진辰에서 파생된 글자다. 순은 사람의 입口이 열리고 닫히면서 움직이는 모양이 조개辰를 닮은 데서 딴 것이다. 신娠은 아기가 뱃속에서 진震과 동動을 하며 움직인다는 의미다.

차(次)와 신(辰)

월	12지지(신)	12차와 방위	12차 의미
1	인(寅)	추자(娵訾), 해(亥)	음기가 성해 만물이 수심과 슬픔에 잠김
2	묘(卯)	강루(降婁), 술(戌)	음기가 내려와 만물이 시들고 굽음
3	진(辰)	대량(大梁), 유(酉)	흰 이슬이 내려 만물이 굳음
4	사(巳)	실침(實沈), 신(申)	사물의 열매를 맺게 함
5	오(午)	순수(鶉首), 미(未)	남방 주조의 머리
6	미(未)	순화(鶉火), 오(午)	남방 주조의 심장으로 양기가 성함
7	신(申)	순미(鶉尾), 사(巳)	남방 주조의 꼬리
8	유(酉)	수성(壽星), 진(辰)	만물이 뻗어 나가 수명을 누림
9	술(戌)	대화(大火), 묘(卯)	동방 창룡의 심수(心宿)
10	해(亥)	석목(析木), 인(寅)	만물이 싹터 겨울 수(水)와 봄 목(木)이 구분됨
11	자(子)	성기(星紀), 축(丑)	만물의 시작과 끝을 주관함
12	축(丑)	현효(玄枵), 자(子)	왕성한 음기로 만물이 나오지 못해 세상이 공허함

7.   불의 달력

火 별이름 화

"옛날 불의 장관인 화정火正은 심성心星이나 주성咮星에 제사를 지내면서, 불을 내고出火 들이고入火 했습니다. 주성을 순화鶉火, 심성을 대화大火라고 한 까닭입니다. 요堯임금의 화정이었던 알백閼伯은 상구商丘·후대 상나라 도읍에 머물며 대화에 제사 지내고 절기를 정했습니다火紀時. 알백의 손자인 상토相土·상나라 탕임금의 11대 선조가 뒤를 이으면서, 상나라는 대화성을 나라 별國之主星로 삼아 제사를 지냈습니다."[11]

『춘추좌전春秋左傳』에 나온다. 불火이라는 이름을 붙인 두 별과 불의 장관이 하는 역할에 대한 내용이다. 대화성은 태양계의 행성인 화성이 아니라 동방 창룡의 다섯 번째 별자리인 심수心宿의 세 별 중

---

11 "古之火正, 或食于心, 或食于咮, 以出內火. 是故咮爲鶉火, 心爲大火. 陶唐氏之火正閼伯居商丘, 祀大火, 而火紀時焉. 相土因之, 故商主大火."「襄公·九年」, 『左傳』. 식(食)은 제사를 지낸다는 뜻.

가운데 별이다. 서양 별자리에서는 전갈자리 알파α별인 안타레스 Antares로 불같이 붉은 1등급의 밝은 별이다. 주성味星은 남방 주조의 세 번째 별자리인 류수柳宿의 여덟 개 별이다. 새의 부리처럼 생긴 데서 따온 이름이다.

요임금 시절인 기원전 2000년대 중반 심수는 음력 3월에 해가 지면 동쪽 하늘 위로 떠올랐고, 류수는 남쪽 하늘 한가운데서 빛났다. 하늘에서는 심수가 황도상의 춘분점으로 이동하고, 땅에서는 봄 농사를 지을 때다. 신석기 시대 원시 농업은 화전火田이었다. 하늘에서 두 개의 불별火星이 나타나면 땅에서는 사람들이 숲과 들에 불을 질렀다. 불의 장관은 하늘에서 대화와 순화가 출몰하는 것을 살피면서 땅에서 불을 붙이는 시기를 정했다. 화정은 천문 관측에 능해야만 했다.

하늘 불과 땅 불의 시기를 일치시키는 화정의 업무는 매우 중요했다. 식량이 부족하던 시절이라 경작 시기를 잘못 정하면 농사를 망쳐 공동체 전체가 굶주림에 시달릴 수 있었던 탓이었다. 대화성의 출현을 극도로 중시했던 것은 비雨 때문이었다. 일찍 밭을 불태우고 씨앗을 뿌렸는데 비가 오지 않으면 싹을 틔우지도 못하고 말

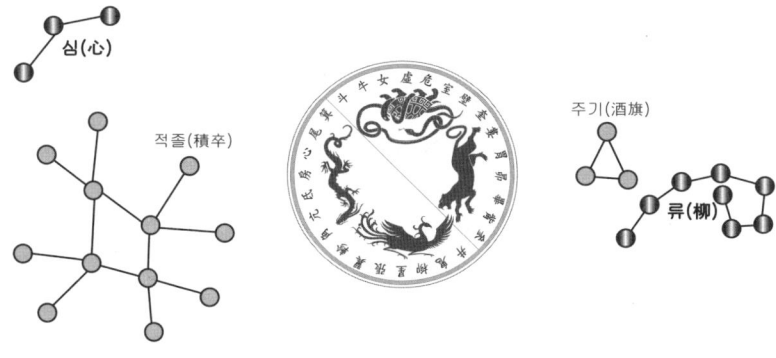

심수(心宿)와 부속 별　　　　　　　　　류수(柳宿)와 부속 별

라 죽게 된다. 반면 밭을 늦게 불태웠는데 비가 많이 오면 파종한 곡식들이 물난리를 겪거나 병충해에 시달리게 된다. 밭을 불태우는 출화出火 시기가 한 해 농사를 판가름하는 것이다. 당시 사람들은 오랜 경험을 통해 음력 3월 초저녁 대화가 동쪽 하늘, 순화가 남쪽 하늘에 왔을 때 출화하고 농사에 돌입하는 것이 가장 좋은 시기라는 것을 깨달았다.

음력 9월은 수확의 계절이다. 대화성은 이때 황도의 추분점에 이른다. 불을 거둬들이는 입화入火 또는 내화內火의 시기다. 가을이 되어 대지가 점점 메말라 갈 때 불 사용을 자칫 잘못했다가는 큰 재난을 당할 수 있다. 봄 농사 때 불을 내고, 가을 수확 때 불을 들이는 일은 공동체로서는 지극히 중요한 일이었다. 이 때문에 주周대에는 나라에서 불씨를 관리하는 사관司爟이라는 별도 직책을 두고, 불에 관한 법령을 만들어 엄격히 시행했다. 실수로 불을 내거나 허가 없이 방화放火한 경우에는 무거운 형벌로 다스렸다.[12] 대화성의 관측과 불의 관리는 국가적 업무였다.

옛사람들은 심수心宿와 삼수參宿, 북두北斗의 세 별을 삼진三辰이라고 했다. 봄철 별자리인 동방 창룡의 심수가 춘분점에 오면, 가을철 별자리인 서방 백호의 삼수는 180° 반대쪽 추분점에 머문다. 이때 북두칠성은 하늘 가운데에서 국자 자루로 심수를 가리키고, 국자 바가지로는 삼수를 향한다. 북두를 가운데 두고 두 별이 춘·추분을 비롯한 사계절을 바꿔가며 하늘을 한 바퀴 도는 것이다. 하늘의 이정표里程標라 해도 과언이 아니다.

---

12 "司爟, 掌行火之政令, 四時變國火, 以救時疾. 季春出火, 民咸從之. 季秋內火, 民亦如之. 時則施火令. 凡祭祀, 則祭爟. 凡國失火, 野焚萊, 則有刑罰焉.",「夏官司馬·司爟」,『周禮』

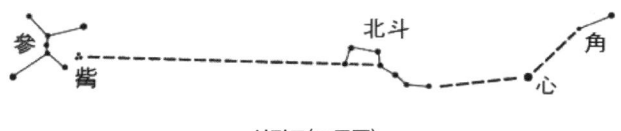

삼진도(三辰圖)

심수를 비롯한 세 별의 위치로 사시四時를 포함한 절기 파악이 가능하다. 옛말에 "심수가 음력 6월 초저녁에 남쪽 하늘 한가운데 있으면 더위가 물러간다暑退"고 했다. "심수가 음력 12월 새벽에 남쪽 하늘 한가운데 보이면 추위가 물러간다寒退"는 말도 있다. 한래서왕寒來暑往을 심수의 위치로 아는 것이다. 『시경詩經』「빈풍豳風」의 '칠월七月'이라는 시에는 "칠월에 대화가 흐르면七月流火, 구월에 옷을 내놓네九月授衣"라는 구절이 나온다. 심수가 음력 7월 초저녁에 서쪽 하늘로 기울기 시작하면, 추위가 곧 다가오므로 음력 9월까지 겨울 옷을 마련해야 한다는 뜻이다. 항성 관측과 생활의 지혜가 어우러진 말이다. 심수가 농사는 물론 일상생활에까지 녹아들 만큼 광범한 영향을 미쳤다는 것이다. 좌전이 밝힌 '화기시火紀時·대화성으로 절기를 정함'의 뜻이다. 천문학자들은 이를 화력火曆이라고 한다. 불의 달력, 대화성의 달력이라는 의미다. 화력은 별 달력인 성력星曆이라는 평가다.

8.   불의 신 축융祝融

祝 빌 축

2021년 5월 22일 중국의 화성火星 탐사 로버rover 축융祝融이 마침내 불의 행성을 밟았다. 탐사선 천문天問 1호가 발사 10개월 만에 화성에 안착, 1주일의 준비를 거쳐 로버를 본격 가동한 것이었다. 탐사 장비가 실제 화성 땅에서 움직인 것은 미국에 이어 두 번째. 중국의 우주 기술력을 전 세계에 과시한 순간이었다. 우주 굴기崛起를 내세운 중국이 로버의 이름을 축융으로 한 것은 다분히 의도가 있었

중국의 화성 탐사 로버 축융호 (출처: 新華网)

축융(祝融)

다. 축융은 중국 신화에서 불의 신火神이자 군신軍神이다. 불의 행성을 정복할 대국大國 굴기의 상징으로 삼기에 안성맞춤이었다.

축융은 바로 화정火正이었다. 축융과 화정 모두 삼황오제三皇五帝의 신화 전설 시대까지 거슬러 올라가는 이름이다. 축융의 기원을 찾아가면 삼황의 한 명인 염제炎帝 신농씨神農氏와 오제의 첫 번째 인물인 황제黃帝 헌원씨軒轅氏를 동시에 만나게 된다. 『산해경山海經』「해내경海內經」에 나오는 내용이다. "염제의 처이고 적수의 딸인 청요聽訞가 염거炎居를 낳고, 염거는 절병節并을 낳고, 절병은 희기戲器를 낳고, 희기는 축융祝融을 낳았다. 축융은 장강長江으로 내려와 살며 공공共工을 낳았다."13 〈염제〉 → 염거 → 절병 → 희기 → 〈축융〉 → 공공으로 대가 이어진다.

『산해경』「대황서경大荒西經」에 실린 대목이다. "전욱顓頊이 노동老童을 낳고 노동이 축융을 낳았다", "전욱이 노동을 낳고 노동이 중重과 려黎를 낳았다."14 『사기史記』 「초세가楚世家」는 기록이 보다 자세하다. "전욱 고양씨는 황제의 손자이며 창의昌意·황제의 둘째 아들의 아들이다. 전욱은 칭稱을 낳고, 칭은 권장卷章을 낳고, 권장은 중려重黎를 낳았다. 중려는 제곡 고신씨의 화정으로 있으면서 천하를 밝게 비추는 공을 세워 제곡이 축융이라고 불렀다."15 〈황제〉 → 창의 → 전욱 → 노동 → (칭, 권장) → 〈축융(중려)〉으로 세계世系가 내려온다.

축융은 염제의 후손으로도, 황제의 후손으로도 나온다. 별도로 용광容光이라는 제3의 축융에 대한 『관자管子』의 기록도 있다. 황제

---

13 "炎帝之妻, 赤水之子聽訞生炎居, 炎居生節幷, 節幷生戲器, 戲器生祝融, 祝融降處江水, 生共工.", 「海內經」, 『山海經』

14 "顓頊生老童, 老童生祝融", "顓頊生老童, 老童生重及黎", 「大荒西經」, 『山海經』

15 "高陽者, 黃帝之孫, 昌意之子也. 高陽生稱, 稱生卷章, 卷章生重黎. 重黎爲帝嚳高辛居火正, 甚有功, 能光融天下, 帝嚳命曰祝融.", 「楚世家」, 『史記』

시대 6부 장관[16]의 한 명인 하관대사마夏官大司馬 축융이 용광이라는 내용이다. 『산해경』과 「초세가」, 『관자』의 기록 중 어느 축융이 진짜일까? 신화 전설 시대 중국은 염제와 황제, 치우의 세 부족이 중원에서 치열한 각축전을 벌였다. 염제족이 가장 먼저 흥성했으나 황제족에게 주도권을 빼앗겼고, 마지막으로 치우족도 패퇴했다(치우를 받드는 동이 및 묘족 신화는 한족 신화와 내용이 다르다).

축융은 본래 사람이 아닌 관직 이름이었다. 상고 시대 불을 관장하는 핵심 관직이었던 까닭에 부족마다 축융을 둔 것으로 짐작된다. 후대에 사람 이름이 된 것은 관직을 씨족 이름으로 삼아서였다. 축융은 불 관리뿐만 아니라 군사 업무까지 겸했다. 불과 무기의 상관관계를 엿볼 수 있는 대목이다. 축융은 요堯, 순舜, 하夏, 상商의 네 왕조를 거친 뒤 주周대에 사마司馬로 이름이 바뀌었다. 관직이었던 축융이 축융씨가 된 것처럼 군권軍權을 관장하는 사마도 사마씨司馬氏가 됐다. 『삼국지』에서 조조曹操가 일으킨 위魏의 국권을 빼앗아 진晉을 세운 사마의司馬懿 일족이 한 예다.

전욱 시대에 이르러 황제족은 염제족을 권력의 전면에서 밀어낸 것으로 전해진다. 두 세력 간의 갈등은 축융을 정점으로 한 전쟁 신화로 나타난다. 염제족 축융의 후예인 공공은 중원의 권력을 되찾기 위해 황제족 축융인 중려와 치열한 전쟁을 벌였다. 하지만 패색이 짙어지자 분을 참지 못한 공공은 하늘을 떠받치는 서북쪽 기

---

16 황제(黃帝)는 조정을 천(天)·지(地)·춘(春)·하(夏)·추(秋)·동(冬)의 6개 부서로 나눴다. 『주례(周禮)』는 황제의 6관(六官) 조직을 본떠 천관총재(天官冢宰), 지관사도(地官司徒), 춘관종백(春官宗伯), 하관사마(夏官司馬), 추관사구(秋官司寇), 동관고공기(冬官考工記)로 정부 조직을 분류하고, 각 부서의 역할을 기록했다. 천관은 궁정(宮廷), 지관은 민정(民政), 춘관은 종족(宗族), 하관은 군사(軍事), 추관은 형벌(刑罰), 동관은 건축토목(營造)을 각각 맡았다.

부주산(不周山)의 붕괴 (출처: 搜狐)   형산(衡山) 축융봉 (출처: 旅泊网)

둥인 부주산不周山을 들이받아 산이 무너지고 말았다. 부주산의 붕괴는 중국의 지형과 관련된 신화다. 산이 무너지는 바람에 서북쪽은 산이 높아지고(하늘이 아래로 내려오고), 동남쪽은 낮아져(하늘과 멀어져) 강이 동남쪽 바다로 흘러들게 됐다는 내용이다.

 제3의 축융인 용광은 황제의 대사마였다는 관자의 언급 외에 다른 기록을 찾기 어렵다. 하지만 실물로 전해지는 강력한 흔적이 있다. 오악五岳 중 남악南岳인 호남성湖南省 형산衡山에서 가장 높은 봉우리의 이름이 축융봉이다. 축융인 용광이 묻혔다는 전설에서 유래했다고 한다. 『사기』「초세가」는 초나라 선조를 황제족의 갈래로 기록한다. 중려重黎의 후임 축융으로 임명됐던 그의 동생 오회吳回가 초나라 선조라는 것이다. 하지만 『산해경』「해내경」은 염제의 후예 축융이 장강변으로 내려와 살며, 공공을 낳았다고 전했다. 본래 남방 사람으로 알려진 용광이 염제의 후예일 가능성이 없지 않다. 전통적으로 남방은 염제의 땅이고, 축융은 염제의 화신이라는 인식이 강하다. 축융을 둘러싼 논란에 대해 최후의 승자인 황제족이 자신들에게 유리하게 기록한 탓으로 보는 시각이 적지 않다.

축(祝)의 갑골문 　　융(融)의 금문

　　축융은 본래 상고 시대 부족의 수령급 지도자를 가리켰던 것으로 추정된다. 갑골문에서 축祝의 왼쪽 부분示은 신전 또는 제단을 형상한 것이다. 오른쪽의 아랫부분儿은 무릎을 꿇은 사람, 윗부분은 입口의 모양이다. 신령에게 입을 벌리고 큰 목소리로 공동체의 안녕을 기도하는 것이다. 기도하는 사람은 지도자 또는 그에 버금가는 권위를 가진 남자 무당이다. 제정祭政일치 또는 무정巫政일치 사회의 수령일 수 있다. 융融의 왼쪽은 솥鬲이다. 가장 좋은 음식인 고기를 삶는다는 뜻이다. 금문의 융은 솥을 끓이는 불기운炊氣이 하늘로 올라가는 모양이다. 축융은 신령에게 바치거나 부족원들이 먹을 음식을 제공하는 사람이다. 불을 전문적으로 다루면서 주변에 빛과 희망을 주는 사람이 축융이었다.

　　농업의 발달로 식량이 충분해지면서 사람들은 정착생활을 하게 됐다. 고정된 집에 살게 되면서 불은 집 안으로 들어왔고, 부엌과

촉룡(燭龍)

온돌이 만들어졌다.『산해경』「대황북경大荒北經」에는 눈을 감았다 떴다 하면서 구천九天의 어두움을 밝히는 촉룡燭龍이라는 신이 나온다. 용이 눈을 뜨면 낮이 되고, 눈을 감으면 밤이 된다. 캄캄한 밤중 부엌 아궁이에서 홀로 가물거리는 불빛을 광명과 암흑이 반복되는 용의 눈으로 상상한 것이다. 축융祝融·zhù róng과 촉룡燭龍·zhú lóng은 발음도 비슷하다. 불이 집 안으로 들어오면서 축융의 이름이 바뀌었다. 부엌을 지키는 조왕신竈王神이 된 것이다.

3장
북방 현무玄武

1. 남두(南斗)와 북두(北斗)
2. 자기동래(紫氣東來)
   - 노자(老子)가 푸른 소를 탄 까닭
3. 시경(詩經)이 읊은 별

1. 남두南斗와 북두北斗

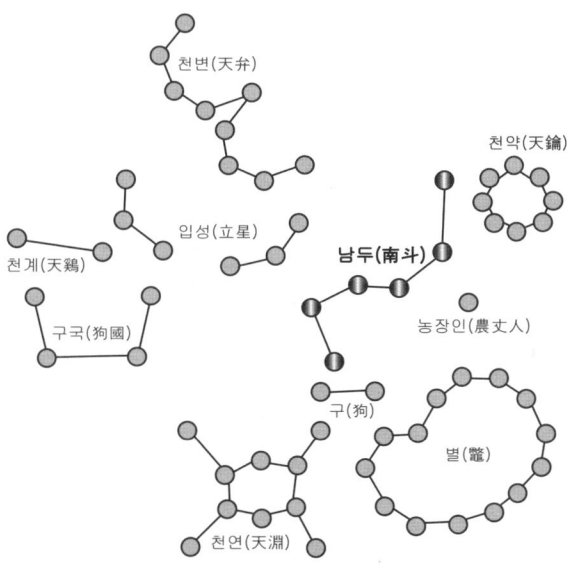

두수(斗宿)와 부속 별

중국 삼국시대 위魏나라에 관로管輅·209~256라는 방사方士가 있었다.[1] 산동성山東省 평원平原 사람으로 얼굴은 별로인 데다 술을 좋아했지

---

1   황유성,『사람에게서 하늘 향기가 난다 - 東洋 天文에의 초대』, 린쓰, 2018, 177~180쪽.
    간보 저, 전병구 해역,『수신기』, 자유문고, 2003, 76~82쪽.

만 주역과 천문에 통달하고 점과 관상을 잘 보았던 당시 최고의 방사였다. 어느 날 하남성河南省 남양현南陽縣을 지나다 안초顔超라는 잘생긴 소년과 마주쳤다. 관상 보는 것이 버릇이 된 관로는 대뜸 혀를 차며 "죽음의 기운이 이마에 서렸구나. 사흘을 못 넘기겠네."라고 중얼거렸다. 겁이 덜컥 난 안초는 집으로 달려가 관로에게 들은 말을 아버지에게 전했다.

안초 부자는 부리나케 관로를 뒤쫓아가 무릎을 꿇고 목숨을 살려달라고 애원했다. 관로는 천기를 누설할 수 없다며 난색을 표했으나 이들이 워낙 간곡하게 매달리자 안초에게 한 가지 방도를 알려줬다. "맑은 술 한 통과 말린 사슴 고기를 준비하게. 묘卯일에 보리를 벤 땅 남쪽 뽕나무 아래서 두 노인이 바둑을 두고 있을 걸세. 그대는 옆에서 가만히 술을 따르고 안주를 대접토록 하게. 술을 다 먹을 때까지 절대 말을 하면 안 되네. 바둑이 끝나거든 목숨을 살려달라고 빌게. 내가 일러주었다는 말은 절대 하지 말고."

안초가 묘일에 관로가 알려준 곳으로 가보니 과연 두 노인이 바둑을 두고 있었다. 하지만 바둑에 정신이 팔려 안초가 온 줄도 몰랐다. 이윽고 바둑이 끝나 주위를 돌아본 두 노인은 깜짝 놀라 "웬 사람이냐"고 야단을 쳤다. 하지만 상황을 보니 자신들이 예기치 않은 술대접을 받았음을 깨닫게 됐다. 안초는 무릎을 꿇고 눈물을 흘리며 "제가 곧 죽게 되어 무례를 범했습니다. 제발 살려주십시오."라며 통사정을 했다. 북쪽의 검은 도포를 입은 노인이 "안 된다"고 잘라 말했으나, 남쪽의 붉은 도포를 입은 노인은 "술과 안주를 실컷 얻어먹었으니 그만 빚지고 말았네. 방도를 강구해 보세."라고 딱한 표정을 지었다. 그러자 검은 도포 노인이 "수명은 정해진 것인데, 명부를 맘대로 고친다면 세상이 엉망이 될 걸세."라며 반대했다. 하지

북두성군과 남두성군 (출처: 网易)

만 붉은 도포 노인이 끈질기게 설득하자 "틀림없이 관로 짓이야. 할 수 없지."라며 자신의 명부를 내놓았다. 붉은 도포 노인이 명부를 받아 소년의 이름을 찾아보니 십구十九로 적혀 있었다. 노인은 붓을 들어 십구의 십에 획을 하나 더 그어 구십구九十九로 만들었다. 그러고는 둘 다 학을 타고 하늘로 훨훨 날아가 버렸다.

안초가 돌아와 관로에게 그동안 벌어진 일을 전했다. 관로는 "둘 다 신선일세. 신선은 사슴 고기를 무척 좋아하지."라며 설명을 이어갔다. "검은 도포에 얼굴이 험상궂은 분은 북두성군北斗星君·북두칠성이고, 붉은 도포에 잘생긴 젊은 분은 남두성군南斗星君·남두육성이야. 북두성군은 죽음을 주관하고, 남두성군은 삶을 관장하지. 사람이 어머니 뱃속에 깃들면 남두성군은 태어날 날을 매기고, 북두성군은 죽을 날을 정하지."

그는 이런 말을 덧붙이고는 길을 떠났다. 이후 관로는 천기를 누설한 벌을 받았는지 48살의 젊은 나이에 숨졌다.[2] 『삼국지三國志』 「위서魏書」 '관로전'과 『수신기搜神記』에 나오는 이야기다. 북두칠성 국자

---

2 마서전 저, 윤천근 역, 『중국의 삼백신』, 민속원, 2013, 204~213쪽.

는 죽은 영혼을 떠 담고, 남두육성 국자는 세상에 새로 내려보낼 영혼을 담는다고 한다. 사람이 죽으면 관 바닥에 북두칠성 모양의 구멍을 뚫은 칠성판을 까는 것도 영혼을 북두성군에게 보낸다는 뜻이다. 또 사람이 태어날 때 엉덩이에 푸른 멍자국이 있는 것은 남두성군이 새 생명을 땅에 내려보내기 전에 엉덩이를 철썩 때려 전생의 기억을 잊도록 한 흔적이라고 한다. 실제 북두칠성과 남두육성은 서로 자루 끝을 마주하면서 북두 바가지가 뒤집히면 남두 바가지가 바로 서고, 남두가 뒤집히면 북두가 바로 서는 모양으로 북극성을 감싸고 돈다. 남두육성은 북송北宋의 문인 소동파蘇東坡·1036~1101가 무척 좋아해 그의 「적벽부赤壁賦」에도 등장한다.

2. 자기동래紫氣東來
– 노자老子가 푸른 소를 탄 까닭

青 푸를 청

"자기동래紫氣東來·보랏빛 서기가 동쪽에서 다가오다."

기원전 491년 주周나라 서쪽의 천하 요새인 함곡관函谷關의 관령關令 윤희尹喜는 어느 날 밤 하늘의 별자리를 살피다가 깜짝 놀랐다. 하늘의 동쪽에서부터 함곡관까지 보랏빛 서기가 3만 리나 뻗쳐 오다가 곧 구름으로 뭉친 다음 보랏빛 용으로 변해 서쪽으로 사라지는 것을 보았기 때문이다. 윤희는 동주東周의 경왕敬王 때 대부大夫를 지냈으나 스스로 자리를 내놓고 변방 요새의 관령을 자청해 함곡관을 지키고 있었다. 그는 천문 점성술에 정통해 관사 옆에 누관樓觀이라는 높은 누각을 세워 밤마다 하늘을 살피는 것을 유일한 낙으로 삼았다. 춘추春秋 말기였던 당시는 궁중에서 왕위 찬탈을 위한 권력 투쟁에 피비린내가 가실 날이 없었고, 제후들도 영토를 빼앗는 전쟁에 여념이 없어 천하가 극도로 어지러울 때였다.

윤희는 자기동래紫氣東來를 보고 "3개월 내에 성인聖人이 이곳을 지나갈 것을 하늘이 미리 알려준 것"이라고 생각했다. 그래서 그는 부하들에게 매일 함곡관 앞 도로를 깨끗이 쓸게 하고 신색身色이 비범한 사람이 나타나면 자신에게 즉각 알릴 것을 명령했다. 7월 12일 정오를 막 지났을 즈음 동쪽에서 찬란한 빛이 쏟아지더니 청우青牛·푸른 소가 끄는 조그만 수레를 탄 노인이 함곡관으로 다가왔다. 학발동안鶴髮童顏의 노인은 하얀 눈썹이 눈을 덮었고 귀는 어깨에 닿을 정도로 길고 컸다. 부하의 보고를 받은 윤희는 자신이 기다리던 성인임을 깨닫고 부리나케 수레 앞으로 달려가 무릎을 꿇고 "관령 윤희가 성인을 뵙습니다." 하고 공손히 절했다. 노인은 "빈천한 늙은이일 뿐"이라며 손사래를 쳤으나 윤희는 "고통받는 백성들을 위해 높으신 가르침을 내려달라"고 간청懇請했다. 윤희의 거듭된 부탁을 거절 못한 노인은 며칠을 머물며 5,000자의 글을 써서 건넨 뒤 함곡관 너머로 사라졌다. 노인이 써준 글이 후세 도교의 대경전이 된 『도덕경道德經』이었다. 노인은 도교에서 시조始祖로 받드는 도덕천존道德天尊이자 태상노군太上老君인 노자老子였다. 초나라 사람인 노자는 이름이 이이李耳로 주 왕실에서 도서圖書를 관리하는 직책에 있었으나 세상이 어지러워지자 은둔을 택하던 길이었다.

자색은 상서로움과 부귀의 상징이다. 당唐나라 때는 친왕親王과 3품 이상의 고위 관료만 자색 옷을 입을 수 있도록 법으로 정했을 정도다. 자기동래紫氣東來라는 글귀가 쓰여 있지 않더라도 보라나 자주를 주된 색조로 한 산수화山水畵나 모란화 등도 같은 뜻을 담은 상서로운 물품으로 본다.

자기동래 고사의 핵심은 노자가 탄 청우青牛에 있다. 청색은 오색五色 중 동방의 색이다. 동래東來의 동은 청색을 가리킨 것이다. 도

청우(靑牛)를 탄
노자(北宋 晁補之)

하남성(河南省) 영보(靈寶) 함곡관 앞 노자(老子) 석상
(출처: 搜狐)

교에서 자기紫氣는 북방의 어둠에서 동방의 밝음으로 넘어가는 중간 방향인 동북방에서 나타나는 기운으로 해석한다. 소는 유柔와 순順으로 대표되는 노자 사상의 상징 동물이다. 『주역周易』「설괘전說卦傳」에 "하늘은 말이고 땅은 소"라는 해석이 있다.³ 소는 땅을 뜻하는 주역의 곤坤괘처럼 유순하게 만물을 싣는 존재다.

소는 또 28수宿 중 북방 현무 7수의 두 번째 별자리인 우수를 가리킨다. 우수가 속한 북방은 물水과 숫자 1에 배속된다. 물은 노자의 상선약수上善若水 사상과 이어진다. 소는 머리와 두 뿔을 합하면 3이 되어 만물을 상징한다. 『도덕경』은 "도는 1을 낳고, 1은 2를 낳으며, 2는 3을 낳고, 3은 만물을 낳는다"고 했다.⁴ 청우靑牛의 청은 금문金文에서 생生·나다과 단丹·붉다을 합한 모양이다.⁵ 청은 도교에서 장생불사를 위해 내단內丹을 수련하는 것을 은유한 글자다. 식물이 처음 자라날 때 윗부분은 푸르고 뿌리에 가까운 아랫부분은 붉은

---

3   "乾爲馬, 坤爲牛",「說卦傳·八章」,『周易』
4   "道生一, 一生二, 二生三, 三生萬物.",『道德經·四十二章』
5   단(丹)을 우물 정(井)으로도 본다. 여기서 정은 단순한 우물이 아니라 붉은색 광물인 단사(丹沙)를 캐기 위해 지하로 파 내려간 갱을 뜻한다.

색을 띤다. 노자가 탄 청우는 도교의 상징과 완벽하게 연결된다.[6]

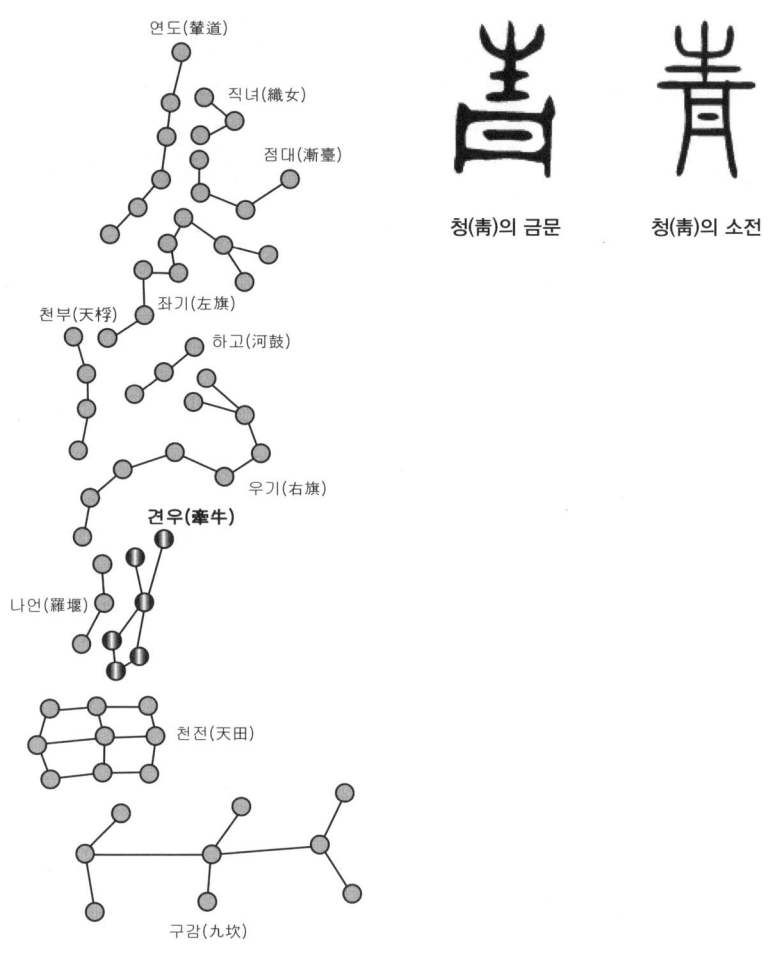

청(靑)의 금문   청(靑)의 소전

우수(牛宿)와 부속 별

---

6   居閱時, 瞿明安 主編, 『中國象徵文化』, 上海人民出版社, 2001, 98쪽. 노자가 탄 청우는 물소(水牛)다. 2,500년 전 황하 중류 지역은 온화해 물소 경작을 했다고 한다. 또 노자 생시에는 함곡관이 없었고, 노자 사후 200년 뒤에 만들어졌다고 한다. 따라서 서주 초기에 축조됐던 대산관(大散關)을 노자의 자기동래 고사에 빌어 쓴 것이라는 주장이 있다.

3. 시경詩經이 읊은 별

漢 은하수 한

천문과 문학은 친연親緣 관계라고 해도 별반 틀리지 않을 것이다. 별과 은하수, 달 등 천체에 상상과 감정 이입을 통해 시가詩歌나 소설의 소재로 삼은 사례가 숱하기 때문이다. 중국의 가장 오랜 시가집인 『시경詩經』에도 그런 작품이 적지 않다. 「대동大東·먼 동쪽 나라」, 「은기뢰殷其靁·은은한 천둥소리」, 「소성小星·작은 별」, 「일월日月·해와 달」, 「정지방중定之方中·남쪽에 뜬 정별」, 「여왈계명女日鷄鳴·새벽 닭」, 「동방지일東方之日·치솟는 해」, 「주무綢繆·묶은 나뭇단」, 「월출月出」, 「칠월七月」, 「항백巷伯·내시」, 「원앙鴛鴦」, 「참참지석漸漸之石·삐죽삐죽 솟은 바위」, 「운한雲漢·은하수」 등을 예로 들 수 있다. 문사文士가 엮은 작품이 적지 않지만 평범한 민초의 애환을 담은 시가도 상당수 전해진다.

「대동大東」은 고대의 종족과 지역 갈등을 담은 시가다. 동이족인 상商나라가 주周나라에 망한 뒤 온갖 착취와 수탈을 당하는 비애와 좌절을 노래했다. 모두 7장 56개의 4언구四言句로 구성되어 있다. 대동의 전반부는 상족이 주족에게 가혹하게 약탈당하는 상황들을 절절히 묘사했다. 별을 읊은 후반부는 애절하고 아름다워 굴원屈原의 「이소離騷」를 닮았다는 평을 받는다. 「대동」은 한漢대의 대표적 시문학 장르인 부賦의 효시로도 꼽힌다. 「대동」의 후반부다.

"… …
서쪽 사람이면 뱃사공도 곰가죽 갖옷 입고
남의 집 머슴도 온갖 벼슬 하나씩 차지하네

맛 좋은 술 대접해도 쌀뜨물마냥 여기고
아름다운 구슬줄 바쳐도 싸구려라고 타박하네
하늘의 은하수는 거울마냥 곱디곱게 흐르고
베틀의 직녀는 밤새 일곱 자리 옮기네

일곱 자리 옮겨도 무늬 놓은 비단 짜지 않고
저기 환하게 빛나는 견우는 수레 끌 줄 모르네
새벽 동녘 하늘 계명성 뜨고 저녁 서쪽 하늘 장경성 보이는데
필성은 굽이굽이 토끼 그물 펼쳤지만 하늘에 그물 친들 무엇 하리오

남쪽 하늘 키 모양 기성 있어도 겨를 까불 수 없고
북쪽 하늘 국자 모양 남두 있어도 술 떠 마실 수 없네
남쪽 하늘 기성은 키는커녕 혓바닥으로 날름 삼키는 듯하고
북쪽 하늘 남두는 서쪽이 국자 자루 쥐고 동쪽을 바닥째 퍼내는 듯하네"⁷

---

7 "… 舟人之子 熊羆是裘, 私人之子 百僚是試. 或以其酒 不以其漿, 鞙鞙佩璲 不以其長. 維天有漢 監亦有光, 跂彼織女 終日七襄. 雖則七襄 不成報章, 睆彼牽牛 不以服箱. 東有啓明 西有長庚, 有捄天畢 載施之行. 維南有箕 不可以簸揚, 維北有斗 不可以挹酒漿. 維南有箕 載翕其舌, 維北有斗 西柄之揭."

「대동」의 시대적 배경에 대해서는 두 가지 주장이 있다. 서주西周 건국 초기라는 의견과 서주 말기라는 견해다. 서주 건국 초기라는 주장은 상商을 무너뜨린 무왕武王이 죽고 주공周公이 성왕成王을 도와 섭정을 하던 시기를 말한다. 무왕은 상의 마지막 왕인 주왕紂王의 아들 무경武庚에게 조상의 제사를 지낼 수 있도록 송宋을 봉읍으로 주었다. 무왕이 건국 2년 만에 죽자 주공은 형제인 관숙管叔, 채숙蔡叔, 곽숙霍叔을 파견해 무경과 상나라 유민遺民의 동태를 감시하도록 했다. 그러나 삼감三監으로 불렸던 이들은 주공이 자신들을 외지로 보낸 뒤 어린 성왕 대신 권력을 독차지하고 스스로 왕위에 오를 것이라고 생각해 무경과 함께 반란을 일으켰다. 주공은 3년 만에 반란을 진압한 뒤 삼감을 처단하고 상나라 잔존 세력에 대한 가혹한 탄압 정책을 폈다.

그 상징물이 주도周道라는 군사 도로였다. 주도는 주나라 도읍 호경鎬京에서 무경의 반란에 가담했던 동이족 17국의 근거지인 산동성山東省까지 잇는 전략 도로였다. 제국을 건설한 로마의 군사 도로와 같은 개념이었다. 주도는 5리마다 교郊, 10리마다 정井, 20리마다 사舍를 두어 유사시 군사를 동원하고 군용 물자를 수송할 수 있도록 설계했다. 평시에는 동이족들에게 가혹한 세금과 노역을 부과하고 재물을 수탈해 호경으로 가져가는 용도로 썼다. 「대동」의 앞부분에 "주도는 숫돌같이 평평하고 화살처럼 곧다周道如砥 其直如矢"는 표현이 나온다. 당시 동이족들은 주도를 피를 빨아먹는 빨대吸血管라고 저주했을 정도였다고 한다.

「대동」의 다른 배경은 서주의 마지막 왕 유왕幽王이 폭정을 일삼던 시기라는 주장이다. 주나라 건국의 일등공신으로 산동성의 제齊나라를 봉지로 받은 강태공姜太公의 후손이 동이족인 이웃의 담譚나라를 가혹하게 수탈해 담의 대부가 「대동」을 지었다는 것이다. 서주 초기 무경 반란에 가담했던 동이족인 엄奄나라의 문인이 지었다는 견해도 있다.

「대동」에는 소동小東, 대동大東이라는 표현이 나온다. 주나라 도읍 호경에서 가까운 곳은 소동, 먼 곳은 대동이라 불렀다고 한다. 유럽

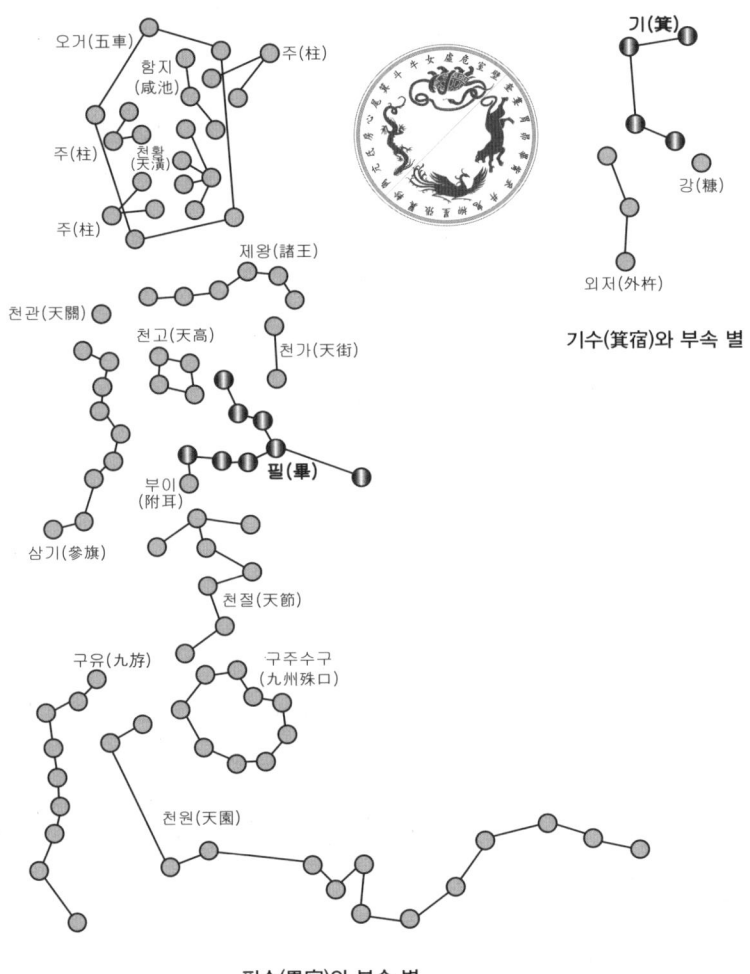

기수(箕宿)와 부속 별

필수(畢宿)와 부속 별

이 근동近東과 원동遠東이라는 표현을 쓴 것과 비슷하다. 소동과 대동을 동쪽의 작은 나라와 큰 나라로 풀이하기도 한다. 직녀가 일곱 번 자리를 옮긴다는 것은 낮의 모든 시간 또는 밤의 모든 시간이라는 의미다. 하루를 12시진으로 나눌 때 낮의 6시진을 지나 7시진째 되면 밤이 되고 반대로 밤의 6시진을 지나 7시진째 되면 낮이 된다는 의미에서 낮 내내 또는 밤새 베를 짰다는 뜻이다. 「대동」에 나오는 견우는 28수의 우수가 아니라 우수의 부속 별인 하고河鼓 3성을 가리킨다. 민간에서는 은하수 남쪽의 1등급 별인 하고를 은하수 북쪽의 직녀와 짝이 되는 견우로 생각했다. 계명啓明과 장경長庚 모두 태백성太白星인 금성을 가리킨다. 금성의 공전 주기를 모르던 옛사람들은 계명과 장경을 다른 별로 보았다. 「대동」에 나오는 남기북두南箕北斗는 유명한 사자성어다. 곡식을 까부릴 수 없는 기성과 술을 뜰 수 없는 남두는 허울만 좋을 뿐 아무 쓸모가 없다는 뜻이다. 두斗를 북두로 보기도 하지만 기箕와 가까운 북쪽의 남두로 풀이하는 것이 일반적이다.

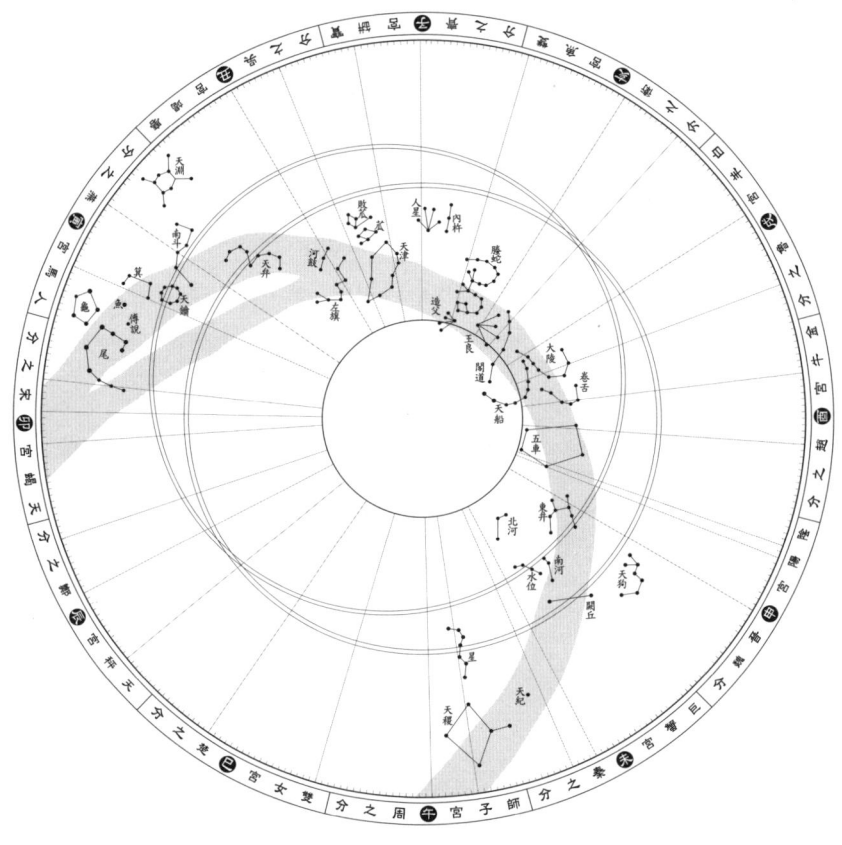

은하수(銀河水)

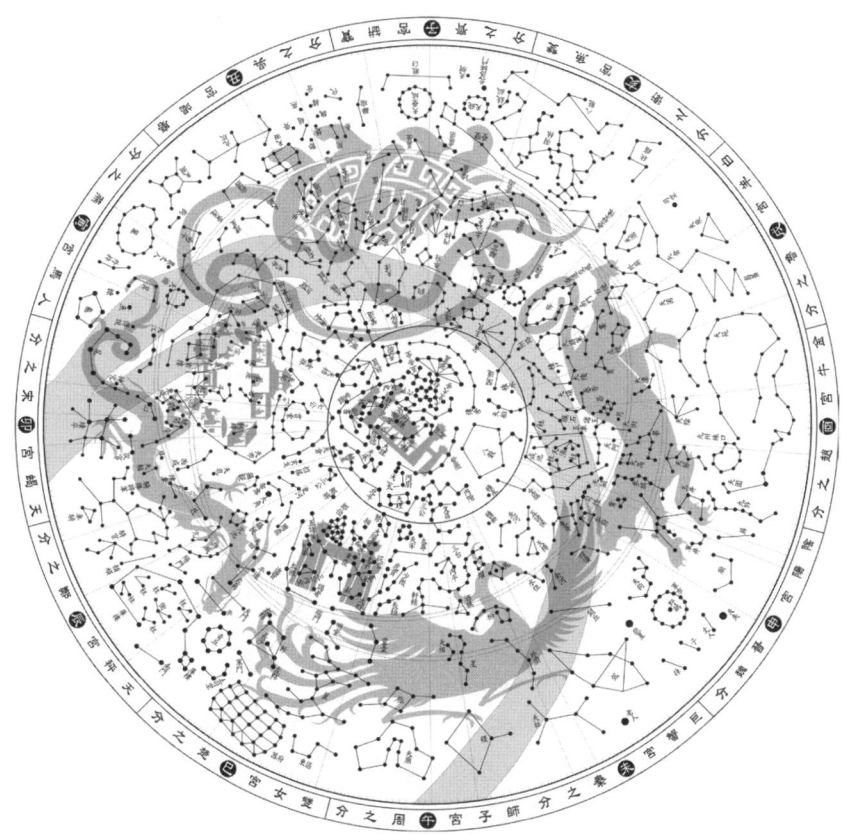

사상과 3원28수

제3장 북방 현무(玄武)

4장
서방 백호白虎와
남방 주조朱鳥

1. 젖먹이를 키우는 호랑이

2. 손자병법(孫子兵法)과 별

3. 아홉 깃발과 별

1. 젖먹이를 키우는 호랑이

酉 술통 유

"북두 자루는 용의 뿔을 이끌고, 옥형은 남두와 마주하며, 바가지는 삼수의 머리를 베고 잠든다枓携龍角, 衡殷南斗, 魁枕參首."

『사기史記』「천관서天官書」의 언급이다. 용의 뿔은 동방 창룡의 각수角宿, 남두는 북방 현무의 두수斗宿, 삼수의 머리는 서방 백호의 호랑이 머리인 자수觜宿다. 저울대 역할을 하는 북두의 옥형玉衡을 중심으로 창룡과 백호가 양 날개가 되어 하늘을 회전함을 형용한 말이다. 옛사람들이 천체 관측을 할 때 가장 눈여겨본 별자리는 동방 창룡이었다. 봄철의 도래와 농사의 시작을 알려주는 존재였기 때문이다. 정반대쪽의 서방 백호는 대칭을 이루면서 창룡의 위치 파악에 도움을 주는 별자리였다. 계절에 따라 창룡이 보이지 않더라도 백호를 보면 180° 반대편에 창룡이 있음을 알 수 있었다.

동방 창룡 7수에서 가장 주목받은 별자리는 대화성大火星을 중

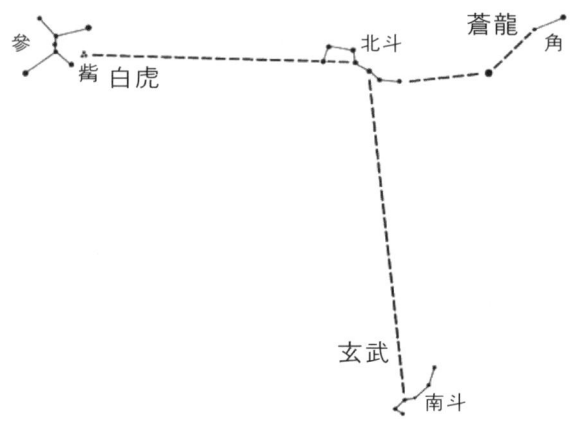

표휴용각도(杓携龍角圖)

심으로 한 심수心宿의 세 별이었다. 대화는 피처럼 붉은색의 1등급 별로 하늘의 부표浮標처럼 한눈에 각인됐다. 중요한 것은 춘분春分을 상징한다는 점이었다. 심수의 대척점에 있는 별자리는 서방 백호 7수의 삼수였다. 삼수는 본래 사각형 중간의 허리처럼 잘록한 세 별만 가리키는 이름이었다. 세 별은 저울대라는 뜻의 형석衡石 또는 권형權衡이라는 별칭도 갖고 있다. 적도 바로 위에 저울대처럼 평행하게 놓인 까닭이다. 심수가 춘분의 별이라면 삼수는 추분秋分의 별이다. 봄과 가을의 두 계절만 있던 상商대에 심수와 삼수는 한 해를 대표하는 별자리였다. 심수, 삼수, 북두칠성의 세 별자리를 때를 알려주는 삼신三辰·또는 삼진 또는 수시주성授時主星으로 부르는 까닭이다.

동과 서, 봄과 가을이라는 심삼心參 두 별자리의 상반성으로 인해 삼상지탄參商之歎이라는 고사성어가 전해진다. 『춘추좌전春秋左傳』에 따르면[1] 옛날 제곡帝嚳 고신씨高辛氏의 두 아들 알백閼伯과 실침實沈이 서로 사이가 안 좋아 날마다 무기를 들고 싸웠다. 요堯임금이 보

---

1 『춘추좌전(春秋左傳)』의 「소공(昭公) 원년(元年)」 참조.

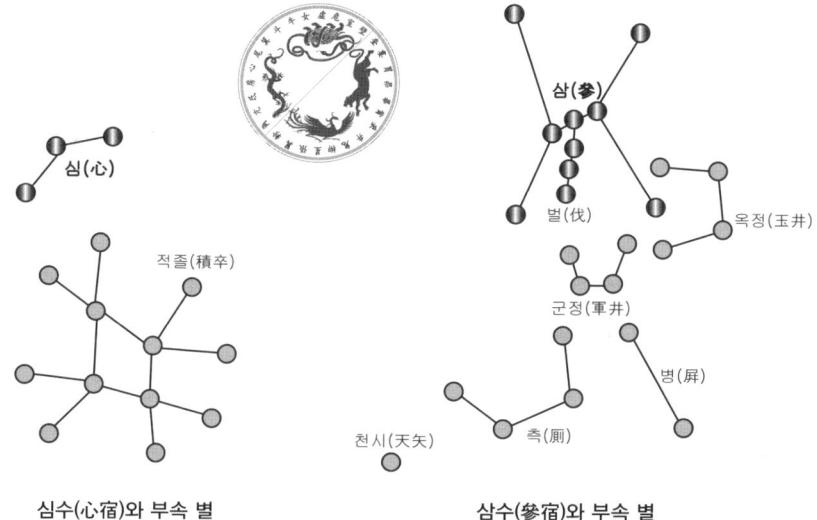

심수(心宿)와 부속 별   삼수(參宿)와 부속 별

다 못해 둘을 강제로 떼어놓았다. 형인 알백은 상구商邱로 보내 진성辰星에게 제사 지내게 하고, 동생인 실침은 대하大夏로 옮겨 삼성參星에게 제사 지내게 했다. 진성은 심수의 대화성이다. 진성은 상구의 상商나라 사람이 숭배해 상성商星이라 했고, 삼성參星은 대하의 당唐나라 사람들이 섬겼다. 상구는 오늘날 동쪽의 하남성河南省이고, 대하는 서쪽의 산서성山西省이다. 상성과 삼성은 출몰 계절이 달라 한 별이 뜨면 다른 별은 보이지 않는다. 알백과 실침 형제의 불화를 빗댄 말이 삼상지탄이다. 삼진지탄參辰之歎이라고도 한다. 영원히 서로 만날 수 없음을 한탄한다는 뜻이다. 글자의 뜻이 넓어져 친한 벗끼리 헤어져 다시 만나지 못하는 것도 삼상지탄이라고 한다.

　동방 창룡과 서방 백호, 심수와 삼수의 별리別離를 상징한 유물이 상商대의 청동靑銅 호식인유虎食人卣다. 호식인虎食人은 호랑이가 사람을 잡아먹는다는 뜻이지만 실제로는 젖먹이를 품에 안고 돌보는 듯한 모양이다. 유卣는 술을 담는 통이나 주전자를 가리킨다. 호식인유는 바닥과의 대비對比에 극도의 상징성이 있다. 호랑이는 서방 또는 가을 별자리인 백호다. 바닥에는 동방 또는 봄의 별자리인 창룡이 새겨져 있다. 호랑이가 하늘을 호령하는 계절에는 창룡은 연못에 고요히 잠겨 있다. 하늘을 날아오르는 비룡飛龍이 양룡陽龍이라면 연못이나 땅속의 잠룡潛龍은 음룡陰龍이다. 양룡의 무늬는 하늘의 별과 같은 마름모꼴(◇), 음룡은 물고기나 파충류 모양의 비늘(⊂, D) 무늬다. 호식인유 바닥의 용은 잠룡이자 음룡이다. 무늬가 알려준다.

호식인유(虎食人卣) (출처: 新浪)

음룡(陰龍)이 새겨진 호식인유 바닥

2. 손자병법孫子兵法과 별

伯 맏 백

"불을 지르기 좋은 때가 있고, 불이 잘 타오르는 날이 있다. 불 지르기 좋은 때란 날씨가 메마른 때이고, 잘 타오르는 날이란 달이 기箕, 벽壁, 익翼, 진軫에 있는 날이다. 네 별자리는 바람이 부는 날이다."[2]

동양 최고의 병법서인 『손자병법孫子兵法』「화공편火攻篇」에 나오는 내용이다. 장수의 덕목으로 상통천문上通天文 하달지리下達地理라는 말이 있지만, 천문에 능통해야 이기는 작전을 구사할 수 있다는 것을 실감케 하는 대목이다. 기, 벽, 익, 진은 모두 28수에 속하는 별자리다. 기수는 동방 창룡 7수의 마지막 별, 벽수는 북방 현무 7수의 마지막 별, 익수와 진수는 남방 주조 7수의 6, 7번째 별이다.

---

2 "發火有時, 起火有日. 時者, 天之燥也. 日者, 月在箕壁翼軫也. 凡此四宿者, 風起之日也.", 「火攻」, 『孫子兵法』

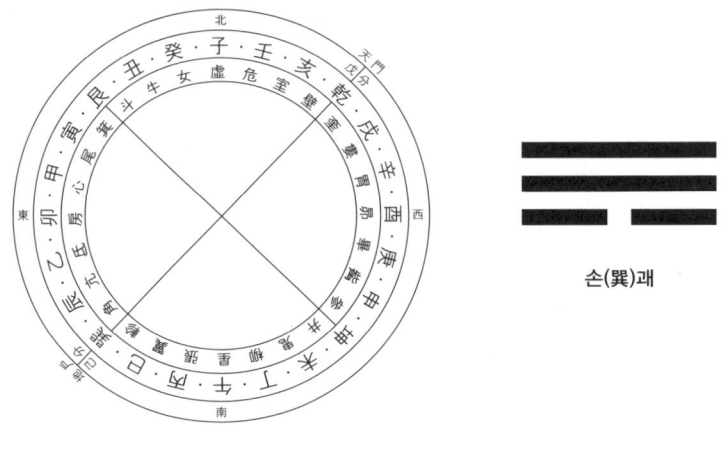

천문(天門)과 지호(地戶)

　달이 네 별자리를 운행할 때 바람이 크게 일어난다는 것은 오랜 경험의 소산으로 보인다. 달과 네 별자리를 조합한 것은 하늘 기운이 변화하고 음기가 강해지는 것을 염두에 둔 의미다. 달은 동양에서 음기陰氣의 정화라 부른다. 바람이 일어나려면 음 기운과 대지가 맞닿아야 한다. 주역에서 바람으로 해석하는 손巽괘의 맨 아래 효가 음효(--)인 이유다. 기, 벽, 익, 진은 계절이 바뀌기 전의 별자리라는 공통점을 갖는다. 『회남자淮南子』의 「팔풍八風」에서도 강조됐지만 하늘 기운이 바뀌면서 절기가 달라질 때 바람이 분다.

　기수는 곡식을 까부는 키처럼 생긴 모양에서 딴 이름이다. 겨를 날리려면 바람을 일으켜야 한다. 기수는 예부터 풍백風伯, 기백箕伯, 풍사風師, 풍신風神, 비렴飛廉 등 바람과 관련한 숱한 별칭을 가진 별자리다. 『풍속통의風俗通義』³에 "기수는 비렴, 풍백, 풍사다. 기는 까

3　『풍속통의(風俗通義)』는 동한(東漢) 영제(靈帝) 때 태산(泰山) 태수를 지낸 응소(應劭·약 153~196)가 편찬한 민속 학술서다. 당시의 사회 풍속, 제례, 음악, 신화 전설, 역사, 지리 등 다양한 분야를 다룬 책이다. 본래 30권과 부록 1권이었으나 현재 10권만 전해진다. 우리에게는 삼국시대부터 전해져 문화적으로 많은 영향을 미쳤다.

부리는 것으로 능히 바람 기운을 이르게 한다. 손괘는 맏딸長女이다. 맏이를 백伯이라 하므로 손괘는 풍백이다."라는 내용이 나온다.⁴ 풍백은 신화에 나오는 바람 신이다. 기백은 별 이름으로 풍백을 대신한 것이다. 비렴은 팔방八方의 바람을 관장하는 인면조신人面鳥身의 신이다. 『회남자』의 팔풍을 연상시킨다.

벽수와 진수는 2,000여 년 전 적도와 황도의 교차점인 춘분점과 추분점이 있던 별자리다. 춘분점을 기점으로 봄 여름이 펼쳐지고, 추분점을 시작으로 가을 겨울로 변한다. 달이 가는 길인 백도白道는 해가 운행하는 황도黃道와 비슷한 궤도를 그린다. 『황제내경黃帝內經』「소문素問」편에 "규벽과 각진은 천지의 문호다"라는 기록이 나온다.⁵ 벽수(북방 현무)와 규수(서방 백호) 사이인 규벽을 천문天門, 진수(남방 주조)와 각수(동방 창룡) 사이인 각진을 지호地戶라고 한다. 천문은 하늘의 기운인 양기를 뿜어내고, 지호는 땅의 기운인 음기를 펼친다. 음양이 갈라지고 계절이 나뉘는 춘분점과 추분점인 규벽과 각진에서 바람이 일어난다. 『사기史記』「천관서天官書」는 "진軫은 바람을 지배한다主風"고 했다. 진수는 팔괘 방위로 동남방에 위치한다. 동남방은 바람의 괘인 주역의 손괘가 있는 곳이다. 바람 = 손 = 동남 = 진 = 지호의 조건이 맞아떨어지는 것이다. 진은 바빌로니아 천문에서도 풍성風星으로 불린다고 한다. 진수 곁의 익수翼宿는 새의 날개로 역시 바람의 이미지를 갖는다.

동양에서 화공전火攻戰으로 『삼국지』의 적벽赤壁대전만큼 널리 알려진 것은 없을 것이다. 촉蜀과 동오東吳 연합군의 제갈량諸葛亮이 위

---

4 "飛廉, 風伯也. 風師者, 箕星也. 箕主簸揚, 能致風氣. 異爲長女也. 長者伯, 故曰風伯.", 「祀典·風伯」, 『風俗通義』

5 "奎壁角軫 卽天地之門戶也.", 한동석 저, 『宇宙 變化의 原理』(개정판, 대원출판, 단기 4344), 135~139쪽 참조.

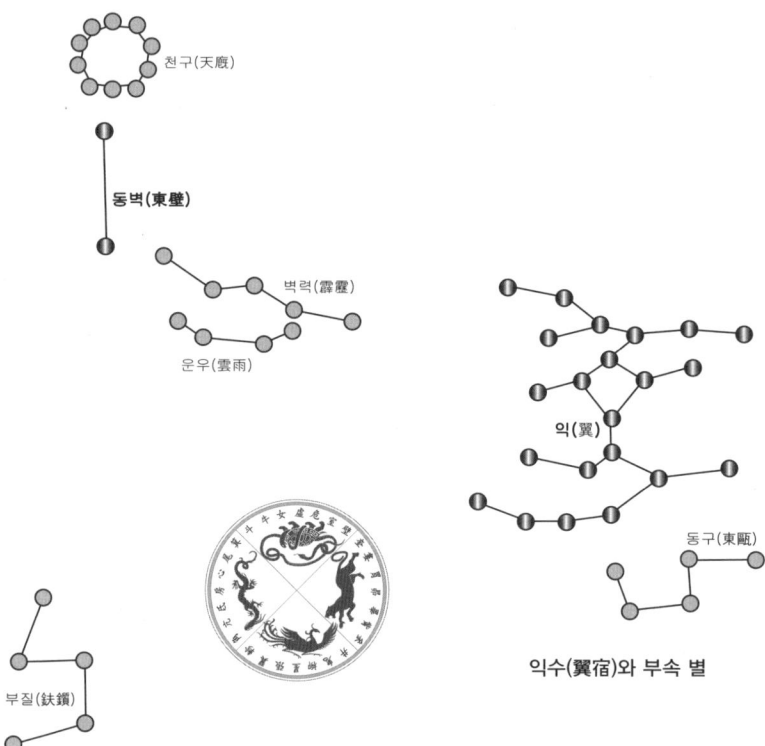

벽수(壁宿)와 부속 별

익수(翼宿)와 부속 별

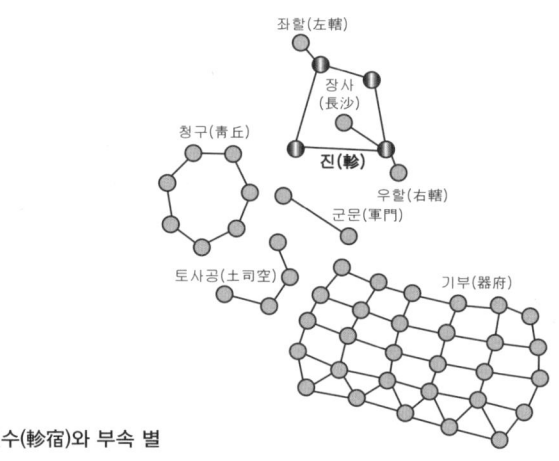

진수(軫宿)와 부속 별

魏 조조曹操의 80만 대군을 화공으로 물리치기 위해 하늘에 동남풍을 비는 장면이 나온다. 제갈량이 목욕재계하고 칠성단에 올라 하늘에 기도를 올린 때는 208년 음력 11월 20일이었다. 당시 제갈량이 어떤 별에 동남풍을 빌었는지는 소설에 나오지 않는다. 하지만 『예기禮記』「월령月令」에 눈여겨볼 만한 대목이 있다. "11월에 해와 달의 만남은 남두(북방 현무)에서 이뤄지며, 저녁에 벽수, 아침에 진수가 각각 하늘의 정남쪽에 있다."는 내용이다.[6] 바람의 별인 벽수와 진수가 하룻밤에 한꺼번에 보이는 시기인 것이다. 하지만 적벽대전의 승패는 바람 자체보다 방향에 달렸었다. 겨울은 북서풍이 부는 때인 만큼 동남풍이 일어나려면 다른 기상 상황이 전제되어야 한다. 적벽대전 직전 동오 대도독 주유周瑜는 촉의 군사軍師 제갈량에게 열흘 내로 화살 10만 발을 만들라는 사실상 수행 불가능한 명령을 내린다. 실패할 경우 잠재적인 적을 제거할 명분을 만들기 위해서였다. 제갈량은 안개가 자욱한 날 밤 허수아비를 잔뜩 실은 수십 척의 배를 동원해 조조 진영을 놀라게 하고 그들이 배에 쏜 10만 발의 화살을 가져온다. 짙은 안개가 끼었다는 것은 겨울철 한랭전선과 온난 기단氣團이 만나 습기가 형성됐고, 기압골이 만들어져 바람이 불 수 있는 상황이 조성됐다는 의미다.

기상학자들에 따르면 양자강揚子江 중류의 호북성湖北省 포기현蒲圻縣에 위치한 적벽은 아열대 습윤 계절풍 기후의 특성을 갖고 있다. 겨울철 북서쪽에서 내려오는 이동성 고기압이 지나가면 동남쪽으로부터 따뜻하고 습한 기단이 올라오면서 안개가 끼고 기압골이 형성돼 동남풍이 불게 된다는 것이다. 실제 양자강 중류의 포기蒲圻, 임상臨湘, 악양岳陽, 화용華容 등 현지 기상청의 최근 수십 년간

---

[6] "仲冬之月, 日在斗, 昏東壁中, 旦軫中.", 「月令」, 『禮記』.

의 통계를 분석한 결과 겨울에 동남풍이 분 것이 20% 안팎이었고, 어떤 해는 20%를 넘겼다고 한다. 『후한서後漢書』에는 적벽대전이 있던 208년 겨울 일식日蝕이 일어나 기압 배치가 바뀌면서 동남쪽 바다에서 양자강 쪽으로 아열대 기압이 북상해 동남풍이 불었다는 기록이 전해진다. 지형적으로도 조조 진영이 위치한 적벽 서북쪽은 지대가 낮고 넓은 늪지대이고, 촉과 동오 동맹군이 있는 적벽 동남쪽은 상대적으로 해발이 높고 숲이 우거진 지역이다. 따라서 공기역학적으로 겨울에 강북이 오히려 따뜻하고 강남이 차가워서 동남쪽에서 서북쪽으로 바람이 부는 대류 현상이 일어나는 곳이라고 한다. 제갈량은 천문뿐만 아니라 기상학에도 능통했었다는 뜻이다.

『삼국지』의 3대 전역으로 200년 관도官渡대전, 208년 적벽대전, 222년 이릉夷陵대전을 꼽는다. 세 전역 모두 화공전으로 승패가 갈렸다는 공통점이 있다. 조조와 원소袁紹가 화북華北의 패자 자리를 두고 맞붙은 관도대전에서는 조조군이 10만 원소군의 군량 창고를 모두 불태우면서 전쟁이 끝났다. 3대 전역 중 진정한 화공전은 이릉대전이라 할 수 있다. 적벽대전은 소설과 달리 정사正史에는 간략한 기술만 있을 뿐 거의 다루지 않는다.[7] 이릉대전은 촉의 유비劉備가 동오東吳에 피살당한 관우關羽의 원수를 갚기 위해 70만 대군을 일으켰다가 궤멸당한 비운의 전쟁이다. 관우가 죽은 뒤 2년 동안 군비를 확충해 온 유비는 221년 7월 군사를 일으켜 동오 징벌懲罰에 들어갔다. 하지만 동오의 젊은 대도독 육손陸遜은 1년 동안 영채 수십 곳을 세웠다가 허물어가며 방어와 후퇴만 거듭할 뿐 전혀 싸움에 응하지 않았다. 222년 윤 6월 이릉에 도착한 유비는 숲속에 700리

---

7 "時風盛猛, 悉延燒岸上營落. 頃之, 烟炎張天, 人馬燒溺死者甚衆, 軍遂敗退, 還保南郡.", 陳壽, 「吳書-周瑜·魯肅·呂蒙傳」, 『三國志』

의 군영을 설치해 무더운 날씨에 지친 병사들을 나무 그늘에서 쉬게 했다. 1년간의 전투 같지 않은 전투에 마음이 풀어져 있던 유비군은 한밤중 육손이 펼친 화공에 거의 몰살당하고 말았다. 윤 6월은 바람의 별인 기수가 남쪽 하늘 한가운데 보일 때다. 또 여름의 뜨거운 열기와 숲은 화공에 도움이 되는 조건이다. 이릉대전 패배 후 귀국할 면목이 없던 유비는 양자강 상류인 중경重慶 봉절奉節의 백제성白帝城에 머물다가 10개월 만인 223년 4월 병사했다. 이릉대전은 촉의 패망을 앞당기면서 삼국의 흐름을 결정지었던 중요한 화공전이다. 『손자병법』「화공」편 마지막에 경계 문구가 나온다.

"군주는 일시적 분노를 참지 못해 군사를 일으켜서는 안 되며, 장수는 성 난다고 전투를 해서는 안 된다. 국익에 맞으면 전쟁을 일으키고, 맞지 않으면 전쟁을 해서는 안 된다."[8]

---

8 "主不可以怒而興師, 將不可以慍而致戰. 合於利而動, 不合於利而止."

3. 아홉 깃발과 별

㫃 깃발 나부낄 언

언㫃과 중中은 갑골문의 자원字源이 같다. 깃발은 공동체의 상징으로 구성원들을 한곳에 모으는 역할을 한다. 사람들의 눈에 잘 띄는 마을 한복판과 같이 깃발을 세운 위치에 중점을 둔 글자는 중이다. 깃발이 바람에 날리는 모양이나 깃발을 흔들어 사람들에게 정보를 전달하는 기능을 강조한 글자는 언이다. 언은 기旗, 기旂, 유旒, 전施, 번旛 등 깃발을 뜻하는 모든 글자에 쓰인다. 씨족처럼 작은 공동체가 부족이나 부족연맹, 국가 등으로 커지면 구성 집단을 구분할 필요가 생긴다. 집단 간의 전통과 특징은 물론 수행 기능 등이 다를 수 있기 때문이다. 이에 따라 각 집단을 상징하는 깃발도 달라지게 된다. 깃발에는 집단의 신분과 서열까지 담긴다.

언(㫃)과 중(中)의 갑골문

"사상司常은 아홉 가지 깃발을 관장해 각기 소속을 주어 나랏일에 대비토록 한다. 일월日月로 상常, 교룡交龍으로 기旂, 통백通帛으로 전旃, 잡백

雜帛으로 물物, 웅호熊虎로 기旗, 송골매鳥隼로 여旟, 거북 뱀龜蛇으로 조旐, 전우全羽로 수旞, 석우析羽로 정旌을 삼는다."⁹

『주례周禮』「춘관종백春官宗伯」에는 신분에 따른 깃발의 명칭과 제작, 수행 기능 등을 관장하는 사상司常이라는 관직이 나온다. 사상은 상常이라는 천자의 깃발을 맡는司 직책을 뜻한다. 아홉 깃발의 이름은 상常, 기旂, 전旜, 물物, 기旗, 여旟, 조旐, 수旞, 정旌이다. 깃발은 해日와 달月, 별星, 사상四象 등 천문과 관련한 상징으로 채워진다. 주周대에 구기九旗 제도가 창안되면서 깃발은 각종 의례뿐만 아니라 무력을 상징하는 군기軍旗로 적극 활용됐다. 군기에 담긴 천문 상징은 각자 수행하는 군사적 기능을 나타낸다.

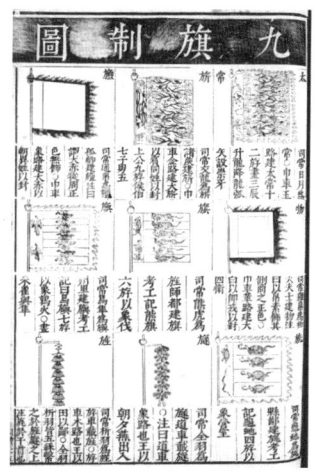
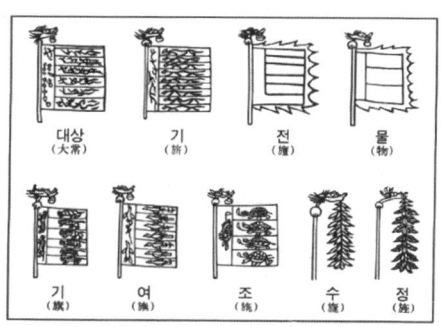

구기(九旗)

---

9   "司常, 掌九旗之物名. 各有屬, 以待國事. 日月爲常, 交龍爲旂, 通帛爲旜, 雜帛爲物, 熊虎爲旗, 鳥隼爲旟, 龜蛇爲旐, 全羽爲旞, 析羽爲旌.",「春官宗伯·司常」, 『周禮』

상常

천자를 상징하는 깃발이다. 대상大常 또는 태상太常이라고도 한다. 제천祭天 행사나 출정出征 또는 열병閱兵 때 사용한다. 상은 일월칠성교룡기日月七星交龍旗라 할 수 있다. 깃발에 해日·달月·별星의 삼진과 교룡交龍을 그린다. 삼진에서 해는 낮을 밝히고, 달은 밤을 비추며, 별은 하늘을 운행한다는 의미다. 별은 북두칠성을 가리킨다. 교룡은 하늘로 날아오르는 승룡乘龍과 내려오는 강룡降龍으로 양陽과 음陰을 상징한다. 삼진 도안은 송宋대에 푸른색 바탕의 일기日旗와 월기月旗로 나뉘었다. 송대의 일기와 월기는 조선에도 전해져 대한제국이 사라질 때까지 쓰였다. 상에는 깃발의 의미가 내포되어 있다. 상의 아랫부분인 건巾에 포목의 뜻이 들어 있다. 해·달·별 등 삼진은 어떤 상황에도 변함없다는 뜻도 담겨 있다. 깃발 가장자리에 톱니 모양이나 술처럼 늘어뜨리는 기드림은 열두 개다. 천자의 면류관冕旒冠에 구슬을 꿴 술旒을 열두 개 늘어뜨린 것과 같다.

　주대 깃발의 바탕색은 기본적으로 붉은색이다. 전국戰國시대 제齊나라 음양가인 추연鄒衍의 오덕종시설五德終始說에 따른 해석이다. 오덕종시설은 왕조의 흥망을 오행상극五行相克으로 설명하는 것이다. 오행상극은 목극토木克土 → 금극목金克木 → 화극금火克金 → 수극화水克火 → 토극수土克水의 순서로 다른 오행을 이겨나가는 것이다. 토덕土德을 갖춘 황제黃帝의 나라를 무너뜨린 하夏는 목덕木德인 푸른색이다. 하를 멸망시킨 상商은 금덕金德인 흰색, 상을 무너뜨린 주周는 화덕火德인 붉은색이고, 주를 무너뜨릴 나라는 수덕水德을 갖춘 나라가 될 것이라는 주장이다. 진시황秦始皇은 추연의 오덕종시설을 극도로 추종해 전국戰國시대를 종식시키고 진秦을 세운 뒤 수덕의 검은

색으로 나라 색깔을 정했다. 오행상극의 오덕종시설은 한漢대에 유학자 동중서董仲舒에 의해 천명天命의 계승을 중시하는 오행상생설로 바뀌었다.[10]

기旂

제후의 깃발이다. 천자를 알현하려 조정을 들거나 나올 때 사용한다. 깃발에는 교룡을 그린다. 용의 승강은 음양의 뜻이다. 『주례』 「동관고공기冬官考工記」 '주인輈人'은 "용기龍旂의 기드림은 아홉 개로, 동방 창룡의 대화성大火星을 상징한다"고 했다. 주인輈人은 깃발을 다는 수레의 끌채를 만드는 직책이다. 대화성은 심수心宿를 말한다. 심수는 별이 세 개여서 기드림의 숫자와 맞지 않다. 따라서 기드림 아홉 개는 동방 창룡의 미수尾宿 9별을 나타낸 것으로 해석한다.

전旜

전旜은 전旃으로도 쓴다. 글자 속에 붉을 단丹이 있는 만큼 깃발의 바탕색은 물론 기드림까지 모두 붉은색이다. 깃발에 무늬는 없다. 온통 똑같은 비단이라는 뜻의 통백通帛으로 부르는 까닭이다. 전은 소사少師, 소부少傅, 소보少保의 삼고三孤를 나타내는 깃발이다. 삼고는 태사太師·태부太傅·태보太保의 삼공三公을 보좌하는 직책이다. 삼공은 황제나 태자의 교육을 맡는다. 태사는 문文과 무武, 태부는 문, 태보는 무를 담당한다. 삼고는 정승 격인 공公과 판서 격인 경卿의 중간 벼슬이다.

10　양계초·풍우란 외 저, 김홍경 편역, 『음양오행설의 연구』, 신지서원, 1993, 504~511쪽.

물物

물은 대부大夫와 선비士·士가 쓰는 깃발이다. 붉은색 기에 흰색 기드림을 단다. 물을 잡백雜帛이라 하는 까닭이다. 흰색 기드림은 상商나라를 상징하는 색이다. 주周나라가 상나라를 제압했듯이 전이 물보다 높다는 뜻이다. 기드림의 숫자는 직급에 따라 다르다. 대부는 네 개, 선비는 세 개의 기드림을 단다.

기旗

"깃발이 어지럽게 흔들리는 것이 보이니望其旗靡 이제 공격해도 좋습니다." 『춘추좌전春秋左傳』 노장공魯莊公 10년의 '조귀가 전쟁을 논하다曹劌論戰'라는 고사에 나오는 말이다. 제齊나라가 노나라에 쳐들어와 양군이 대치했을 때 노장공은 즉각 적군을 공격하려 했지만 대부大夫 조귀가 연거푸 말렸다. 그러다 시간이 지나 적군의 깃발旗이 질서정연하지 않고 이리저리 흔들리자靡 적진의 규율이 흐트러졌다고 판단하고 비로소 군사를 움직여 대승을 거두었다는 내용이다. 기旗는 대장군이 사용하는 깃발이다. 붉은색 바탕에 곰과 범을 그린다. 곰과 범은 용맹을 상징한다. 주인輈人에 따르면 기旗의 기드림은 여섯 개다. 숙살肅殺의 뜻을 갖는 서방 백호 7수 중 삼수參宿의 가운데 3별과 부속 별인 벌伐 3성을 합친 숫자다.

여旟

장군을 포함한 고위 군관軍官의 깃발이다. 붉은 바탕에 송골매를 그린다. 기드림은 일곱 개다. 남방 주조 7수의 류수柳宿 7별을 본떴다. 깃대 꼭대기는 송골매의 가죽韋으로 장식한다. 가죽은 군대의 진격을 의미한다. 새의 성격은 강하고 급하다. 주조의 부리인 류수는 새의 공격 무기에 속한다.

조旐

조는 바탕색이 붉은색이 아닌 검은색이라는 특징을 갖는다. 또 현縣과 같은 일반 행정조직에서도 사용한다. 검은색은 물水, 북쪽, 후방을 상징한다. 옛사람들은 거북은 운명과 길흉의 조짐을 안다고 믿었다. 상商나라 사람들이 거북 껍질에 복사卜辭를 새겨 점을 친 까닭이다. 깃발 조旐에 조짐 조兆가 들어 있는 것이 이와 관련된다. 후방에서 행정을 담당하며 전방에서 벌어지는 조짐을 파악하는 것이다. 조의 기드림은 네 개다. 북방 현무 7수 중 영실營室 2성과 동벽東壁 2성을 본뜬 것이다.

수旞

천자의 수레에 내건다. 깃대 끝에 오색의 새 깃털로 만든 깃발을 늘어뜨린다. 오색 깃털에는 만사가 순조롭게 이뤄지길 바라는 뜻이 담겨 있다.

정旌

천자의 전차戰車에 달아 병사들을 독려하는 데 사용한다. 천자를 대신한 사절이 군진軍陣을 찾을 때 쓰기도 한다. 검은 소의 꼬리털을 오색의 새 깃털로 장식해 깃대 끝에 늘어뜨린 깃발이다.

9기에서 천자의 부속 깃발인 수旞·정旌과 조정 고관의 전旜·물物을 제외하면 상常·기旂·기旗·여旟·조旐의 5기가 남는다. 천문으로 표현하면 동방 창룡 기旂, 서방 백호 기旗, 남방 주조 여旟, 북방 현무 조旐의 사상四象이 자미원紫微垣의 천제天帝 상常을 에워싸는 모습이다. 9기의 핵심인 이들 5기는 군사 조직 체계를 이룬다. 좌청룡, 우백호, 전주작, 후현무가 중앙 천자를 호위하는 것이다. 색깔로는 중앙 황색, 동방 청색, 서방 백색, 남방 적색, 북방 흑색의 오방색이다. 상에 그려진 북두칠성은 군사를 지휘하는 초요성招搖星을 상징한다. 북두 자루의 끝 별인 요광搖光 또는 요광 앞의 저수氐宿 부속 별 초요성이 지휘봉이다. 전군前軍인 주작군은 공격의 선봉이다. 후방의 현무군은 딱딱한 거북 껍데기의 이미지에 맞게 수비와 군수 지원을 맡는다.

9기의 이름과 상징

기명	도안	상징
상(常)	삼진(三辰·해, 달, 별)과 교룡(交龍)	천자
기(旂)	교룡을 그린 붉은 기-동방 창룡(좌청룡)	제후
전(旜)	무늬 없는 붉은 기와 붉은색 기드림	삼고(三孤)
물(物)	무늬 없는 붉은 기와 흰색 기드림	대부(大夫), 사(士)
기(旗)	곰과 범을 그린 붉은 기-서방 백호(우백호)	대장군
여(旟)	송골매를 그린 붉은 기-남방 주조(전주작)	장군
조(旐)	거북과 뱀을 그린 검은 기-북방 현무(후현무)	현(縣) 등 행정구역
수(旞)	깃대 끝에 오색 새 깃털	천자의 수레
정(旌)	깃대 끝에 검은 소 꼬리털과 오색 새 깃털	천자의 전차(戰車)

5장
북두칠성 北斗七星

1. 독에 갇힌 북두칠성
2. 수퇘지와 집의 비밀
3. 돼지와 영혼의 고향
4. 병봉(幷封)과 저팔계(豬八戒)
5. 하늘을 네 조각 낸 글자
6. 북두와 상투
7. 경신수야(庚申守夜)

1. 독에 갇힌 북두칠성

豕 돼지 시

시豕는 돼지를 생긴 모습 그대로 그린 글자다. 갑골문과 금문에서 시와 해亥는 본래 같은 글자다. 해는 야생 멧돼지의 목덜미 갈기를 강조한 형태로 본다. 해는 다른 글자에서 돼지와 관련한 뜻을 구성하는 형체소形體素로 주로 사용된다. 독립적으로 쓸 때는 12지지地支의 시간(밤 9~11시, 음력 10월, 돼지 해)과 태어난 띠(돼지 띠)를 가리키는 용도다. 저猪는 전국 이후 전서篆書에서 뒤늦게 나타나는 글자다. 저의 왼쪽 부수는 본래 시豕를 썼으나 간략해지면서 개 견犭, 犬으로 바뀌었다. 오른쪽은 삶을 자煮의 의미이고 발음을 담당한다.

시(豕)의 갑골문   해(亥)의 갑골문   저(猪)의 전서   돈(豚)의 갑골문

제5장 북두칠성(北斗七星) **239**

돈豚은 돼지의 고기를 강조한 글자다. 돈의 갑골문은 돼지 배 아래 영어의 A처럼 생긴 고기 육月,肉을 덧붙여 쓴 모양이다.『설문해자』에 따르면 돈은 새끼 돼지小豕의 뜻도 있다. 저와 돈은 현재 돼지의 총칭으로 쓰인다.

돼지는 천문학적으로 각별한 의미를 갖는다. 돼지에 얽힌 일화다.

"어렸을 때 무척 가난했던 승려 일행一行은 이웃 왕씨 할머니의 아낌없는 도움을 받았기에 늘 보답해야겠다고 생각했다. 개원開元 연간 현종玄宗은 일행을 총애해 그의 말이라면 다 들어주었다. 그맘때 할머니는 자신의 아들이 사람을 죽여 옥에 갇히자 일행에게 구해달라고 사정했다. 일행은 '돈은 얼마든지 드릴 수 있지만, 황제가 법을 집행하는 데 사사로운 정으로 부탁하긴 어렵습니다.'라고 말했다. 할머니는 서운한 마음에 일행을 심하게 비난했고, 일행은 사죄하고는 더 이상 (사건에) 개입하지 않았다.

일행은 따로 속셈이 있었다. 당시 인부 수백 명으로 혼천사 절을 짓던 일행은 빈 방을 하나 마련해 큰 독을 들여놓았다. 하인 두 명을 몰래 뽑아 자루를 주면서 '어느 골목에 가면 다 쓰러져가는 집이 있는데, 내일 한낮부터 저녁까지 숨어 있으면 무엇인가가 들어올 것이다. 모두 일곱인데 전부 덮어씌워야 하며, 하나라도 놓치면 곤장을 치겠다'고 단단히 일렀다. 오후 5시가 지나자 한 무리의 돼지가 폐가에 나타났고, 하인들은 이들을 모두 자루에 잡아 넣어 돌아왔다. 일행은 무척 기뻐하며 돼지를 독 안에 넣고, 육일산六一散이라는 가루와 진흙을 개어 뚜껑을 봉한 뒤 주홍색 붓글씨로 범어梵語 수십 자를 썼으나 제자들은 무슨 뜻인지 알 수 없었다.

다음 날 아침 일행은 궁으로 속히 들라는 전갈을 받고 급히 현종을 알현하자 '천문을 맡은 태사령이 어젯밤 북두가 사라졌다는데 좋지 않은 징조인가?'라고 물었다. 이에 일행은 '후위後魏 때 형혹(화성)이 사라진 적은 있으나 제거帝車·북두칠성가 보이지 않는 것은 없던 일입니다. 하늘이 폐하께 경고하는 것입니다. 세상 남녀가 머물 곳을 얻지 못하면 된서리가 내리고 가뭄이 듭니다. 성덕으로 하늘을 감동시켜야 재앙을 물리칠 수 있습니다. 가장 큰 감동은 죽은 자는 잘 묻고 산 죄인은 풀어주는 것입니다. 천하에 사면령을 내리는 것이 어떠신지요?'라고 답했다. 현종이 건의를 따르자 그날 저녁 북두의 별 하나가 보였고, 7일이 지나자 북두는 제 모습을 찾았다. 돼지를 가두었던 독을 열어보니 텅 비어 있었다."[1]

당唐 현종의 일화를 엮은 정처회鄭處誨의 『명황잡록明皇雜錄』「보유補遺」에 나오는 내용이다.[2] 조지프 니덤Joseph Needham·1900~1995의 『중국의 과학과 문명』 등 동양 천문 관련 서적에 단골로 소개되는 이

---

1 "初一行幼時家貧, 隣有王姥者, 家甚殷富, 奇一行不惜金帛, 常前后濟之, 約數十萬, 一行常思報之. 至開元中, 一行承玄宗敬遇, 言無不可. 未幾, 會王姥兒犯殺人, 獄未具, 姥詣一行求救. 一行曰, '姥要金帛, 當十倍酬也. 君上執法, 難以情求, 如何?'. 王姥戟手大罵曰, '何用識此僧', 一行從而謝之, 終不顧. 一行心計, 渾天寺中工役數百, 乃命空其室, 内徙一大甕於中央, 密選常住奴二人, 授以布囊, 謂曰, '某坊某角有廢園, 汝向中潛伺, 從午至昏, 當有物入來, 其數七者, 可盡掩之. 失一則杖汝.' 如言而往, 至酉後, 果有羣豕至, 悉獲而歸. 一行大喜, 令置甕中, 覆以木蓋, 封以六一泥, 朱題梵字數十, 其徒莫測. 詰朝, 中使叩門急, 召至便殿, 玄宗迎問曰, '太史奏昨夜北斗不見, 是何祥也? 師有以禳之乎?' 一行曰, '後魏時失熒惑, 至今帝車不見, 古所無者, 天將大警於陛下也. 夫匹夫匹婦不得其所, 則殞霜赤旱. 盛德所感, 乃能退舍. 感之切者, 其在葬枯出繫乎. 釋門以瞋心壞一切喜, 慈心降一切魔. 如臣曲見, 莫若大赦天下.' 玄宗從之. 又其夕, 太史奏北斗一星見, 凡七日而復."

2 『명황잡록』은 만당(晩唐) 시기 공부(工部)시랑, 형부(刑部)시랑, 자사(刺史), 군(軍)절도사 등을 지낸 정처회(鄭處誨)가 855년 편찬한 책이다. 당(唐) 현종(玄宗)과 관련된 30여 편의 일화를 본서 2권과 누락 부분을 보완한 보유(補遺) 등 3권에 담았다. 정사(正史)에 기록되지 않은 내용이 적지 않아 보완 사료(史料)로서의 가치가 높다는 평이다.

야기다. 일행은 728년 중국을 대표하는 역법의 하나인 대연력大衍曆을 만든 천문학자다. 일행의 일화에는 돼지가 북두칠성의 화신으로 나온다. 옛사람들이 돼지를 북두의 정령으로 여긴 것은 신석기 시대 초기 유물에 이미 나타난다. 절강성浙江省 하모도河姆渡 유적기원전 5500~기원전 3300의 돼지 그림 질그릇 저문도발猪紋陶鉢과 요녕성遼寧省 우하량牛河梁 유적기원전 3500~기원전 3000의 돼지 얼굴 옥장식 등이 대표적이다. 한漢대 화상석이나 무덤 벽화에도 돼지를 북두로 묘사한 유물이 많이 보인다.

고대인들이 돼지와 북두를 동일시한 까닭이 무엇일까? 명확한 이유를 밝히긴 어렵지만 무엇보다 흡사한 생김새 때문이었을 것으로 추정한다. 돼지의 네모난 얼굴에서 북두칠성의 네모진 바가지를 연상했을 가능성이 크다는 것이다. 하모도河姆渡 유적의 돼지 그림이 그려진 까만 질그릇黑陶 저문도발은 둥근 황토색의 일반 그릇과는

하모도(河姆渡) 저문도발(猪紋陶鉢) (출처: 浙江省博物館)

 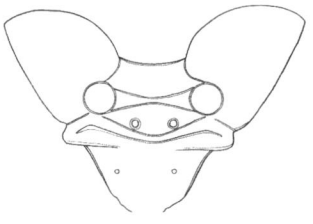

우하량(牛河梁) 북두(北斗) 모양 돼지 옥장식 (출처: 搜狐)

다른 색깔과 생김새다. 입구가 넓고 바닥이 좁은 긴 사각형으로 밤하늘의 북두 바가지를 닮았다는 평이다. 겉면에 그려진 돼지 몸통에는 큰 별이 뚜렷하다. 저문도발猪紋陶鉢은 일반 식기가 아니라 제천祭天 의식 때 음료를 담는 예기禮器로 썼던 것으로 본다. 우하량牛河梁 홍산紅山 문화의 돼지 얼굴 옥장식은 북두 바가지의 네 별과 같은 조그만 구멍이 뚫렸다. 돼지를 북두칠성의 상징으로 표현한 유물들이다.

현종의 북두北斗 물음에 일행이 제거帝車로 대답한 것은 주목할 만하다. 제거는 하늘의 지상신至上神인 천제天帝가 타는 수레다.『사기史記』「천관서天官書」에서는 "북두는 천제의 수레로 하늘 한가운데를 운행한다"고 했다.³ 산동성山東省의 후한後漢 무량사武梁祠 석각화는 「천관서」의 기록과 일행의 말에 정확하게 일치하는 그림이다. 일행의 말대로 제거가 사라졌는데 땅에서 붙잡은 대상이 돼지라면 '북두 = 제거 = 돼지 = 천제'라는 등식이 성립할 수 있다. 북두 바가지를 돼지에 이어 제거로 묘사한 것은 북두에 대한 숭배 관념과 함께 네모난 생김새에 대한 연상이 이어진 것으로 볼 수 있다.

후한 무량사(武梁祠)의 북두(北斗) 제거(帝車)를 탄 천제(天帝) 화상석 (출처: 搜狐)

---

3   "斗爲帝車 運于中央 臨制四鄉. 分陰陽 建四時 均五行 移節度 定諸紀 皆系于斗",「天官書」,『史記』

제5장 북두칠성(北斗七星)   243

일행 일화에 나오는 육일산의 6·1六·一이라는 숫자도 눈여겨볼 만하다. 동양학에서 1과 6은 북쪽北方과 물水, 주역의 감坎괘를 상징한다. 1에서 10까지의 수에서 1~5는 천수天數 및 생수生數, 6~10은 지수地數 및 성수成數라고 한다. 하늘의 기운을 나타내는 생수는 토土 기운을 뜻하는 5와 합쳐져 땅에서 물질을 만드는 성수가 된다. 생수와 성수는 각각 1·6 수水, 2·7 화火, 3·8 목木, 4·9 금金, 5·10 토土다. 『명황잡록』의 6과 1은 북방의 숫자다. 6을 1보다 앞세운 것은 땅의 수인 6으로 하늘의 수인 1을 억눌렀다는 뜻이다. 북두칠성은 1을 상징하는 북방의 별자리다. 땅에 내려와 6의 숫자에 제압당한 상황을 묘사한 것이다. 『주역』「설괘전說卦傳」에서는 감괘를 돼지坎爲豕로 해석한다. 돼지가 물을 좋아하는 것도 숫자 1, 6과 연관된다.

　1은 숫자의 시작이자 하늘의 근원이다. 기원전 4000~기원전 3000년경 북극에서 가장 눈에 띄는 별자리는 북두칠성이었다. 현재 북극성은 구진대성句陳大星·작은곰자리 알파(α)별이다. 기원전 1500년경에는 제성帝星·작은곰자리 베타(β)별이 북극성이었다. 저문도발과 같은 돼지 관련 유물이 만들어진 신석기 시대에는 북두칠성이 북극 근처에 있었다. 북두 바가지 바로 위에 천일天一과 태일太一이라는 별이 있다. 천문학자들의 계산에 따르면 기원전 2608년에는 천일, 기원전 2263년에는 태일이 북극성이었다. 1이라는 숫자가 두 별에 붙은 까닭이다. 하지만 두 별 모두 3, 4등급의 어두운 별이어서 북두가 극성極星 역할을 대신했을 것으로 본다.

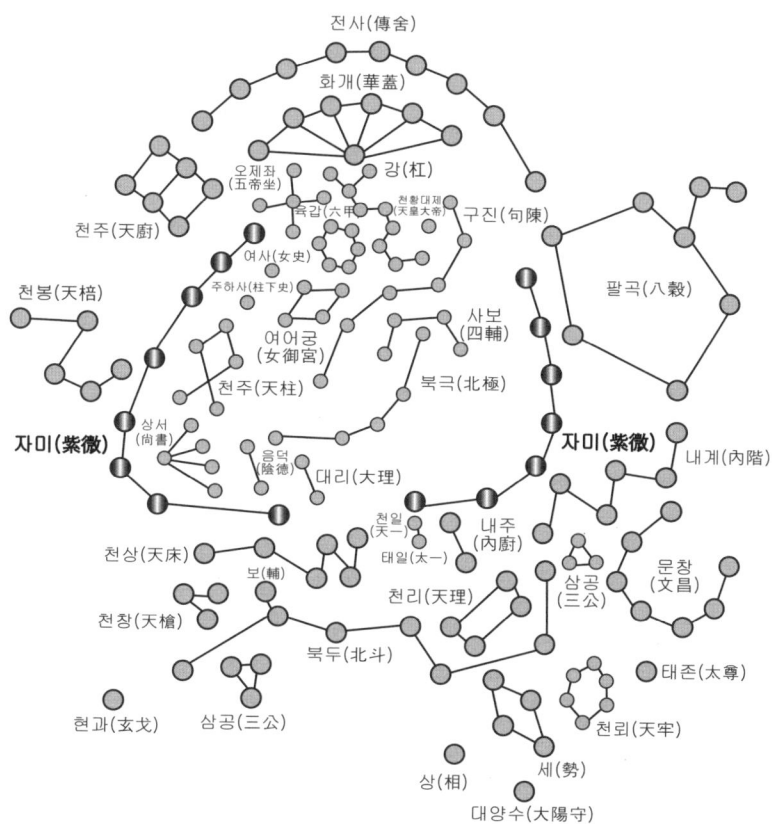

북두칠성과 자미원(紫微垣)

	남			
동남	巽 3·8 木	离 2·7 火	坤 5·10 土	서남
동	震 3·8 木	中 5·10 土	兌 4·9 金	서
동북	艮 5·10 土	坎 1·6 水	乾 4·9 金	서북
	북			

주역의 후천8괘 방위와 배속 숫자

2. 수퇘지와 집의 비밀

豭 수퇘지 가

"가家는 사는 곳이다. 면宀을 따르고, 가豭를 줄인 글자로 소리를 낸다."[4]

후한後漢 허신許慎·58~147의 『설문해자說文解字』에 수록된 가家에 대한 해석이다. 불과 일곱 글자의 간략하기 짝이 없는 내용을 두고 후대 학자들은 갑골문이 발견될 때까지 정확한 뜻 해독에 골머리를 싸매야 했다. 워낙 기초 글자인 데다 실생활과 관련된 탓에 뜻이 명확해야 했다. 학자들은 사람이 살아야 마땅한 지붕宀 아래에 돼지豕가 사는 것을 집이라고 한 연유緣由가 잘 와닿지 않았다. 게다가 가豭를 생략한 글자로 소리를 낸다고 한 부분은 도통 알 수가 없었다. '가'라고 발음하려면 지붕宀 아래 가叚가 남아야 한다는 것이었다. 가家에 시豕가 남았으니 발음을 '시'라 해야 하지 않느냐는 의문이었다.

---

4 "家, 居也. 从宀, 豭省声."

수퇘지 가(豭)의 갑골문   돼지 시(豕)의 갑골문

지붕 아래 돼지가 있는 것은 농촌의 전통 가옥 구조를 묘사한 것이라는 그럴듯한 설명이 자리 잡았다. 사람들은 2층에 살고, 아래층에서는 돼지를 키우는 농가의 모습이라는 것이었다. 딱히 반박할 논리도 없어 오랫동안 정설처럼 받아들여졌다. 하지만 발음 부분은 아무도 제대로 된 해설을 내놓지 못했다. 설문학說文學의 최고 권위자인 청淸의 단옥재段玉裁는 무려 1,700여 년이 지나 허신의 해석이 아예 틀렸다고 주장했다. 하지만 뚜렷한 근거를 대지는 못했다.

지난 세기 갑골문이 발견되면서 마침내 의문이 풀렸다. 허신이 언급한 가豭는 수퇘지만 전문적으로 가리키는 글자라는 것을 알게 된 것이다. 가豭와 시豕는 글자 형태에서 뚜렷하게 다른 부분이 있었다. 돼지 배 아래에 수컷을 상징하는 획劃이 눈에 띄게 그어진 것은 가豭였고, 밋밋한 것은 시豕였다. 시는 암수 구분 없이 그냥 돼지를 가리킬 때 쓰는 글자였다. 가家 속의 돼지가 완전히 달랐던 것이다.

豖 거세 돼지 축

가豭는 수퇘지의 생식기를 강조한 글자다. 반면 거세한 수퇘지는 축豖이다. 돼지 배 아래 수컷 상징을 잘라낸 글자다. 축은 거세하기 전

두 발이 묶인 돼지의 걷는 모양을 나타내는 의태어이기도 하다. 축에서 파생된 글자는 분豶이다. 왼쪽에 축豕을 써 불깐 돼지의 뜻을 담았다. 체彘는 원시 수렵 시절 화살로 사냥한 돼지다. 체의 윗부분 계⺕는 돼지 머리고, 가운데 화살矢이 박혔다. 화살 옆으로 나뉜 비比는 양쪽으로 벌어진 돼지 다리다.

거세 돼지 축(豕)의 갑골문

사냥 돼지 체(彘)의 갑골문

3.   돼지와 영혼의 고향

家 집 가

가家를 둘러싼 설문說文 해석에 대한 의문은 갑골문이 발견되면서 풀렸다. 하지만 왜 수퇘지가 있는 곳이 가일까? 선사시대 돼지가 아직 가축으로 길들여지지 않았을 때 사냥에서 수퇘지와 암퇘지, 새끼를 잡으면 각각 처리하는 방식이 달랐다. 암퇘지는 번식용으로 남겼고, 새끼는 다 클 때까지 따로 길렀다. 덩치가 크고 사나운 수퇘지는 가족이나 씨족이 함께 모이는 장소에 보관했다. 종묘宗廟였

가(수퇘지)의 갑골문

가(일반 돼지)의 갑골문

다. 수퇘지를 종묘에 둔 것은 조상에게 제물로 바치기 위해서였다. 가家의 지붕宀은 일반 가정이 아닌 종묘의 지붕이었다. 가가 국가國家와 같은 대단위 공동체 개념으로까지 발전한 것은 공공 장소라는 인식 때문이다.

육축六畜은 돼지豬, 소牛, 양羊, 말馬, 닭鷄, 개狗의 여섯 가축을 말한다. 육축의 첫 번째 동물이 돼지다. 가장 먼저 가축이 되기도 했거니와 인간의 이동 범위를 줄여 수렵에서 농경으로 나아가게 해준 중요한 동물이다. 잡식성 동물인 돼지는 초지草地를 필요로 하는 소, 양, 말 등과 달리 인간이 남긴 음식을 먹으면서 풍부한 고기를 제공해 인간의 정착생활을 도왔다. 천자가 사직社稷에 제사 지낼 때 돼지, 소, 양의 세 가지 희생을 바치는 것을 태뢰太牢라고 한다. 제후, 경, 대부가 종묘에 제사 지낼 때 돼지, 양 두 가지를 올리는 것은 소뢰少牢라고 한다. 신분의 고하를 떠나 돼지는 제사의 필수품이었다. 소는 식용보다는 특별한 행사 때 쓰는 희생 동물이었다. 일반 가정에서도 돼지는 제사에 빠지지 않았다. 상대적으로 부담이 적으면서도 풍성한 고기를 조상에게 바칠 수 있었기 때문이다. 고고학계에서는 신석기 시대를 '돼지의 시대'라고 부른다. 산동성山東省 대문구大汶口 유적에서는 3분의 1에 가까운 무덤에서 돼지 유골이 발견될 정도로 흔했다. 심지어 37마리의 돼지뼈가 나온 곳도 있었다.[5] 장례의 부장품副葬品으로 썼다는 것은 이미 돼지 사육이 보편적, 안정적 수준이었다는 반증이다.

돼지를 무덤에 묻은 이유는 무엇이었을까? 옛사람들은 사람이 죽으면 하늘의 근원이자 영혼의 고향인 북극으로 되돌아간다고 생각했다. 신석기 시대에는 북극 근처에 북두칠성이 있었다. 북극에는 돼지의 화신인 북두칠성과 먼저 떠나간 조상들이 함께 있다고 보았다. 돼지 부장품의 의미는 땅 돼지의 인도를 받아 하늘 돼지가 있는 북두를 찾아가라는 염원을 담은 것이다. 지금도 장례 때 칠성판

---

5   김인희, 『소호씨 이야기』, 물레, 2009, 230~239쪽.

능가탄(凌家灘) 태양조 (출처: 鳳凰网)   돼지 모양 규(鬹) (출처: 山東省博物館)

에 시신을 뉘거나 돼지머리 고사告祀를 지내는 것이 그 흔적이다. 안휘성安徽省 능가탄凌家灘 신석기 유적의 돼지 날개를 한 태양조 옥기玉器와 산동 대문구 유적의 하늘을 향해 울부짖는 돼지 모양 토기 규鬹는 북두와 돼지를 동일시한 고대인들의 인식을 반영한 유물이다. 태양조 옥기는 죽은 영혼이 돼지 날개를 타고 태양신과 함께 하늘 고향인 북두로 날아가라는 뜻이다. 음료를 담는 돼지 모양 토기 규는 땅 돼지가 하늘 돼지인 북두에게 영혼이 승천함을 소리 높여 알리는 것이다.

4. 병봉并封과 저팔계豬八戒

并 아우를 병

가家의 갑골문 가운데 지붕 아래 돼지 두 마리가 있는 글자가 있다. 돼지 한 마리만 있는 글자는 간략하게 쓴 것이다. 두 마리의 돼지는 암컷과 수컷, 음과 양의 의미다. 암수와 음양은 생명의 탄생과 종족 번식을 뜻한다. 가정도 남자와 여자가 결혼해 한 집에 머물러야 새 가족이 생긴다. 『명황잡록』에서 승려 일행一行이 당唐 현종玄宗에게 "세상 남녀가 머물 곳을 얻지 못하면 서리가 내리고 가뭄이 든다" 고 말한 뜻이다. 집과 음양의 조화를 강조한 것이다.

> "병봉并封이 무함 동쪽에 있다. 생김새는 돼지 같은데, 앞뒤에 머리가 있고 색깔이 검다." - 『산해경山海經』 「해외서경海外西經」

> "좌우에 머리가 달린 짐승이 있는데, 병봉屛蓬이라고 한다." - 『산해경』 「대황서경大荒西經」

 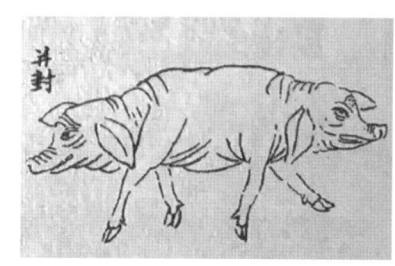

두 마리 돼지 가(家)의 갑골문　　　　　　병봉(幷封)

"별봉鱉封은 돼지 같은데 앞뒤에 머리가 있다." - 『일주서逸周書』「왕회王會」[6]

신화 전설집인 『산해경山海經』과 주周나라 역사를 모은 『일주서逸周書』에 병봉幷封, 병봉屛蓬, 별봉鱉封이라는 짐승이 나온다. 한 글자씩 다르지만 모두 같은 동물을 가리키는 말이다. 병봉은 암수 한 몸의 동물이자 암수가 교미를 하는 모습이다. 병幷과 봉逢은 함께 만난다는 뜻이다. 북두칠성은 병봉의 모습이다. 북두의 바가지는 해 뜨는 동쪽을 가리킨다. 북두의 자루는 해 지는 서쪽을 가리킨다. 바가지는 양이고 자루는 음이다. 바가지는 수돼지고, 자루는 암돼지다. 『회남자淮南子』「천문天文」에 "북두의 신神에는 암신雌神과 수신雄神이 있다. 수신은 왼쪽으로 돌고, 암신은 오른쪽으로 돈다"고 했다.[7] 북극의 천제天帝를 가운데 두고 음양 북두가 한 몸이 되어 좌우로 돌

6　"幷封在巫咸東, 其狀如彘, 前後皆有首, 黑.",「海外西經」,『山海經』. "有獸, 左右有首, 名曰屛蓬.",「大荒西經」,『山海經』. "鱉封者, 若彘, 前後皆有首.",「王會」,『逸周書』

7　"北斗之神有雌雄, 雄左行, 雌右行",「天文」,『淮南子』. 북두칠성이 12진(辰)의 시계 방향으로 운행(좌행)하는 것을 웅신(雄神) 또는 양건(陽建)이라고 하고, 세성(歲星·목성)이 움직이는 12차(次)의 반시계 방향(우행)으로 도는 것을 자신(雌神) 또는 음건(陰建)이라고 한다.

돼지 얼굴의 천제 태일신(太一神)과 복희(伏羲)·여와(女媧) 화상전 (출처: 知乎)

며 함께 만나는 것을 가리킨 것이다. 병봉과 북두는 음양 동체의 모습이다. 돼지 모양의 날개를 양쪽에 단 능가탄凌家灘 태양조도 병봉이다. 북두 병봉은 음양의 조화와 생명의 탄생을 상징한다.

하남성河南省 낙양洛陽 전한前漢 무덤의 돼지 얼굴 태일太一신과 복희伏羲·여와女媧 그림은 북두 병봉의 의미를 담은 것이다. 복희와 여와가 천제天帝이자 북두신北斗神인 태일을 가운데 두고 얽힌 꼬리로 음양 교합을 하는 모습이다. 복희와 여와는 양과 음을 뜻하는 해와 달을 들고 있다. 돼지 태일신은 생명력과 번식력의 상징이다. 돼지는 새끼를 가지면 4개월 만에 8~15마리를 낳을 정도의 왕성한 번식력을 자랑하는 동물이다.

명明대 오승은吳承恩의 소설 「서유기西遊記」에 나오는 저팔계豬八戒는 본명이 저강렵豬剛鬣이다. 강렵은 갈기가 뻣뻣하고 억세다는 뜻이다. 멧돼지의 억센 털을 형용한 것이다. 멧돼지는 검다고 해서 오금烏金, 오귀烏鬼, 흑면랑黑面郎 등으로도 불린다. 저팔계는 본래 하늘에서 은하수를 지키는 수군水軍대장인 천봉원수天蓬元帥라는 고위직에 있었다. 은하수는 천제가 머무는 자미원紫微垣의 관문에 해당하는 중요한 곳이다. 천봉은 천신天神 병봉屛蓬을 줄인 말이다. 천봉 수군대장은 돼지, 북두北斗, 물水, 숫자 1, 검은색이라는 동양학의 상징과 연결된다. 저팔계는 곤륜산의 서왕모西王母 주재로 3,000년에 한 번씩 열리는 선도仙桃 잔치인 반도성회蟠桃盛會에서 술에 취해 선녀 항아嫦娥를 희롱한 죄로 돼지 얼굴로 바뀐 채 인간 세상에 귀양 보내졌다. 그는 땅에서도 탐식과 호색으로 끊임없는 말썽을 부린다. 교미와 번식을 상징하는 병봉으로서 자신도 어찌할 수 없기 때문이다.

5.   하늘을 네 조각 낸 글자

斗 말 두

1978년 중국 호북성湖北省 수현隨縣 뇌고돈雷鼓墩의 전국시대기원전 453~기원전 221 초기 무덤에서 엄청난 유물이 쏟아졌다. 각종 청동기와 무기武器, 옥기玉器, 목기木器, 죽간竹簡, 그림 등 1만 5,404점에 이르는 방대한 수량이었다. 청동기만 6,239점으로 중국 고고 발굴 사상 단일 무덤의 최다 출토 기록이었다. 특히 출토 유물 가운데 3점은 중국이 2002년 처음으로 해외 전시를 금지한 중요 국가유물 64점 속에 포함될 정도로 진귀한 보물이었다.

뇌고돈雷鼓墩은 춘추 5패霸의 한 명인 초장왕楚莊王·?~기원전 591이 부하의 반란을 진압할 때 직접 북을 치며 병력을 지휘했던 군사 요새에서 비롯된 이름이다. 무덤 발견 당시에도 중국 공군이 주둔하던 곳으로 레이더 보수 공사를 하던 중이었다. 무덤 주인은 증曾나라의 임금인 을乙이었다. 유골 옆의 청동 창날에 새겨진 이름이 주인을 알렸다. 청동 명문銘文 분석 결과 무덤 주인은 45세가량이던 기원전 433년 이곳에 묻혔다. 증나라는 주周나라의 개국開國 대장군 남궁괄南宮适이 제후가 되면서 받은 봉지封地였다. 처음 나라 이름은 수隨로 북방 중원中原과 남방 초楚나라가 경계를 접한 군사 요충지였다. 초나라 출신 군사전략가로 오吳나라로 망명했던 오자서伍子胥가 부친의 원수를 갚기 위해 오왕 합려闔閭와 함께 쳐들어왔을 때 초나라 소왕昭王이 도망쳐 목숨을 부지했던 제법 명망 있는 제후국이었다.

증후을묘曾侯乙墓 유물 가운데 가장 눈에 띈 것은 상중하 3층 65개, 총무게 4,421킬로그램의 청동 편종編鐘이었다. 2,500년이나 지났는데도 연주에 전혀 문제가 없어 세계 8대 기적이라고들 흥분했다. 종에 새겨진 3,755자의 명문은 음악 이론과 음률 등에 대한 내용을 담고 있어서 주周대 예악禮樂을 완벽하게 재현할 수 있는 동양 음악사의 전무후무한 유물로 평가됐다. 무덤에서는 함께 묻혀 있던 13~25세의 젊은 여성 유골 23구가 발견됐다. 음악을 좋아한 증후가 평소 가무 연주를 함께 하던 젊은 여성들을 순장한 것으로 추정됐다.

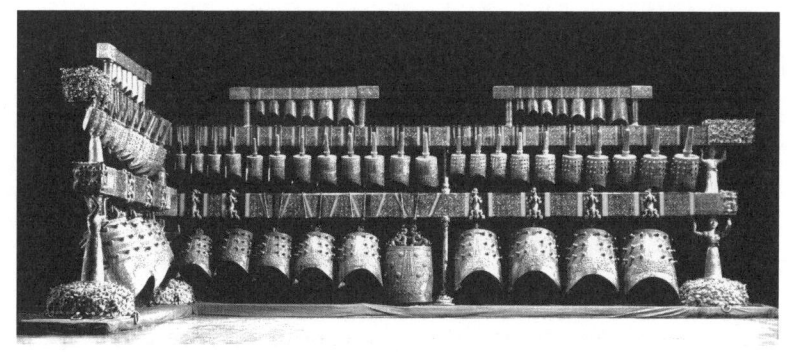

증후을묘(曾侯乙墓) 편종(編鐘) (출처: 百度)

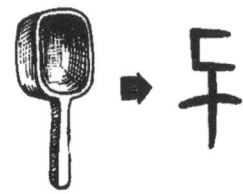

28수(宿)의 완전한 명칭이 새겨진
증후을묘(曾侯乙墓) 옻칠 상자 (출처: 搜狐)

두(斗)의 갑골문

수많은 출토품 가운데 천문학자들이 주목한 유물은 따로 있었다. 검붉은 빛 옻칠을 한 길이 82.8센티미터, 너비 47센티미터, 높이 44.8센티미터 크기의 옷을 보관하는 나무 상자였다. 상자의 덮개는 물론 동, 서, 북의 3면에 천문 그림이 가득했다. 남쪽에만 그림이 없었다. 무엇보다 덮개의 그림과 글자가 눈길을 사로잡았다. 북두칠성을 뜻하는 전서篆書체의 두斗를 가운데 두고 사상四象 중 동방 창룡과 서방 백호의 두 영물靈物이 그려져 있었다.

특히 북두를 시계 방향으로 한 바퀴 두르며 적힌 28수의 완전한 명칭은 학술적으로 이루 말할 수 없는 가치를 인정받았다. 동양 천문의 근간을 이루는 28수의 연대를 확정할 수 있는 명확한 천문 실물이었기 때문이다. 천문학계에서는 28수의 기원起源에 대해서는 상商 말에서 주周 초에 개념이 형성된 것으로 추정했었다. 하지만 완전한 체계를 갖춘 시기를 특정하지는 못한 상황이었다. 진秦대의 『여씨춘추呂氏春秋』와 한漢대의 『사기史記』 「천관서天官書」에 28수 이름이 모두 나왔지만 하한선을 그 시기까지 내리는 것은 너무 늦다는 생각이었다. 증후을묘의 옻칠 상자로 인해 28수는 최소한 전국시대

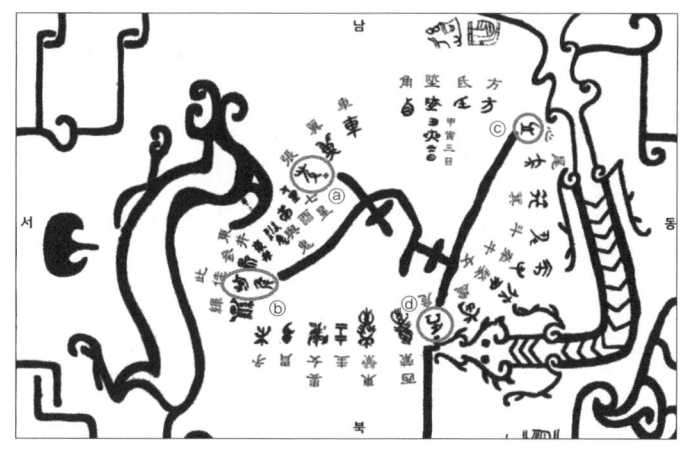

증후을묘(曾侯乙墓) 28수(宿) 천문도

초기인 기원전 450년 이전에 체계가 완성되었음이 밝혀졌다. 다만 일부 명칭은 현재와 달랐다.

상자 덮개 중앙의 두斗 자를 보면 바가지 속에 십十 자로 쓴 글자가 국자 자루 모양으로 붙어 있다. 반대편의 바가지 바깥에는 토土 자 모양이 역시 자루처럼 붙어 있다. 바가지 양쪽 모두 국자 자루가 달린 것 같기도 하고, 하늘斗과 땅土을 의미하는 것처럼 보이기도 한다. 십十 자 모양 국자 자루 끝의 ⓐ별은 장長이고, 바가지 연결선의 ⓑ별에 차추此隹라는 글씨가 보인다. 장은 남방 주조 7수의 장張수고, 차추는 서방 백호 7수의 자觜수다.

토土 자의 용의 꼬리 쪽 ⓒ별은 동방 창룡 7수의 심心수, 용의 머리 방향 ⓓ별은 북방 현무 7수의 위危수다. 북두의 두斗 글자로 하늘을 사등분한 것이다. 천문 계산에 따르면 동방 심수와 서방 자수, 북방 위수와 남방 장수는 기원전 2800년경 춘분점과 추분점, 동지점과 하지점에 위치하던 별들이었다고 한다. 증후가 묻혔던 전국 초기의 실제 천상과는 다르다. 하지만 북두가 사시四時를 알려준다는

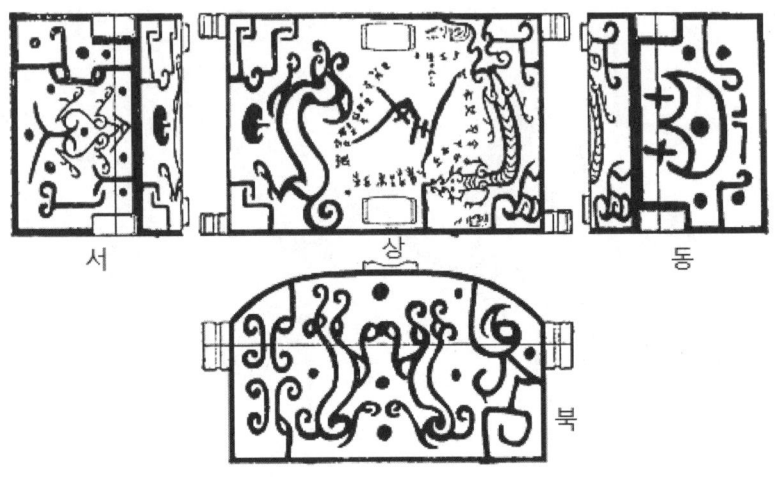

증후을묘(曾侯乙墓) 칠상(漆箱)의 윗면과 옆면

오랜 관념과 함께 고대부터 전해오던 사시 표준별을 기준 삼아 덮개 그림을 그린 것으로 해석한다.

덮개 그림에서 눈여겨볼 것은 용의 머리와 꼬리 위치가 바뀌어 있는 점이다. 용의 뿔인 각수 방향으로 꼬리가 있고, 머리는 미수 방향이다. 사상의 머리와 꼬리 방향은 일반적으로 동방 창룡과 서방 백호는 남쪽 머리에 북쪽 꼬리인 남수북미南首北尾, 남방 주조와 북방 현무는 서쪽 머리에 동쪽 꼬리인 서수동미西首東尾로 그려진다. 용의 방향을 의도적으로 바꾼 것으로 해석하기도 한다. 서로 꼬리를 물고 천체가 회전하는 개념을 나타내기 위해서였다는 것이다. 천체의 회전 속에 우주의 근원인 태극太極 관념을 담았다는 시각이다.

상자 옆면에서 동쪽 그림은 심수의 대화로 풀이한다. 덮개 윗면 왼쪽의 창룡과 가깝게 그려 대화가 출현하는 봄을 나타냈다는 것이다. 대화로 해석한 것은 갑골문의 화火 자와 같은 모양이기 때문이다. 덮개 윗면 오른쪽 백호의 배 아래에도 동쪽 대화와 닮은 그림이 보인다. 백호의 계절에 창룡 대화가 백호 아래에 가려진다는 것을 묘사한 것으로 풀이한다. 청동 호랑이 술통의 밑바닥에 용을 새긴 호식인유虎食人卣와 같은 개념이다. 서쪽 그림은 갑골문의 식食 자와도 닮은 모양이다. 가을의 수확물을 신에게 제물로 두 손으로 바친다는 뜻이다. 상자의 북쪽에는 사슴 두 쌍이 그려져 있다. 현무玄武가 북방 영물로 확정되기 전에 사슴이 북방의 토템이었던 흔적이다. 상자 옆면 그림 속의 둥근 점들은 모두 28수에 속하는 별들로 해석한다.

6.   북두와 상투

𩭾 상투 계
_____

북두칠성과 상투머리가 어떤 연관성이 있을까?

"북두칠성은 이른바 선기옥형璇璣玉衡으로서 해와 달, 오행성 등 칠정七政의 운행을 가지런히 한다. … 북두는 천제의 수레로서 하늘의 중앙을 돌며 사방을 통제한다. 음양을 나누고, 춘·추분과 동·하지의 사시四時를 세우며, 수·화·목·금·토의 오행을 고르게 한다. 24절기를 옮기며, 세시歲時 역법 등 모든 벼리를 정하니 다 북두에 달린 일이다."⁸

『사기史記』「천관서天官書」에 나오는 북두칠성의 역할에 대한 정의다. 선기옥형에 대해서는 한漢대부터 두 가지 해석이 있다. 하나는 북두칠성 또는 북신北辰·북극성을 가리킨다는 성상설星象說이고, 다른

---
8 "北斗七星, 所謂旋璣玉衡以齊七政. … 斗爲帝車, 運於中央, 臨制四鄕. 分陰陽, 建四時, 均五行, 移節度, 定諸紀, 皆系於斗.", 「天官書」, 『史記』

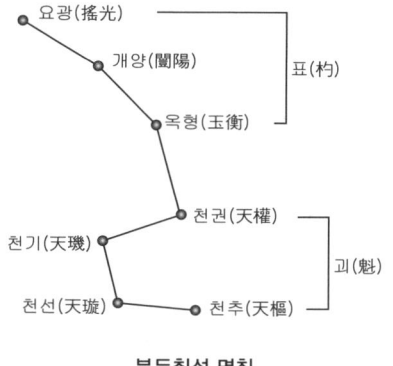
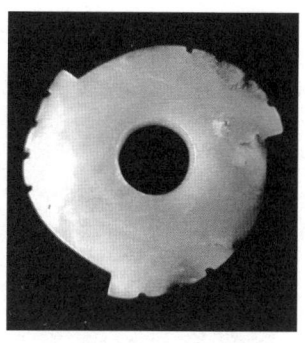

북두칠성 명칭   옥으로 만든 선기(璇璣)

하나는 천문관측 도구를 뜻한다는 의기설儀器說이다. 북두칠성설은 바가지괴·魁의 4별을 선기, 자루표·杓의 3별을 옥형으로 본다. 천극天極을 가리키는 북신설은 북극성을 선기, 북두를 옥형으로 해석한다. 선기옥형은 북두칠성의 세 별의 이름이기도 하다. 바가지의 1번 별은 천추天樞, 2번은 천선天璇, 3번은 천기天璣, 4번은 천권天權이다. 자루의 5번 별은 옥형玉衡, 6번은 개양闓陽, 7번은 요광搖光이다. 선기는 바가지 아랫부분의 두 별이고, 옥형은 자루의 첫 번째 별이다.

　의기설에서 선기는 망원경의 둥근 조준경이고, 옥형은 긴 망통望筒으로 생각한다. 북두칠성에서 바가지의 네모 모양을 조준경, 긴 자루 모양을 망통으로 보는 것이다. 옥으로 만든 선기의 외곽에 가로세로를 나타내는 특이한 톱니 조각 표시를 하면 가상의 ╋자 초점을 그려 관측하고자 하는 별을 집중적으로 볼 수 있다. 옥형은 렌즈가 없던 시기라 하더라도 긴 망통이 다른 빛을 차단해 희미한 별을 관찰하는 데 도움이 됐을 것으로 추측한다.[9]

　선기璇璣라는 글자 명칭에 「천관서」가 설명한 북두의 역할이 담겨 있다. 선璇은 돌 선旋, 기璣는 틀 기機의 뜻이다. 선기는 '도는 틀',

---

9　조셉 니덤 저, 이면우 역, 『중국의 과학과 문명』, 까치글방, 2000, 185~191쪽.

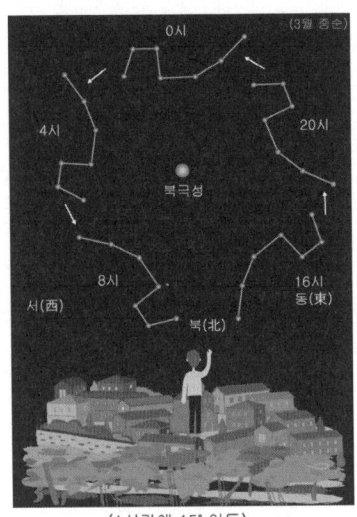 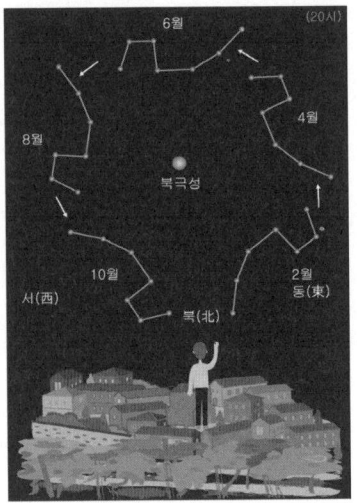

시간   계절

북두칠성

'회전하는 기계'의 의미다.[10] 북두칠성은 1시간에 15°(360°÷24시간)씩 하늘을 돌며 하루의 시간을 알려준다. 지구 자전에 의한 천체의 일주日週 운동이다. 또 1년간 하늘을 15°씩 돌며 24절기, 30°씩 돌며 열두 달, 90°씩 돌며 사시를 나타낸다. 지구 공전에 의한 천체의 연주年週 운동이다. 선기는 하늘의 중앙에서 모든 별을 이끌며 둥글게 도는 원 운동을 하는 것이다. 선기가 원을 그리며 회전하려면 운행 동력이 있어야 한다. 「천관서」는 북두를 제거(帝車)라 했다. 천제가 탄 수레를 움직이는 두 개의 바퀴가 운행 동력인 선기다. 선기가 돌면서 하늘 위로 솟구치면 천제의 수레 모양이 뒤집힌 바가지처럼 변한다.

---

10   육사현·이적 저, 양홍진·신월선·복기대 역, 『천문고고통론』, 주류성, 2017, 183~198쪽.

원 운동을 하는 북극 하늘

"하늘과 땅의 거리는 8만 리다. 하늘의 중심은 북극北極이고, 땅의 중심은 북극 바로 아래極下다. 땅의 중심은 6만 리 위로 솟았다. 하늘 가장자리와 비교하면 2만 리 차이다. 북극도 땅의 중심처럼 6만 리 위로 솟았다. 그곳은 하늘의 중심인 북극이자 선기璇璣다. 해는 선기를 둘러싸고 사방을 돈다."

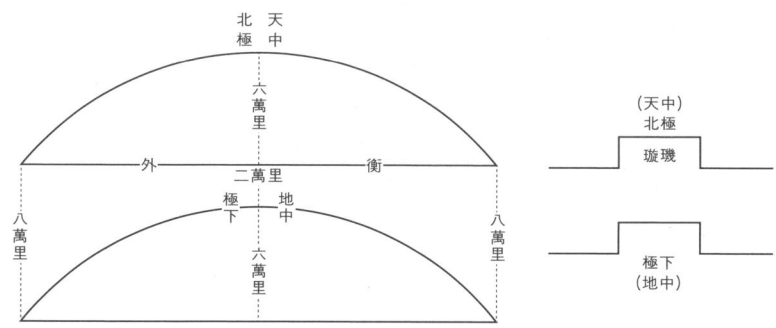

『주비산경』이 묘사한 하늘과 땅의 거리 및 가운데가 불룩 솟은 하늘 중심 선기

제5장 북두칠성(北斗七星) **265**

중국의 옛 천문 수학서인 『주비산경周髀算經』에 나오는 내용이다. 선기는 위로 불룩 솟은 모양이자 회전 운동의 근원이다. 제거의 동력원인 두 바퀴가 거꾸로 된 모양이기도 하다. 흔히 북두신 또는 북극신을 태일太一이라고 한다. 태일은 북극의 선기에 머무는 천제天帝라 할 수 있다. 중국 하남성河南省과 산동성山東省 등지에서 발견된 한漢대 화상석은 태일신의 머리를 선기 모양으로 나타냈다. 선기는 높이 솟은 상투나 산山의 모양이다. 고대 무당이나 부족장은 태일신의 머리를 본떴다. 천제인 태일신과의 합일을 상징한 것이다. 상투는 상두上斗 또는 상두上頭를 어원으로 한다. 하늘 위의 북두라는 뜻이다. 일반 백성까지 상투를 틀게 된 것은 북두 숭배 사상이 민중에 널리 퍼지면서다.

중국 장강長江 하류의 절강성浙江省 태호太湖 지역은 신석기 후기 양저良渚·기원전 3300~2300년 문화가 발견된 곳이다. 동이족의 한 갈래인 양저 문화의 가장 큰 특징은 옥으로 만든 각종 조각이다. 특히 북두를 상징하는 돼지를 새긴 옥기玉器가 다량으로 발견돼 이 지역에 만연했던 북두 숭배 사상을 짐작케 한다. 뒤집힌 바가지처럼 불룩 솟은 윗부분의 선기에 태일신, 그 아래 북두의 화신인 돼지를

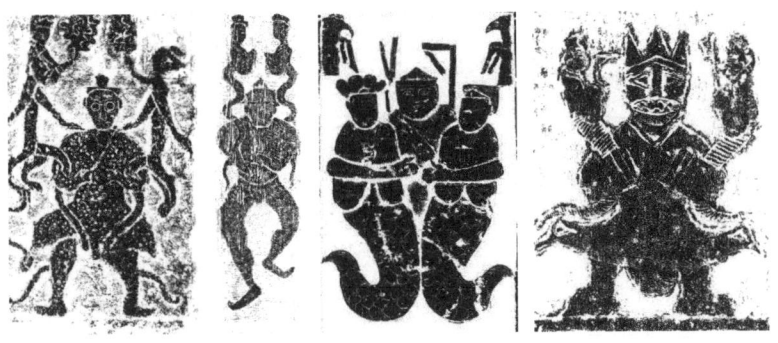

선기(璇璣) 모양의 상투 머리를 한 태일신(太一神·각 그림의 가운데) (출처: 知乎)

합체한 옥종玉琮 유물이 대표적이다. 선기옥형의 개념을 담은 옥기다. 옥종의 가운데 둥근 원은 하늘, 네모난 외곽은 땅을 의미한다. 천원지방天圓地方의 개천론을 상징한 조각이기도 하다.

윗부분의 선기에 태일신, 아래에 북두의 상징 돼지를 합체한 양저(良渚) 옥종(玉琮)
(출처: 知乎)

7. 경신수야庚申守夜

尸 주검 시

도교道敎에 따르면 사람 몸에는 시尸라는 벌레 세 마리가 산다. 이마 가운데의 상단전上丹田, 심장 위의 중단전, 배꼽 아래의 하단전이 이들이 사는 곳이다. 보통 삼시충三尸蟲이라고 부른다. 이름도 있다. 상시上尸는 팽거彭琚, 중시는 팽질彭瓆, 하시는 팽제彭瓄다.[11] 성이 팽씨라 삼시충을 삼팽이라고도 한다. 상시는 사람처럼 생겼지만 중시와 하시는 괴상한 모습이다. 삼시충이 하는 일은 고자질이다. 자신들이 깃들어 있는 사람이 잘못을 저지르면 하늘에 일러바친다. 상시는 머릿속의 물욕物慾, 중시는 뱃속의 식욕食慾, 하시는 아랫도리의 색욕色慾에 대한 감시 활동을 한다. 불교의 탐진치貪瞋癡·욕심, 노여움, 어리석음와 비슷하다. 삼시충은 몸속에 숨어 있는 데다 마치 귀신처럼 보이지 않는 벌레라 잡아낼 수도 없다. 하늘에 대한 이들의 보고 날

---

11 도교(道敎) 문헌에 따라 이름과 한자 표기가 조금씩 다르다. 삼시충이 세 마리가 아니라 세 마리씩 모두 아홉 마리라고 하는 책도 있다.

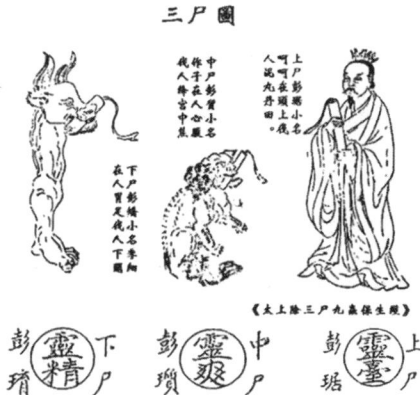
삼시충

짜는 경신庚申 날이다. 경신 날은 60갑자로 두 달에 한 번 돌아온다. 1년에 여섯 번이다. 연말은 참된 경신 날이어서 종합 보고를 한다. 부엌신인 조왕신竈王神도 음력 12월 23일이면 자신이 살고 있는 집 사람들의 잘못을 하늘에 일러바친다. 삼시충을 본뜬 듯하다.

　삼시충에 관한 내용은 도교의 수련법과도 깊은 관련이 있어 대다수 도교 문헌에 나온다. 후한後漢 때의 초기 도교 서적 『태평경太平經』에는 삼시란 이름만 쓰지 않았을 뿐 비슷한 내용이 언급됐다. 삼시충은 동진東晉의 도교 이론가 갈홍葛洪·283~363이 자신의 호를 따서 쓴 『포박자抱朴子』란 책자에 본격 소개됐다. 특히 도교가 번성했던 송宋대에 장군방張君房·1001년 전후이 편찬한 도교 개론서 『운급칠첨雲笈七籤』에 자세한 내용이 실려 있다.

　"몸속에 삼시가 있다. 형체는 없지만 혼령귀신에 속한다. 사람을 빨리 죽게 한다. … 매번 경신 날이 되면 하늘에 올라 사명司命에게 사람의 잘못을 고한다. 그믐 밤에는 부엌신도 하늘에 올라 사람의 죄를 밝힌다. 큰

잘못은 기紀를 빼앗는다. 기는 300일이다. 작은 잘못은 산算을 빼앗는다. 산은 3일이다."¹²

갈홍의 『포박자』에 나오는 내용이다. 『태평경』 등 도교 경전에 따르면 하늘이 정한 사람의 수명인 천수天壽는 120살이다. 지수地壽는 100살이고, 인수人壽는 80살이다. 현대 수명에서 인수 정도는 가능한 숫자이지만 3세기경에는 인수조차도 실제 삶의 두 배에 이르는 꿈의 수명이었다. 더군다나 사람에게 120살의 천수가 주어졌음에랴. 삼시충이 사람의 잘못을 하늘에 보고하면 사명司命은 명부命符에서 1산算인 3일에서 1기紀인 300일까지 수명을 깎는다. 잘못을 많이 저지를수록 수명이 짧아지고, 더 이상 깎을 수명이 없으면 죽게 된다. 상시는 청고青姑, 중시는 백고白姑, 하시는 혈고血姑라고도 부른다. 삼시충을 통해 사람을 죽게 하는 방법에서 딴 이름이다. 상시는 사람의 뇌수腦髓를 마르게 해 눈이 먼 청맹青盲과니 바보로 만들어 죽게 한다. 중시는 뼈의 진액이 말라붙은 백골白骨로 만들어 사람의 의지를 빼앗아 죽게 한다. 하시는 생명의 원천인 혈정血精이 말라 죽게 한다. 삼시의 고姑는 마를 고枯다. 삼고三枯를 통해 사람의 수명을 단축시켜 결국 죽음에 이르게 하는 것이다.

그런데 삼시충에게는 치명적인 약점이 있다. 사람이 잠을 자지 않으면 몸을 빠져나가지 못하는 것이다. 사람들이 이를 알고 나름 방책을 강구했다. 삼시충의 보고를 막기 위해 경신 날 아예 잠을 자지 않는 것이다. 이를 경신수야庚申守夜 또는 수경신守庚申이라 한다.

---

12 "身中有三尸. 三尸之爲物, 雖無形而實魂靈鬼神之屬也. 欲使人早死. … 是以每到庚申之日, 輒上天白司命, 道人所爲過失. 又月晦之夜, 竈神亦上天白人罪狀. 大者奪紀. 紀者三百日也. 小者奪算. 算者三日也.",「內篇·微旨」,『抱朴子』

경신수야는 1,800년 전인 후한後漢과 위진남북조魏晉南北朝 때부터 도교 내부에 알려졌으나 일반에게까지 유행처럼 번진 것은 송宋대 초부터였다. 경신 날만 되면 황제는 물론 조정 신료와 일반 백성까지 모두 잠을 자지 않는 풍속이 생긴 것이다. 온 나라가 잠을 자지 않으면서 큰 폐해가 생겼다. 무료한 밤을 보내기 위해 밤새 술을 마시거나 놀이를 하게 됐다. 중세 때 동양판 핼러윈 데이가 펼쳐진 것이다. 이튿날 정상적으로 일할 수 없게 된 것은 물론이다. 경신수야는 우리에게도 고려 때 풍속이 전래돼 조선 영조가 금지령을 내릴 때까지 600년간 계속됐다. 도교에서는 지금도 경신수야를 한다.

경신수야는 음양오행의 상극 이론을 염두에 둔 것이다. 10천간의 경庚, 12지지의 신申은 모두 금金의 기운이다. 하늘과 땅에 금기가 차오르는 것이다. 살아 있는 사람은 목木의 기운을 띤다. 경신은 금기가 목기를 베는 금극목金克木의 기운이 가득 찬 때다. 해로운 기운이 천지를 뒤덮는 날인 만큼 만사에 조심하면서 수양에 힘쓰라는 것이 경신수야의 참뜻이다.

삼시충이 하늘에 보고를 하는 대상은 누구일까? 흔히들 옥황상제玉皇上帝로 생각한다. 민간에 널리 퍼진 영향력 때문이다. 하지만 하늘의 지존이 일반 민초民草의 명부까지 일일이 관리한다는 것은 말이 안 된다. 『포박자』가 밝힌 보고 대상자는 사명司命이다. 사명은 수명命을 관장하는司 별자리라는 뜻이다. 그런데 사명이라 불리는 별자리가 네 개나 돼 혼란을 안긴다. 북두칠성北斗七星, 삼태성三台星, 문창성文昌星, 사명성司命星이 모두 사명이라는 이름을 갖고 있다. 이들 모두가 사명이 된 것은 후한後漢 이후 성점술星占術이 성행하면서 시대와 유행에 따라 개인의 운명과 연계했던 별자리가 달랐기 때문으로 해석한다.

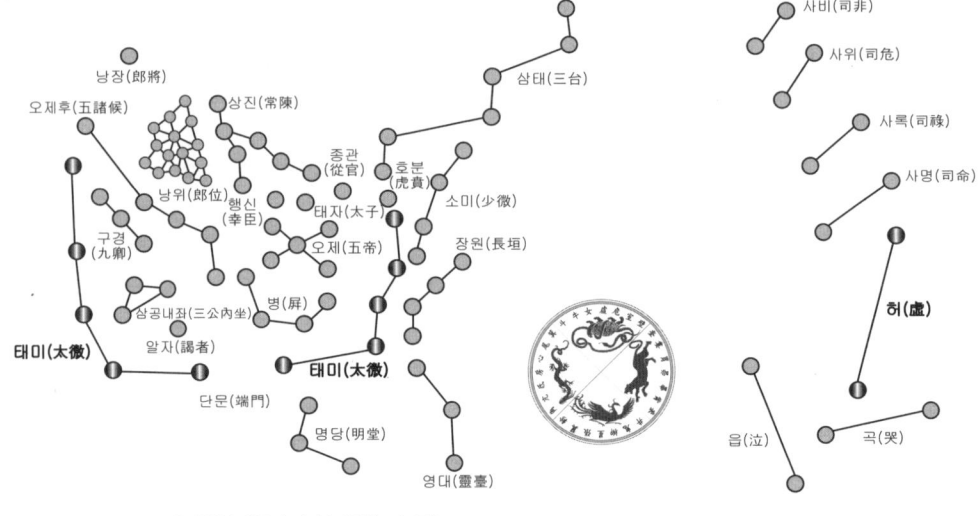

태미원(太微垣)과 삼태성(三台星)

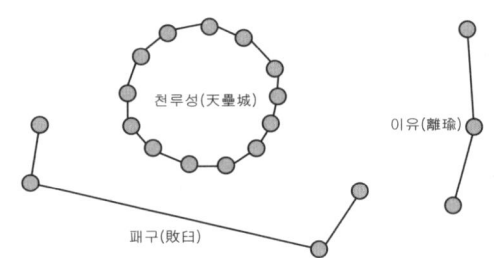

허수(虛宿)와 부속 별 사명(司命)

사명성은 북방 현무 7수의 가운데 별인 허수虛宿의 부속 별이다. 허수는 죽음과 비움의 별로 불린다. 허수에 대한 일반 인식을 감안한다면 부속 별자리를 사명이라 한 것은 나름 일리가 있어 보인다. 삼태성은 태미원太微垣의 서쪽 담장 위에 두 개씩 3계단 모양으로 생긴 별자리다. 북쪽 2별을 상태上台, 아래 2별을 중태中台, 태미원 쪽 2별을 하태下台라고 한다. 『진서晉書』 「천문지天文志」에 따르면 상태가 사명이다. 『삼국지』 제갈공명諸葛孔明·181~234이 북벌에 나섰다가 삼태성의 변화를 보고 자신의 수명이 다했음을 알았다는 일화는 유명하다. 문창성은 북두칠성 앞의 여섯 개 별이다.[13] 조선 세종 때 이순지李純之가 편찬한 『천문류초天文類抄』는 문창성 왼쪽 위에서부터 아래로 다섯 번째 별을 사명이라고 했다.[14] 문창은 문운文運을 주관하는 별자리로 예부터 선비 집안의 숭배와 기도 대상이었다. 마지막으로 수명을 관장하는 것으로 알려진 북두칠성은 도교는 물론 민간에서도 별다른 이견 없이 사명으로 받아들이는 별자리다. 특히 바가지의 첫 번째 별인 천추天樞를 사명으로 본다.

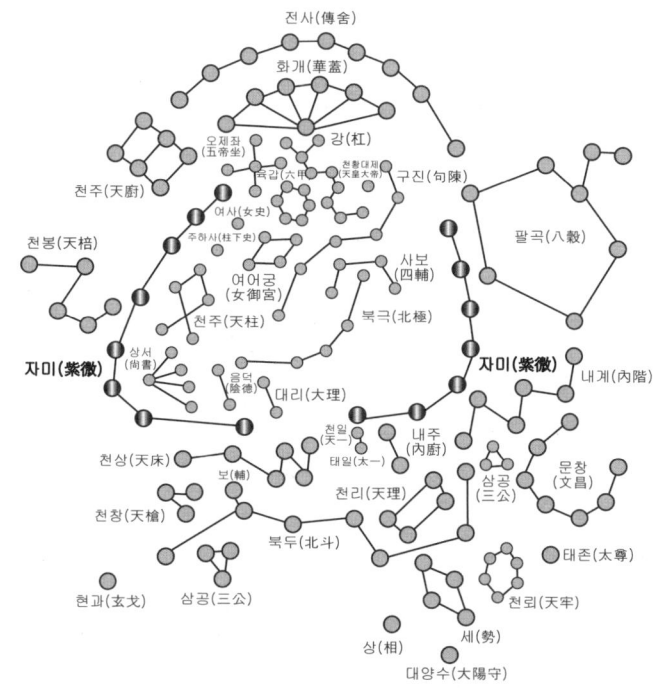

자미원(紫微垣)의 북두칠성(北斗七星)과 문창성(文昌星)

---

13 '천상열차분야지도'에는 일곱 개, 중국 '소주천문도'에는 여섯 개로 새겨져 있다.
14 『사기』 「천관서(天官書)」에는 네 번째 별로 나온다.

제3부
시공時空과 우주宇宙

1장 시간(時間)

2장 공간(空間)

시공

시간時間은
쏜 화살 같다光陰似箭*고들 한다.

시간은 빛살처럼 빠르게 흐르는 것이며, 흘러간 시간은 쏜 화살처럼 되돌릴 수 없다는 뜻이다. 시간의 유동성流動性과 불가역성不可逆性을 상징한 말이다. 시時의 갑골문은 해日의 앞에 갈 지之를 놓은 모양이다. 해가 앞으로 나아가는 것이 시간이라는 기발한 발상의 글자다. 시간은 동에서 서로 걸어가는 태양의 운행처럼 순서성과 지속성을 갖고 움직인다. 해의 발걸음을 뜻하는 시時는 애초 해시계의 개념을 담았다. 전서篆書는 오른쪽에 손又을 추가한 것이다. 나무 장대를 손으로 잡고 그림자를 재는 입간측영立竿測影의 모양이다. 시時

* 만당(晚唐) 시인 위장(韋莊·약 836~910)의 '관하도중(關河道中)'이라는 칠언율시에 출처를 둔 사자성어다. 관하도는 동쪽의 함곡관(函谷關)에서 황하(黃河)를 따라 서쪽의 당나라 수도 장안(長安)에 이르는 길을 가리킨다.

에서 일日의 오른쪽 토土는 지之, 촌寸은 나무를 잡은 손又이 변한 것이다. 후대에 땅土에 떨어진 해日의 그림자 길이를 재는寸 규표圭表의 모습으로 해석하기도 했다. 천문 역법의 변천사가 글자에 녹아 있는 것이다. 공간空間의 공은 굴穴을 도구工로 뚫은 동굴집이다. 동굴집은 가운데는 비어 있고 상하사방은 막힌 공간이다.

공간이 고정적인 존재 형식이라면, 시간은 유동적인 존재 방식이다. 공간이 길이, 넓이, 높이의 3차원 개념으로 형용할 수 있다면 보이지 않는 시간은 속도速度만이 유일한 설명 방식이다. 동양 천문은 공간이 시간을 결정한다고 한다. 둥글게 원을 그린 12지지 방향은 시간과 계절을 함께 나타낸다. 지구 자전에 의해 낮과 밤이 바뀌면서 12시진이 완성된다. 동서남북에 위치한 자오묘유子午卯酉는 지구 공전에 따라 동·하지와 춘·추분의 사시를 가리키며, 12지지는 12월을 만든다. 시간을 설명하는 방식에 대해 서양은 직선론, 동양은 순환론이라고 한다. 시간은 앞으로 나아가는 존재다. 하지만 태양을 주기적으로 도는 지구와의 상호위치 관계가 변하지 않는 한 시간이 순환하는 것도 숙명이다. 시간은 나선형이라는 절충론이 나온 까닭이다.

실상 순환론은 인간이 공간에 시간을 의도적으로 종속시킨 개념일 수도 있다. 공간은 현실로 느낄 수 있는 감각의 영역이다. 반면 4차원의 시간은 속도를 쪼개서 인간이 인식할 수 있도록 하는 중간 매개체가 필요하다. 공간이 그런 역할을 한다. 우주宇宙에서 공간인 우宇가 시간인 주宙 앞에 있는 것도 그런 의미일 수 있다. 시공時空에서는 글자의 순서가 바뀌었다. 움직이는 존재가 만들어내는 변화에 더욱 주목했기 때문일 것이다. 현대 물리학의 시공 일체와 상대성 개념은 동양에서 오래전에 형성된 것이다.

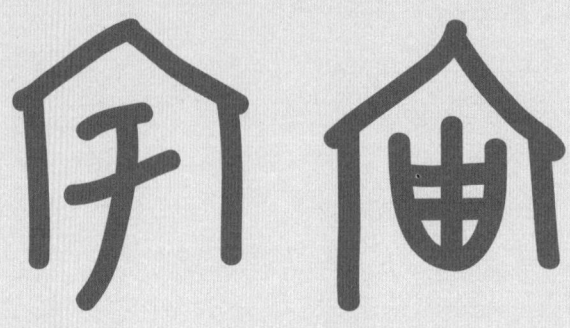

우주

시공時空과
우주宇宙는 같은 말이다.

우宇는 공간이고, 주宙는 시간이다. 두 글자는 건축에서 왔다. 우는 지붕의 처마고, 주는 지붕을 떠받치는 기둥이다. 우주가 시공의 뜻이 된 것은 가로와 세로가 갖는 추상적 특성에 기인起因한다. 종縱과 횡橫의 이승二繩이 갖는 무한 확장성과 좌표성座標性이다. 처마는 지붕의 끝이지만 가로로 한없이 넓어지는 새로운 시작점이다. 횡으로의 무한 확장은 공간의 기본 성질인 면面을 생성한다. 기둥은 집의 바닥에서 세로로 지붕을 잇는다. 바닥과 지붕은 집의 종결점이자 땅과 하늘로 계속 이어지는 새로운 출발점이다. 종으로의 무한 연장은 시간의 직선성을 형성한다. 기둥이 현재라면 바닥은 과거, 지붕은 미래로 치환置換할 수 있다.

종횡의 우주 개념은 전국戰國시대 걸출한 사상가였던 시자尸子**에서 비롯됐다. 시자는 그의 우주론에서 "상하사방上下四方은 우, 왕래고금往來古今은 주"라고 말했다. 우宇는 위아래와 전후좌우 6면의 존재 형식을 갖는다는 뜻이다. 6면은 길이, 넓이, 높이의 3차원적 공간 특성을 지닌다. 가고 와서往來 옛과 지금古今이 되는 것이 주宙라는 것은 시간의 직선적·연속적 흐름을 가리킨다. 시자는 '우'를 설명하면서 형주荊州 땅이 남쪽이라는데 어떤 기준에서 남쪽이라 할 수 있느냐고 반문한다. 서 있는 위치에 따라 동서남북이 달라지고, 남쪽도 형주를 지나 한없이 이어질 수 있는 개념이라는 것이다. 주에 대해서도 초목이 자라나고 죽는 것은 단절이 아닌 연속의 과정이라고 설명한다. 존存과 망亡은 끊어지는 것이 아니라 계절을 바꿔가며 이어지는 현상이라는 것이다. 우와 주는 가로세로로 교차하는 十자의 좌표를 이뤄야 한다. 집도 기둥과 지붕이 서로 만나야 완성된다. 좌표의 교점交點이 이뤄지는 곳에서 우주와 시공에 대한 인간의 인식이 시작된다는 것이 시자의 생각이다.

** 시자(尸子·약 기원전 390~기원전 330)는 전국(戰國)시대 사상가 겸 정치가로 본명은 시교(尸佼)다. 엄격한 형벌 집행과 부국강병으로 중원 통일의 기반을 닦은 진(秦)나라 재상 상앙(商鞅)의 문객이자 스승이었다. 제자백가 중 법가(法家)·명가(名家)·유가(儒家)·묵가(墨家)의 이론을 아우른 20편 6만여 자(字)의 저술인 『시자(尸子)』를 남겼으나, 대부분 없어지고 2만여 자의 단편적 내용만 전해진다. 그는 변증법의 대가로 평가받는다.

1장

시간 時間

1. 그때는 가을이 봄이었다
2. 하늘 집에 갇힌 해
3. 일(日), 월(月), 연(年)의 순서였다
4. 하늘은 세(歲), 땅은 연(年)
5. 문(門) 앞의 왕(王)
6. 시간의 이름들

1.   그때는 가을이 봄이었다

春 봄 춘

"봄春 8월"

"올봄今春 9월"

"올봄今春 10월"

"봄春 13월"

"올봄今春 2월"

상商대 갑골문 복사卜辭에 쓰인 봄과 그에 해당하는 달이다. 지금의 봄 개념으로는 도무지 이해가 가지 않는다. 봄이 언제 시작되고 언제 끝나는지, 몇 개월을 봄이라고 하는지 감을 잡을 수 없다. 복사를 보면 8월부터 이듬해 2월까지 무려 7~8개월을 봄이라고 부른 것으로 나온다. 13월은 한 해의 마지막에 윤달을 두었을 때 그달을 부르는 이름이다. 봄은 현재 계절과는 완전히 다르다. 상나라 때는 계절을 넷으로 구분하지 않았다. 봄과 가을만 있었다. 공자孔子가 기원전 5세기 초에 엮은 역사서의 이름을 『춘추春秋』라고 한 것도 한 해에 두 계절만 있었던 자취다. 사계절이 만들어진 것은 서주西周 초기였다.

봄春의 갑골문 자형字形은 풀艸이 따뜻한 햇볕日을 받아 싹을 틔운屯 모습이다. 글자 형태로만 보면 지금의 관념처럼 식물의 생장生長과 관련된 계절이 봄이다. 그런데 갑골문 복사卜辭에 또 고개를 갸우뚱할 만한 내용이 나온다. "올봄 풍년이 들까요今春受年?"라거나 "내년 봄 풍년이 들까요來春受年?"라고 점치는 내용이 대거 쏟아지는 것이다. 반면 "올가을에 풍년이 들까요今秋受年?"라고 묻는 표현은 아예 보이지 않는다. 복사의 내용만 보면 봄은 생장의 계절이 아니라 수확의 계절인 듯하다. 학자들에 따르면 상나라 때의 봄은 가을까지 포함하는 긴 계절이었다. 봄은 식물의 생장에서 열매의 수확까지 농사의 한 주기週期 전체를 표현하는 개념이었다는 것이다.

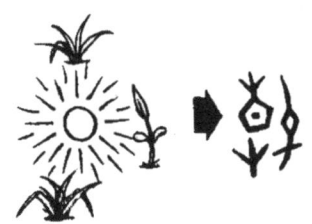   

춘(春)의 갑골문   춘(春)의 금문

가을秋의 갑골문 자형은 메뚜기蝗와 불火을 그린 형태였다. 전서에서는 여기에 벼禾가 추가됐다. 현재 글자에는 메뚜기는 사라지고 벼禾와 불火만 남아 있다. 메뚜기는 벼 이삭에 달라붙는 성질이 있으며, 수확이 끝나면 메뚜기와 같은 해충 제거를 위해 논밭에 불을 지르던 것을 강조한 것이다. 쓰기에 복잡한 메뚜기 모양은 소전小篆

추(秋)의 갑골문   추(秋)의 전서

에서 사라졌다.

봄과 가을, 가을과 봄의 경계는 언제일까? 갑골문 복사에는 "올 가을今秋 7월", "올 봄今春 7월"이라는 표현이 동시에 나온다. 봄과 가을이 겹치는 때이거나, 가을에서 봄으로 바뀌는 시기가 7월이라는 뜻이다. 7월을 계절 교체기로 본다면 봄은 상나라 달력은력·殷曆 8월에서 다음 해 2월까지 7개월이다. 13월의 윤달이 있을 경우 8개월이 된다. 가을은 은력 3월에서 7월까지 5개월이다. 봄과 가을이 1년을 절반으로 자르듯 똑같은 기간으로 나뉘지 않았다는 뜻이다. 상나라 때는 정월正月이 추분秋分 다음 달이었다. 현재의 음력으로 9~10월에 해당한다. 은력을 현재의 음력으로 환산하면 가을에서 봄으로 바뀌는 시기는 은력 7월이고, 음력으로는 3~4월이다. 또 봄에서

상나라 달력과 음력

은력(殷曆)	음력(陰曆)	은력(殷曆)	음력(陰曆)
1월	9~10월	7월	3~4월
2월	10~11월	8월	4~5월
3월	11~12월	9월	5~6월
4월	12월~이듬해 1월	10월	6~7월
5월	1~2월	11월	7~8월
6월	2~3월	12월	8~9월

가을로 바뀌는 시기는 은력 3월이고 음력으로는 11~12월이다. 상나라 때는 가을이 한 해의 첫 계절이고, 봄이 끝 계절이었다.[1]

지금의 사계절 개념으로 바꾸면 봄은 여름과 가을에 해당하고, 가을은 겨울과 봄의 기간이었다. 계절이 반대였다는 의미다. 당시 봄은 농사철 전반을 뜻했다. 식물의 생장에 적합한 따뜻하고 비가 많이 오는 계절부터 시작해 곡물을 수확하는 계절까지가 봄이었다. 가을은 메뚜기가 창궐하기 전에 추수를 마친 뒤 춥고 건조한 날씨가 이어지는 농한기였다.

상나라 때는 시간 개념과 계절 개념이 완전히 분리되어 있었다. 시간은 춘분과 추분, 동지와 하지 등 사시四時를 가리키는 것이었다. 계절은 오로지 농사에만 적용됐고, 시간을 구분하는 개념이 아니었다. 서주 말에 시간과 계절의 두 개념이 합쳐지면서 사계절 체계가 만들어졌다. 지금은 사계四季와 사시四時를 거의 같은 개념으로 인식하지만, 당시에는 사시와 계절은 전혀 다른 시간 체계였다.

---

[1] 馮時, 『中國古文字學槪論』, 中國社會科學出版社, 2016, 306~309쪽.

2. 하늘 집에 갇힌 해

冬 겨울 동

동冬은 단순한 외형과 달리 문자文字의 무늬文 변화를 실감할 수 있는 글자다. 동의 갑골문은 새끼나 실의 끝을 묶은 모양이다. 끝終이나 끝내다終了가 동의 본뜻이다. 동이 겨울이 된 것은 사계절의 끝인 데다 발음이 비슷해 글자를 빌려 썼기 때문이다. 끝終은 실糸을 더해 겨울冬과 구분했다. 금문金文의 동은 집 안에 해가 있는 모습이다. 해가 하늘 집에 갇혀 밖으로 나오지 못하는 것이 겨울이다. 전서篆書에서는 해가 없어진 대신 얼음이 어는 무늬인 빙仌을 아래에 추가했다. 겨울은 해가 아닌 얼음을 본다는 뜻이다. 동冬은 예서隸書

동(冬)의 갑골문 　　　동(冬)의 금문 　　　동(冬)의 전서

에서 윗부분은 뒤져 올 치夂, 아랫부분은 점、두 개로 바뀌어 지금의 글자가 됐다.

하夏의 갑골문은 하늘에 해가 떠 있고 그 아래에 사람이 꿇어앉아 있는 모양이다. 주周대의 금문은 머리頁가 특히 강조됐고 아랫부분에 변형된 다리 모양이 붙여진 형태로 바뀐다. 해 아래에 사람이 무릎을 꿇은 모습을 두고 여러 해석이 나온다. 먼저 해를 숭배하는 민족이 태양신에게 경배드리는 모습이라는 주장이다. 해 아래에서 일하거나 벌을 받는 사람을 표현한 것이라는 의견도 있다. 다리가 덧붙여진 금문은 하지에 머리 위의 해를 보면서 가장 짧은 그림자를 측정하는 규표측영圭表測影의 모습이라는 견해도 있다. 내용과 상관없이 모두 강렬한 햇빛과 더운 여름의 뜻을 담은 풀이들이다.

하(夏)의 갑골문   하(夏)의 금문

3.　　　　　　　　　일日, 월月, 연年의 순서였다

兕 외뿔소 시
───────────────────────────

癸巳. 王卜, 貞. 旬亡憂. 王占曰, 吉. 在六月. 甲午肜羌甲. 維王三祀.
계사일. 왕이 점을 쳐서 물었다. 다음 열흘 동안 근심이 없겠습니까? 왕이 점친 결과를 말했다. 길하다. 6월. 갑오일에 선왕 강갑에게 융제사를 지냈다. 왕 즉위 3년.

壬午. 王田于麥麓, 獲章戠兕. 在五月. 維王六祀.
임오일. 왕이 맥산 기슭에서 사냥을 해 얼룩무늬가 있는 코뿔소를 잡았다. 5월. 왕 즉위 6년.[2]

癸丑. 卜, 泳貞. 王旬亡禍. 在六月. 甲寅肜翼上甲. 王二十祀.
계축일. 점을 치고 영이 묻습니다. 왕에게 다음 열흘 동안 재난이 없겠습니까? 6월. 갑인일에 선왕 상갑에게 융제사와 익제사를 지냈다. 왕 즉위 20년.[3]

2 　梁東淑, 『甲骨文解讀』, 書埶文人畫, 2005, 605쪽과 715쪽.

3 　馮時, 百年來甲骨文天文曆法研究, 中國社會科學出版社, 2011, 269쪽.

상商대 갑골 복사卜辭를 요즘 글자로 바꾼 것이다. 이들 복사 문장에는 공통점이 있다. 날짜 → 달 → 연도 순으로 점치는 내용을 기록했다는 점이다. 현재 서양은 날짜 등을 표기할 때 일日 → 월月 → 연年의 순서로 쓰고, 동양은 연 → 월 → 일의 정반대 순서로 나타낸다. 하지만 갑골 복사의 날짜 기록법은 지금과 다르게 서양과 같은 방식이다. 일정한 표기 형식도 보인다. 일日은 문장 맨 앞에 간지干支 형식으로 쓴다. 월月은 문장 중간에 '재在 + 숫자 + 월月'로 기록한다. 연年은 문장 마지막에 '유維 + 왕王 + 숫자 + 사祀'로 표기한다. 월의 재在, 연年의 유維는 생략되기도 한다. 연에서 왕王은 현재 통치자를 가리킨다. 숫자는 왕의 재위 연도이고, 사祀는 연과 같은 뜻이다. 이 같은 날짜 기록법은 상 멸망 후 주周대 초기까지 이어졌다.

戊辰. 王在新邑. 烝祭歲. … 王命周公後, 作冊逸誥. 在十有二月. 惟周公誕保文武受命. 惟七年.
무진일. 왕은 새 도읍인 낙읍에서 겨울 제사인 증제를 올려 다음 해의 풍년을 빌었다. … 왕이 주공의 후사를 세울 것을 명하여, 문서관인 일逸이 신령에게 이를 고했다. 12월. 주공은 문왕과 무왕이 받은 천명을 지켜 섭정을 해왔다. 7년.

『서경書經』「낙고洛誥」의 마지막 부분이다. 낙고는 주공周公이 상의 옛 서울인 낙양에 새 도읍을 건설했음을 성왕成王에게 보고하는 내용이다. 낙고로 미뤄 볼 때 최소한 주나라 2대 성왕까지는 상의 날짜 기록법이 존속했음을 알 수 있다. 이후 주왕조가 자신들의 문물제도를 정비하는 과정에서 상의 날짜 기록법이 지금의 연월일 형태로 바뀐 것으로 보인다. 현재 전해지는 문헌에서 날짜 기록법이 달라진 배경을 찾기는 어렵다. 다만 두 나라가 중시한 천문天文 대상이 달랐던 데서 단서를 추정할 수는 있다. 역법은 천문인 까닭이다. 상商대는 왕의 묘호로 십간十干을 사용할 만큼 해의 운행을 중시하며 태양신을 숭배했다. 자연스럽게 해와 직결된 날짜를 가장 앞세웠을 것이다. 반면 주周대는 만물 전체를 관장하는 천天의 개념이 정립된 시기다. 전체인 해年가 부분인 월月과 일日을 내포하는 개념으로 전환되었을 개연성이 점쳐진다.

4.　　　　　　　　　하늘은 세歲, 땅은 연年

歲 해 세

"재載는 세歲다. 하夏나라는 세歲, 상商나라는 사祀, 주周나라는 연年, 요순 시대는 재載라고 했다."

중국에서 가장 오래된 사서辭書인 『이아爾雅』의 「석천釋天」에 나오는 내용이다.[4] 재, 세, 사, 연의 네 글자 모두 한 해를 뜻하는 글자이며, 조대朝代에 따라 부르는 이름이 달랐다는 것이다. 나라마다 한 해를 가리키는 특이한 명칭이 있었다는 점은 예부터 지식인들 사이에 두루 회자되던 내용이었다. 하지만 상대의 갑골문과 주대의 금문을 학계에서 조사한 결과 이는 사실이 아닌 것으로 밝혀졌다. 사祀를 한 해의 이름으로 썼다는 상대에 이른바 하대의 세와 주대의 연을 똑같은 용법으로 쓴 복사卜辭가 적지 않게 발견됐다. 또 연을 썼다는 주대에 상대의 사를 같은 쓰임새로 쓴 사례도 많았다. 다만 글자

4　"載, 歲也. 夏曰歲, 商曰祀, 周曰年, 唐虞曰載.", 「釋天」, 『爾雅』

의 기원은 모두 다르다. 사는 제사, 연은 농사와 관련한 글자다. 세와 재는 무기武器에 유래를 두고 있다. 특히 세歲는 천문天文과 관련한 해석이 주목할 만하다.

연年

연年의 갑골문을 보면 윗부분은 수확한 곡식이고, 아랫부분은 사람이 옆으로 선 모양이다. 사람이 추수한 곡식을 등에 짊어지거나 머리에 올리고 집으로 돌아가는 것이 연이다. 연은 봄에 씨앗을 뿌려 가을에 익은 곡식을 거두면 한 해가 된다는 뜻이다. 농사의 끝이 한 해의 끝이라는 의미다. 상나라 때는 추분秋分 다음 달이 새해였으므로 농사 주기와 역년曆年이 맞아떨어지는 결과이기도 했다. 연은 또 풍성한 수확을 의미했다. 수년受年 또는 유년有年이라는 갑골 복사卜辭는 풍년이 들지 여부를 점쳐 묻는 것이었다. 연은 소전小篆에서 아랫부분 인人에 가로획을 그어 천千으로 쓰면서 연秊의 모양으로 변했다. 윗부분의 화禾도 오午처럼 바뀌어 본래 모습을 찾을 수 없게 됐다.

연(年)의 갑골문

연(年)의 소전

세歲

세歲는 다양하게 해석되는 글자다. 자원字源이 같은 글자가 많아서다. 월戉·도끼, 무戊·다섯 번째 천간, 수戍·지키다, 술戌·열한 번째 지지, 융戎·갑옷 등이 갑골문의 한 글자에서 나온 글자들이다. 월은 날이 바깥으로 둥그런 도끼, 무는 날이 안쪽으로 오목한 도끼로 구분된다. 무戊는 무성茂盛하다와 흙土의 뜻도 갖는다. 식물이 흙에서 한 번 무성한 시기를 지나면 한 해가 된다는 뜻이 세歲와 연결됐다. 무로 작물을 한 번 자르면 한 해가 되는 것이라는 주장도 있다. 무戊와 기己는 10천간天干에서 토土로 해석한다. 수戌는 월戊을 든 사람人의 형태다. 사람이 점丶으로 변해 술戌과 비슷한 모습이 됐다.

지금의 자형인 세歲는 위아래로 발을 그려 넣은 갑골문과 비슷하다. 발 그림은 지止의 본래 모양이다. 도끼는 베기보다는 자르거나 끊는 용도의 무기다. 상나라 때도 전투용이라기보다는 형벌용이나 의장용의 성격이 강했다. 왕王도 권위를 상징하는 도끼 형태에서 나온 글자다. 왕의 맨 아래 가로획은 도끼날을 나타낸 것으로 위의 두 가로획보다 굵고 진하게 표시했었다. 상고 시대는 전쟁이 빈번했고, 포로는 노예가 되었다. 연말이 되면 도망치다가 붙잡힌 노예의 두 발을 끊는 징벌식을 갖고 조상신에게 부족의 안녕을 비는 제사를 지낸 뒤 한 해를 마무리했다고 한다. 숙살지기肅殺之氣가 천지를 뒤덮는 늦가을이나 겨울에 형벌을 집행하면 한 해가 끝나기 때문이다. 세를 구성하는 월戊과 두 개의 지止는 도망친 노예에 대한 징벌의 뜻이다. 월을 들고 두 개의 발로 순찰을 돌며 지키는 수戌의 의미로 달리 풀이하기도 한다.

세(歲)의 갑골문

무戊와 술戌이 해 그림자를 측정해 시간과 계절을 파악하는 입간측영立竿測影을 나타낸 것이라는 주장도 있다. 오른쪽의 긴 세로획은 수직으로 세운 장대竿이고, 왼쪽으로 뻗은 가로획은 그림자이며, 짧은 세로획은 그림자의 끝을 표현한 것이라는 견해다. 특히 술戌은 그림자가 가장 긴 동지冬至를 나타낸 글자라고 한다. 동지가 지나면 한 해가 되는 것이 세라는 것이다. 두 개의 발은 동지의 그림자를 사람이 건너가면 새해가 시작된다는 의미로 풀이한다.

천문학적으로 세는 목성木星의 주기와 밀접한 관련을 갖는다. 달은 하늘을 12구획으로 나눠 1년 동안 한 바퀴 돈다. 목성은 12구획의 하늘을 1년에 한 구획씩 12년 동안 한 바퀴를 돈다. 달과 목성이 나누는 하늘 구획은 적도와 황도 주변의 별자리인 28수로 구분할 수 있다. 고대에 목성이 1년에 1구획 가면 곡물을 수확해 농사가 끝나는 것을 세라고 했다. 동양에서 목성을 세성歲星이라고 부르는 까닭이다. 청清나라 초기 고증학의 시조로 불리는 고염무顧炎武는 하늘의 한 해 운행을 세歲, 땅에 사는 사람의 한 해 운행을 연年이라고 정의했다. 세는 동지에서 다음 동지 전날까지, 연은 정월 초하루에서 다음 해 정월 초하루 전날까지다. 세는 지구 공전 기간인 365일의 양력 개념이고, 연은 달의 공전 기간인 354일의 음력 개념이라는 것이다.

재載

요순 시대의 한 해를 재載라고 한 것은 『서경』「요전」에서 비롯된 것으로 보인다. 요임금이 '짐 재위 70재朕在位七十載'라며 선양의 뜻을 밝히는 대목이 나오기 때문이다. 상고 시대 한 해와 관련해서는 수확이 끝나면 희생을 잡아 조상에게 제사 지내는 것이 가장 큰 일

재(載)의 갑골문　　　　재(載)의 금문

이었다. 따라서 재도 제사와 관련된 것으로 풀이한다. 갑골문을 보면 사람이 음식을 바치는 모양이 나오기 때문이다. 하지만 재가 기역 모양(ㄱ)의 창인 과戈를 글자의 구성 요소로 갖고 있어 무기와 관련한 해석이 많다. 갑골문은 창 끝에 사람의 머리가 달린 모양이다. 전쟁터에 나가서 적을 죽이고 승리를 거둔 뒤 연말에 논공행상을 하는 것을 표현한 것이라고 한다. 상 말이나 서주 때 전쟁 방식이 보병전에서 전차전戰車戰으로 바뀌면서 글자에 수레車 모양이 추가됐다. 이후 수레가 무기보다는 사람이나 짐을 운반하는 기능을 중시하면서 전쟁보다는 물건을 싣는 뜻으로 주로 쓰이게 됐다. 연말에 중범죄자를 나무 울로 만든 죄수 수레에 태우고 백성들에게 보인 뒤 형을 공개 집행하는 것을 나타낸 것이라는 주장도 있다.

사祀

사祀의 갑골문은 제단 앞에 사람이 무릎을 꿇고 조상에게 제사 지내는 모양이다. 사가 한 해의 뜻이 된 것은 제사를 순서대로 다 지내는 데 대략 1년이 걸렸기 때문이다. 사의 실체가 밝혀진 것은 1945년 갑골문의 대가인 동작빈董作賓에 의해서였다. 그는 상商대 말 조갑祖甲, 제을帝乙, 제신帝辛 세 왕이 선조인 상갑上甲부터 50여 명의 선대 왕과 왕비에게 제사를 지낸 기록을 조사했다. 그 결과 익翌, 제

사(祀)의 갑골문

祭, 치, 협協, 융肜 등 다섯 종류의 제사를 엄격한 순서에 따라 거행한 사실을 파악하고 오사통五祀統이라고 불렀다. 갑골학자 진몽가陳夢家는 오사통 대신 주기적으로 이뤄진 제사라는 뜻에서 주제周祭라고 이름했다. 동작빈의 연구 결과는 『사기史記』 「은본기殷本紀」에만 전해지던 상나라 왕의 실제 재위 여부와 왕조의 계보를 실물 기록으로 고증한 기념비적 업적으로 평가받는다.

주제周祭는 ① 갑甲에서 계癸까지 10천간天干의 왕의 묘호廟號 순서에 따라 해당 천간 날짜에 거행한다 ② 후대 왕의 천간이 앞설 경우 재위在位 순서를 우선한다 ③ 선왕의 법정 배우자는 선왕과 같은 순旬에 제사를 지낸다는 삼원칙으로 시행됐다. 1순은 10천간과 같은 10일이다. 학계의 연구 결과 제사의 순번을 한 바퀴 도는 데 36~37순이 걸린다는 점이 확인됐다. 36순은 360일로 태양력의 1년에 거의 맞먹는 날짜다. 어떤 해가 37순이 되면 전년 또는 후년의 날짜를 합할 경우 730일이 되어 2년의 태양력 날짜와 똑같아진다. 주제는 조상신을 극도로 숭배한 상나라 전통에 따른 것이지만 후대에 접어들어 제사 대상과 횟수가 많아지면서 심각한 폐단을 낳았다. 거의 하루도 빠짐없이 1년 내내 이어지는 제사 물품 조달을 위해 제후와 이웃 부족들을 착취해 민심 이반을 불렀다. 제사에 따른 주조酒造 풍속도 곡물의 과소비와 사회 기강 해이 등 부정적인 결과로 이어졌다.

『서경』의 「주고酒誥」는 상나라가 멸망한 것이 술 때문이었다는 주周나라의 비판을 담은 내용이다. 「은본기」에 나오는 주지육림酒池肉林의 고사도 같은 맥락이다. 사는 상나라가 제사를 1순번 지내는 데 1년이 걸렸다는 것이며, 애초 역법과는 상관없는 개념이었다. 하지만 주나라 사람들은 상나라의 주제가 완료되는 데 1년 걸리는 것을 보고 사를 연과 같은 개념으로 인식했다.

5.　　　　　　　　　　　　　문門 앞의 왕王

閏 윤달 윤

제준帝俊의 처는 『산해경山海經』의 기록에 따르면 세 명이다. 요堯임금의 큰딸인 아황娥皇, 열 개의 해를 낳은 희화羲和, 열두 개의 달을 낳은 상희常羲다. 제준은 해와 달의 아버지이고, 희화는 해의 어머니日母, 상희는 달의 어머니月母다.

> "어떤 여자가 달을 목욕시키고 있다. 제준의 처 상희가 열두 개의 달을 낳아 여기서 처음 목욕시켰다." – 『산해경山海經』「대황서경大荒西經」[5]

희화羲和와 상희常羲는 이름이 비슷하다. 중국 신화의 특성에 비춰 대체로 같은 신격神格으로 본다. 다만 역할은 다르다. 열 개의 해는 모두 아들이고, 열두 개의 달은 모두 딸이다. 같은 신격을 굳이 둘로 나눈 것에는 의도하는 바가 있다. 해와 달의 어머니는 다르지

---

[5] "有女子方浴月. 帝俊妻常羲, 生月十有二, 此始浴之."「大荒西經」,『山海經』

만 해와 달의 공통된 아버지는 제준이다. 동양 특유의 음양 화합 관념이 녹아 있는 것이다.

역법曆法에서 해가 사시四時를 돌아 1회귀년(지구의 태양 공전)을 완성하면 365와 1/4일이 걸린다. 달이 초하루부터 그믐까지 1삭망월(달의 지구 공전)을 만들면 29.5일이 된다. 12삭망월은 354일이다. 1회귀년에 비해 12삭망월은 10과 3/4일가량 날짜가 부족하다. 3회귀년이 지나면 1삭망월 정도의 차이가 생긴다. 해의 운행만으로 만든 달력을 태양력이라 하고, 달의 움직임만으로 만든 달력을 태음력이라 한다. 태양력은 계절의 변화를 충실히 반영하지만, 달의 삭망에 따른 조석潮汐 변화나 동식물에 미치는 영향과는 관련이 없다. 계절의 변화를 알려주는 태양력과 달의 삭망을 나타내는 태음력의 장점을 취한 것이 태음태양력이다. 해와 달의 순환 주기를 일치시켜 음과 양의 조화를 꾀하려는 의도다. 만물이 태어나고 자라는 것은 음과 양의 조화 없이는 불가능하다는 게 옛사람들의 생각이었다. 양인 태양력 단독 아니면 음인 태음력만으로 세상을 재단하면 만물이 태어나고 성장할 수 없다는 것이다. 태양력과 1삭망월 이상의 차이가 벌어지지 않도록 태음력에 부족한 날짜를 메워주는 것이 윤달閏月이다. 윤달을 넣어 두 책력을 맞춘 것이 태음태양력이다.

윤달은 '남는 달餘分之月'이라고 문헌에 나온다. 여분餘分이라는 표현에는 날짜를 계산할 때 회귀년보다 삭망월이 주체가 된다는 뜻이 담겨 있다. 상희가 낳은 달을 희화가 낳은 해보다 우선시한 것 같은 느낌을 암묵적으로 풍긴다. 실제 희화가 낳은 열 개의 해를 모두 모은 순旬은 달月 속에 들어 있다. 세 개의 순을 모아야 한 개의 달이 된다.

해보다 달을 먼저 생각했던 것은 날짜 계산 때문이다. 매일 똑같은 모습으로 나타나는 해보다는 날마다 모양이 달라지는 달이 날짜의 흐름을 파악하는 데 훨씬 용이하다. 따라서 초하루에서 보름을 거쳐 그믐까지 달의 위상位相 변화로 날짜를 구분할 수 있는 삭망월을 역법의 선행 개념으로 생각했을 가능성이 크다. 하지만 삭망월만으로는 농경에 필요한 계절 변화를 맞출 수 없어 회귀년과 일치하는 태음태양력을 구상했을 것이다. 윤달은 갑골문에도 나타나는 만큼 상商나라 때부터 도입됐던 것으로 파악된다. 상商대의 윤달은 12삭망월의 마지막 달 다음에 두었다. 윤달을 13월 또는 남는 달로 표현하는 까닭이다. 이를 귀여치윤법歸餘置閏法이라고 한다. 한漢대 이후에는 윤달을 24절기 가운데 중기中氣가 없는 달에 두었다. 무중치윤법無中置閏法이다. 입춘立春부터 대한大寒까지 24절기에서 홀수 번째는 절기節氣, 짝수 번째는 중기中氣라고 한다.

"윤달은 남는 달이다. 오 년에 두 차례 윤달을 둔다. 고삭지례告朔之禮를 할 때 천자는 종묘에 거처한다. 윤달에는 문의 가운데 거처한다. (윤이라는 글자는) 왕이 문의 가운데 있는 형태를 따랐다. 주례에 이르기를, 윤달에 왕은 문의 가운데 거처하며, 끝나는 달이다."[6]

『설문해자說文解字』의 윤閏에 대한 풀이에 글자 유래가 나온다. 우선 고삭지례는 천자가 한 해의 마지막 달에 제후들에게 다음 해 열두 달의 책력을 배포하면, 제후는 이를 자신의 종묘에 보관했다가 매달 초하루 양 한 마리를 조상에게 바치면서 그달에 시행할 천자의 정령政令을 알리는 것을 말한다. 봉건제封建制를 채택한 주周나라

---

[6] "餘分之月, 五歲再閏, 告朔之禮, 天子居宗廟, 閏月居門中. 从王在門中. 周禮曰, 閏月, 王居門中, 終月也.", 段玉裁, 『說文解字注』

가 역법曆法을 통해 제후나 주변국을 통치했던 제도의 핵심이라고 할 수 있다. 주나라 때는 종묘를 명당明堂이라고 했다. 명당은 동 청양青陽, 남 명당明堂, 서 총장總章, 북 현당玄堂, 중앙 태실太室의 아亞형 구조다. 동서남북에 세 개씩 방이 있다. 천자는 봄 청양, 여름 명당, 가을 총장, 겨울 현당을 각각 3개월씩 번갈아 가며 매달 월령月令으로 정한 정책을 펼쳐야 한다. 그런데 한 해의 마지막에 윤달을 두면 천자가 고삭지례 때 거처할 방이 없게 돼 태실에서 정무를 봐야만 한다. 태실의 문門과 임금王을 합친 글자가 윤閏이다.

중국 산서성(山西省) 대동(大同)의 북위(北魏) 명당(明堂) 471~494년의 23년간 건축됐다. 북경(北京) 천단(天壇)의 세 배에 이르는 엄청난 규모다. (출처: 搜狐)

6.   시간의 이름들

15시진법+五時辰法과 자연 해시계

아침에 동쪽에서 뜬 해는 하루 내내 하늘을 움직이며 낮에 남쪽을 거쳐 저녁에 서쪽으로 진다. 해가 하늘의 어떤 위치를 지나면서 땅에 있는 특정 지형지물 위를 반복적으로 통과한다는 것을 안다면 그 시간에 이름을 붙일 수 있다. 공간으로 시간을 결정할 수 있게 되는 것이다. 해의 통과 위치와 땅 위의 특정 지점을 일치시킨 15단계 시간의 이름이 『회남자淮南子』「천문훈天文訓」에 나온다. 이를 15시진제十五時辰制라 한다. 한밤인 야반夜半을 넣어 16시진제로 부르기도 한다. 해의 운행에 맞춘 것이어서 밤의 시간 단계가 대거 누락됐고, 낮 시간도 균등하지 않다는 단점은 있다. 하지만 사람들끼리의 약속 아래 서로 익숙하게 쓰는 이름이라면 해와 땅의 위치를 쳐다보는 것만으로도 실생활에서 현대 시계 못지않은 훌륭한 시간 기능을 할 수 있다. 측정할 노력도, 구매할 필요도 없는 자연 해시계이기 때문이다. 15시진 이름은 진한秦漢 이전의 다양한 문헌에 나오는 만큼 고대에 널리 쓰였던 명칭이라 할 수 있다.

蚤 일찍 조

① **신명**晨明 : 아직 어둑한 꼭두새벽이다. 해가 양곡暘谷에서 나와 함지咸池에서 목욕하고 부상扶桑 나무에 오르려 할 때다. 신晨은 새벽의 뜻이다.

② **비명**朏明 : 동이 트면서 어스레하게 밝아오는 모습이다. 해가 부상에 올라 막 출발하려는 때다. 비朏는 초승달처럼 희미한 빛이다.

③ **단명**旦明 : 해가 떠서 날이 훤하게 밝은 아침이다. 해가 운행을 시작해 첫 통과 지점인 전설의 동쪽 곡아산曲阿山에 이르렀을 때다. 단旦은 해日가 지평선― 위로 떠오른 아침이다.

④ **조식**蚤食 : 아침밥을 먹을 때다. 해가 동쪽의 물 많이 나는 곳인 증천曾泉에 왔을 때다. 조蚤는 이른 아침인 조早와 통한다.

⑤ **안식**晏食 : 식사 때가 늦은 것이다. 안晏은 늦을 만晚의 뜻이다. 제 때를 놓친 아침밥이나 저녁밥을 말한다. 해가 동쪽 뽕나무 들판인 상야桑野를 지날 때다.

⑥ **우중**隅中 : 오전 9~11시를 가리킨다. 해가 동남쪽에 있는 전설의 산 형양衡陽에 이르렀을 때다. 우隅는 모퉁이다. 해가 모퉁이 방향인 동남쪽을 지난다는 의미다.

⑦ **정중**正中 : 정오正午다. 해가 남쪽에 있다는 전설의 산 곤오昆吾에 도착했을 때다. 해가 하루의 중간 지점에 이르러 한낮이 된 것이다.

⑧ **소천**小遷 : 오후 1시 30분경이다. 해가 서남쪽에 있는 조차산鳥次山을 지날 때다. 태양조太陽鳥가 잠시 쉬어 가는次 산이다. 소천은 정오에서 서쪽으로 조금小 옮겨간遷 것이다.

餔 새참 포

⑨ **포시**餔時 : 저녁밥을 먹을 때다. 신시申時인 오후 3~5시다. 해가 서남쪽 계곡인 비곡悲谷에 왔을 때다. 포餔는 신시의 뜻인 포哺로도 쓴다. 진한秦漢 이전에는 식량이 모자라 사람들이 하루에 두 끼 식사만 했다. 세 끼 식사를 하게 된 것은 한대 이후다. 이후 포는 새참의 뜻으로 쓰이게 됐다.

⑩ **대천**大遷 : 신시申時가 끝나가는 오후 4시 30분경이다. 해가 서북쪽 그늘진 땅인 여기女紀를 지날 때다. 대천은 서쪽으로 많이大 옮겨 간遷 것이다.

舂 찧을 용

⑪ **고용**高舂 : 유시酉時·오후 5~7시다. 해가 서쪽으로 기울어 황혼이 가까웠을 때다. 해가 연우淵虞까지 온 것이다. 고용은 해가 지지 않아 아직 날이 밝을 때여서 백성이 곡식을 찧을舂 수 있다는 것이다.

⑫ **하용**下舂 : 해가 막 떨어져 어두워지려 할 때다. 해가 서북쪽 산인 연석連石에 이른 것이다. 하용은 절구질을 할 수 없는 시간이다.

⑬ **현거**縣車 : 황혼이 되기 전 잠깐의 시간이다. 태양 수레를 몰던 해의 어머니 희화羲和가 비천悲泉에 이르러 물가에 수레車를 멈추고縣 말을 쉬게 한다. 해가 하늘을 운행하는 것은 태양조(삼족오)가 등에 싣고 날거나, 희화가 수레에 태워 달리기 때문이다.

⑭ **황혼**黃昏 : 술시戌時·오후 7~9시다. 해가 졌으나 완전히 어두워지기 전이다. 해가 하루 일을 마치고 저녁 목욕을 한다는 우연虞淵에 이르렀을 때다.
⑮ **정혼**定昏 : 해시亥時·밤 9~11시다. 캄캄한 밤이다. 해가 종착지인 몽곡蒙谷에서 잠자리에 드는 시간이다.

12시진법+二時辰法과 문학文學

하루를 12단계로 균등하게 나눈 시간 구분법이다. 12지지地支와 결합해 쓰인다는 점에서 지지시진법地支時辰法 또는 십이진기시법十二辰紀時法으로 불린다. 12시진법은 열두 번의 삭망월이 지나면 해가 황도를 한 바퀴 돌아 1년이 되는 역법을 응용한 것이다. 각 월이 똑같은 길이로 한 해를 구성하듯이 각 시진도 낮과 밤에 상관없이 똑같은 길이로 하루를 완성한다. 각 시진은 24시간 체계의 2시간씩에 해당한다. 자시子時는 북쪽, 오시午時는 남쪽, 묘시卯時는 동쪽, 유시酉時는 서쪽 등과 같이 지지 이름을 딴 시진은 해당 지지와 방향을 공유한다. 공간과 시간의 일체화다. 12시진법은 서주西周 때부터 쓰이기 시작했지만, 12지지와 결합한 것은 한漢무제 때 만들어진 태초력太初曆부터다. 기원전 104년 반포된 태초력은 동양 최초의 제정制定 달력이자 태음태양력이다.

12시진법

이름	지지	시간	다른 이름	
야반(夜半)	자(子)	23~01	자야(子夜), 중야(中夜), 야분(夜分), 소분(宵分), 삼고(三鼓), 병야(丙夜)	삼경(三更)
계명(鷄鳴)	축(丑)	01~03	황계(荒鷄), 사고(四鼓), 정야(丁夜)	사경(四更)
평단(平旦)	인(寅)	03~05	평명(平明), 단명(旦明), 여명(黎明), 조단(早旦), 일단(旦旦), 단일(旦日), 단시(旦時), 매단(昧旦), 매상(昧爽), 조신(早晨), 조야(早夜), 조조(早朝), 오고(五鼓), 무야(戊夜)	오경(五更)
일출(日出)	묘(卯)	05~07	일상(日上), 일생(日生), 일시(日始), 일희(日晞), 파효(破曉), 욱일(旭日)	
식시(食時)	진(辰)	07~09	조식(朝食), 조식(蚤食), 안식(晏食)	
우중(隅中)	사(巳)	09~11	일우(日禺), 우중(禺中)	
일중(日中)	오(午)	11~13	일정(日正), 일오(日午), 일고(日高), 정오(正午), 정오(亭午), 일당오(日當午), 중오(中午)	
일질(日昳)	미(未)	13~15	일측(日昃), 일측(日仄), 일측(日側), 일질(日跌), 일사(日斜), 일앙(日央)	
포시(晡時)	신(申)	15~17	박시(餺時), 일박(日餺), 일직(日稷), 석식(夕食)	
일입(日入)	유(酉)	17~19	일몰(日沒), 일락(日落), 일침(日沈), 일서(日逝), 일안(日晏), 일우(日旴), 일회(日晦), 방만(傍晚)	
황혼(黃昏)	술(戌)	19~21	일석(日夕), 일모(日暮), 일만(日晚), 일말(日末), 일암(日闇), 일타(日墮), 일훈(日曛), 훈황(曛黃), 갑야(甲夜)	일경(一更)
인정(人定)	해(亥)	21~23	정혼(定昏), 인야(夤夜), 을야(乙夜)	이경(二更)

① **야반**夜半 : 한밤중. 반야삼경半夜三更이라고도 한다.
② **계명**鷄鳴 : 닭 울 때. 닭은 시간을 아는 가축이라고 해서 '지시축知時畜'이라고 부른다. 황계荒鷄는 삼경三更 이전에 우는 닭으로 전쟁의 징조로 본다. 닭이 삼경자시·子時부터 오경인시·寅時까지 세 번 울면 날이 밝는다.

昧 새벽 매

③ **평단**平旦 : 날이 밝아올 때. 야반 이후 하늘색天色에 따라 계명, 매단昧旦, 평단의 세 단계로 나눈다. 매단은 먼 동이 틀 때다. 밤과 아침이 교대하는 시간이다. 『서경』에는 매상昧爽으로 나온다. 평단은 해가 지평선에 나오기 직전 하늘이 밝아올 때다. '도성의 성문이 열리는 시간禁門平旦開'이다.

④ **일출**日出 : 해가 지평선 위로 떠오를 때. 요임금 때의 태평성세를 노래한 「격양가擊壤歌」에 나온다. "해 뜨면 일하고日出而作, 해 지면 쉬고日入而息, 우물 파서 마시고鑿井而飮, 밭 갈아 먹으니耕田而食, 임금의 덕이 무슨 소용 있으랴帝力于我何有哉."

饔 아침밥 옹

⑤ **식시**食時 : 아침밥 먹을 때. 맹자孟子는 아침밥을 옹饔이라 했다.
⑥ **우중**隅中 : 정오 가까울 때. 해가 동남쪽 모퉁이에 왔을 시간이다.
⑦ **일중**日中 : 한낮. 시장에서 물건을 사고파는 시간이다. 『주역周易』「계사전繫辭傳」에 나온다. "한낮에 시장을 만들어日中爲市, 만백성을 오게 해서致天下之民, 세상 재화를 모아聚天下之貨, 서로 바꾸고 돌아가니交易而退, 각자 필요한 바를 얻는다各得其所."
⑧ **일질**日昳 : 해가 서쪽으로 기울기昳 시작할 때. 오전의 우중隅中과 대칭되는 시간이다. 미未는 어두울 매昧의 뜻이다. 음기의 시간인

유幽로 향하는 것이다.

飧 저녁밥 손

⑨ **포시**餔時 : 저녁밥 먹을 때. 포餔·신시와 박餺·수제비, 밀, 떡은 서로 통하는 글자다. 신시申時에 먹는 밥을 박餺이라고 한다. 하루 두 끼 식사하던 시절 저녁밥을 손飧이라고 했다.『맹자』에 나온다.
⑩ **일입**日入 : 해 질 때.「격양가」에 나오는 "해 지면 쉬는日入而息" 시간이다.

曛 석양빛 훈

⑪ **황혼**黃昏 : 노을 질 때. 해가 서산 너머로 사라졌지만 완전히 어두워지지 않고 어스름할 때. 황혼은 자연의 색깔을 가장 잘 반영하는 시간대다. 황은 땅의 색, 혼은 검어지는(어두워지는) 것이다. 땅이 검어지는 시간이어서 땅거미(땅검이) 내릴 때라고 한다. 황혼은 초楚나라 시인 굴원屈原이 '이소離騷'에서 제일 먼저 사용했다. "황혼에 만나길 기약하시고는日黃昏以爲期兮, 어찌 도중에 길을 바꾸시나요羌中道而改路."
⑫ **인정**人定 : 밤이 깊어 사람들이 활동을 멈출 때. 인정人定은 인정人靜의 뜻이다.

10시진법+時辰法과 10개의 해

10시진법+時辰法은 하루를 10등분한 것이다.『산해경山海經』희화羲和의 전설에 하늘에 열 개의 해가 있는 것처럼 땅에는 10시진이 있다는 관념에서 나왔다. 진한秦漢시대 이후 정비된 10시진법이『수서隋書』「천문지天文志」에 나온다. 낮은 조朝·우禺·중中·포晡·석夕의 다섯 개 시진, 밤은 갑甲·을乙·병丙·정丁·무戊의 다섯 개 시진으로 구분된다. 각 시진의 길이는 144분(2시간 24분)이다. 오경五更의 개념과 비슷하다.

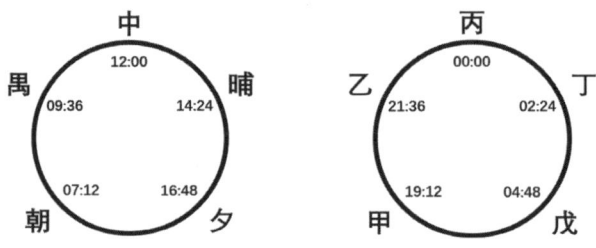

백각법百刻法과 물시계

해의 위치와 출몰 방향에 따라 시간을 정하는 12시진법 등은 밤은 물론 날씨가 흐리거나 비가 올 때는 정확한 시간을 판단하기 어렵다. 이런 해시계의 단점을 보완한 방법이 물시계다. 물시계는 물을 담은 항아리에서 흘러 나간 물의 양을 재는 유출형流出型, 흘러나온 물을 받은 항아리에 채워지는 물의 양을 재는 유입형流入型이 있다. 항아리에는 눈금을 그은 화살 모양의 수직 잣대를 띄워 물의 양에 따라 가라앉거나 떠오르는 것을 관찰해 시간을 파악한다. 시간과 물은 같은 성질을 갖는다. 시간이 흐르듯流 물도 흐른다流.

100각법은 해시계가 아닌 물시계를 염두에 두고 만든 시간법이다. 10시진을 다시 10등분해 시간을 세분했다. 1각은 14분 24초다. 100각법은 계절에 따라 배분 시간이 달랐다. 낮이 긴 하지에는 낮시간 60각과 밤시간 40각이었고, 낮이 짧은 동지에는 낮시간 40각과 밤시간 60각이었다. 춘분과 추분에는 낮과 밤이 각각 50각으로 같았다. 항아리에 담기는 물의 양은 동지부터 9일마다 1각씩 늘렸고, 하지부터는 9일마다 1각씩 줄였다. 12시진법이 보편화하면서 청淸나라 초기 100각법은 96각법으로 바뀌었다. 96각법에서 1시진은 8각, 1각은 15분이다.

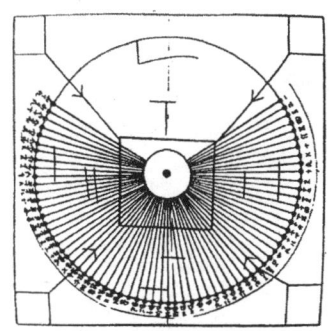 

100각법으로 만들어진 진한(秦漢)시대 해시계 가운데 구멍에 막대를 꽂으면 그림자의 변화로 시간을 알 수 있다. 방사선 모양으로 직선이 그어진 원둘레에 69개의 작은 구멍과 숫자가 새겨져 있다. 해가 없는 밤시간대의 원둘레에는 아무 표시가 없다. 31개 구멍에 해당한다.

2장
공간 空間

1. 열린 공간

2. 닫힌 공간

3. 통치 공간

4. 외부 공간

5. 국경선(國境線)

6. 서울 유전(流轉)

7. 구궁(九宮)과 낙서 마방진(魔方陣)

1. 열린 공간

邑 고을 읍

중中의 갑골문은 바람에 나부끼는 깃발 모양이다. 깃발은 집단의 정체성과 일체감을 내외에 내보이는 상징이나 표지다. 구성원들의 눈에 쉽게 띄고 한꺼번에 모일 수 있는 마을 한복판이나 입구에 세운다. 중中의 동그라미(○)는 이를 나타낸 것이다. 동족끼리는 구심점을, 외부에는 구별과 경계境界를 알린다. 읍邑은 윗부분에 공간을 뜻하는 동그라미(○)와 아랫부분에 무릎을 꿇은 사람人을 둔 모양이다. 무릎을 맞대고 사는 사람들이 모인 공동체라는 뜻이다. 중이 마을 한복판과 깃발에 초점을 맞췄다면 읍은 마을 자체에 중점을 둔 것이다.

읍(邑)의 갑골문

중(中)의 갑골문

읍이 처음 생길 때 구성원은 가족, 친지 등 씨족이었다. 당연히 읍에는 담장이 필요치 않았다. 공동체만의 생활 공간이었기 때문이다. 인구가 극히 드물던 상고 시대에는 적대 세력이 별로 없었다. 외부 위협이라면 사나운 짐승의 침입 정도였다. 읍은 공동체의 경계를 표시하고 짐승의 침입을 막기 위해 주변에 도랑과 웅덩이를 파는 정도가 고작이었다. 당연히 읍의 시작은 작고 단촐했다. 『주례周禮』는 '9부九夫로 정井을 만들고, 4정으로 읍을 이룬다'고 했다.[1] 정은 우물 모양으로 논밭을 나눈 사방 1리里·400미터 아홉 가구 마을이고, 읍邑은 사방 2리 서른여섯 가구 마을이다. 당초 씨족 단위의 소규모 공동체에서 출발했던 읍은 인구가 늘어나고 경제가 커졌어도 그 규모와 상관없이 읍이라고 불렀다. 제후는 물론 천자가 있는 곳도 읍이었다. 읍이라는 이름에는 공동체라는 동질감과 상호 신뢰가 바탕에 있었다. 상商나라의 서울은 천읍天邑, 대읍大邑, 대읍상大邑商, 박읍亳邑 등으로 불렀다. 주周나라는 풍읍豊邑, 대읍주大邑周, 낙읍洛邑, 신읍新邑 등이었다.

읍은 주변 부족들로 공동체가 커지면서 공간적으로 중앙에 자리하게 됐지만 여전히 담장 없는 열린 공간을 유지했다. 읍의 이 같은 생김새가 초기 정치 제도인 봉건제封建制를 낳았다. 공동체의 최고 지도자인 천자가 중앙의 읍에 있고, 중간 지도자인 제후가 사방을 에워싸며 외적을 막는 구조였다. 제후는 왕족이나 왕실에 절대 충성하는 인물들로 채워졌다. 제후가 외곽을 지키는 만큼 중앙은 성곽과 같은 방어 시설을 만들 필요가 없었다. 외부와 단절하는 인위적 시설이 없는 만큼 백성과의 소통도 원활했다. 둥글거나 네모난

---

[1] "九夫爲井, 四井爲邑", 「地官·小司徒」, 지재희·이준녕 해역, 『주례(周禮)』, 자유문고, 2002, 137~138쪽.

공간을 둘러싼 네 발이나 두 발은 읍을 에워싸고 지키는 위圍와 위衛의 갑골문이다.

衛 지킬 위, 拔 뺄 발

읍으로 상징되는 봉건제는 천자의 권위가 떨어지고, 제후의 충성심에 변화가 생기자 근본적인 취약성을 드러냈다. 방어 시설이 없는 만큼 제후가 반란을 일으키거나 외적이 쳐들어왔을 때 읍은 하루 아침에 무너졌다. 강력했던 상商 제국이 제후국인 주周에 한순간에 멸망한 것도 이 때문이었다. 고대 중국 문명은 고고 발굴을 해도 도읍의 윤곽을 찾기 어렵다고 지적한다. 성곽이 없는 읍의 특성상 해자나 참호의 희미한 흔적 정도만 남아 있는 탓이다. 고대 서양 문명에서 석축 등 성곽 유물이 대거 발굴되는 것과 크게 다른 점이다. 둥글거나 네모난 공간에 발이 들어간 것은 읍을 짓밟는 모습이다. 전쟁에서 패배하면 생존 공간을 빼앗길 수밖에 없다. 뽑아서 제거한다는 발拔과 발撥의 초기 갑골문이다.

위(衛)와 위(圍)의 갑골문   발(拔)과 발(撥)의 갑골문

2.   닫힌 공간

墉 담 용

읍邑과 용墉을 구분하는 기준은 담장이 있느냐 없느냐다. 별다른 장애 없이 툭 터진 공간이면 읍이고, 담장을 둘러 바깥과 격리시킨 공간은 용이다. 읍이 소통과 교류, 진출에 방점을 둔 열린 공간이라면 용은 분리와 차단, 방어에 중점을 둔 닫힌 공간이다. 용의 갑골문과 금문은 담장을 두른 마을을 한가운데 두고 사방 또는 양방에 높은 망루望樓를 세운 모습이다. 마을의 담장을 두 겹 둘러 방어를 강화한 형태도 보인다.

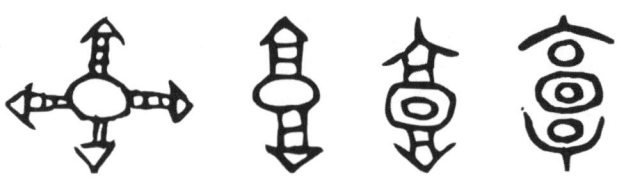

용(墉)과 곽(郭)의 갑골문과 금문

郭 둘레 곽

곽郭과 용墉은 같은 자원字源에서 나온 쌍둥이 글자다. 두 글자는 갑골문과 금문이 똑같다. 곽은 전국戰國시대 들어 오른쪽에 읍邑이 추가돼 용墉과 달라졌다. 용과 곽을 굳이 구분한다면 용은 홑겹의 담장을 뜻하고, 곽은 두 겹의 담장 중 외부 담장을 가리킨다. 성곽城廓의 경우 안쪽 담장의 내성內城은 성, 바깥쪽 담장의 외성外城은 곽이다. 곽郭과 곽廓은 같은 글자다.

곽(郭)의 전서

城 재 성

성城의 갑골문은 사방의 삼각형에 점이 찍혀 있는 모양이다. 높은 망루에서 외적을 지키는 수비병의 모습이다. 성의 금문은 용墉과 도끼戊를 합친 형태다. 망루를 지키는 병사가 무기를 들고 있음을 강조한 것이다.

제2장 공간(空間) 315

성(城)의 갑골문   성(城)의 금문

담장을 두른 닫힌 공간인 성城, 원垣, 도堵 등은 본래 용墉이 부수部首였지만 지금은 토土에 속해 있다. 토로 바뀐 것은 원래 부수가 복잡하기도 했지만 성곽이나 담장을 흙으로 쌓아 올렸던 경우가 대부분이었기 때문이다. 원垣은 선亘의 소리를 딴 글자다. 동양 천문에서 하늘의 세 궁궐인 태미원太微垣, 자미원紫微垣, 천시원天市垣 등의 담장을 가리킬 때 쓴다. 도堵는 외부인이 담장 안으로 들어오는 것을 막는 모양이다. 왼쪽은 망루인 용墉이고, 오른쪽은 흙으로 된 담장口 위에 나무 울타리木柴를 두른 형태다.

원(垣)의 전서   도(堵)의 전서

3. 통치 공간

國 나라 국

국國은 오늘날의 국가 개념과는 다르다. 상주商周 때 성립된 봉건제封建制는 중앙은 왕, 지방은 제후가 다스리는 통치 체계다. 왕은 읍邑에 위치하고, 제후는 읍을 둘러싼 국國을 다스리는 이중 구조다. 봉건제는 표면상 왕과 제후 간 군신君臣 관계를 형성한다. 하지만 권력과 이익의 상호 배분이 내면에 숨어 있는 정치 체제다. 봉건제는 봉토건국封土建國을 줄인 말이다. 왕이 제후에게 땅을 주면 제후는 그 땅에 국을 세우는 것이 봉토건국이다. 왕은 제후국에 간섭을 하지 않는 대신 제후는 충성과 조공을 바쳐야 한다. 분권分權과 자율自律을 기반으로 한 읍국邑國의 정치 결사체가 봉건제다. 국國은 봉건제를 상징하는 글자라 할 수 있다. 국國의 갑골문은 왕이 다스리는 읍을 에워싸고 사방을 지키는 제후국을 선으로 그린 형태다. 사방의 울타리 표시만으로 제후국을 나타낸 글자도 있다.

토지신을 제사 지내는 사社의 명칭도 읍과 국이 다르다. 왕이 신하와 백성을 위해 세운 사는 대사大社, 자신을 위한 사는 왕사王社라

국(國)의 갑골문

한다. 제후가 봉토 내의 백성을 위해 세운 사는 국사國社, 자신을 위한 사는 후사侯社라 한다. 예기禮記의 구분이다.[2]

域(或) 지경 역

국國, 역或, 역域은 자원字源이 같다. 모두 읍(口)을 지키는 무기戈를 강조한 글자들이다. 무기의 아랫부분에 가로선(一)을 그은 것은 역或이고, 네모(口)로 바깥을 둘러싼 것은 국國이다. 가로선(一)과 네모(口)는 공간과 범위의 뜻이다. 역或에 토土가 추가된 것은 소전小篆부터다. 본래 세 글자는 모두 국으로 발음했다. 역或, 域은 공간과 범위를 강조하기 위해 소리를 달리해 구분한 글자다.

국(國·或·域)의 갑골문과 금문

---

2 "王爲群姓立社曰大社, 王自爲立社曰王社. 諸侯爲百姓立社曰國社, 諸侯自爲立社曰侯社." 「祭法」, 권오돈 역해, 『禮記』, 홍신문화사, 1987, 487쪽.

봉건제의 국國은 국國과 국或, 域·역으로 세분할 수 있다. 왕의 직할지直轄地는 국國, 제후의 영토는 국或, 域·역으로 통치 공간이 나뉜다. 국國이 읍을 둘러싼 사방에 중점을 두었다면, 외곽을 방어하는 국或, 域·역은 무기와 영역의 범위를 보다 강조한 것이다. 국國은 왕을 직접 보좌하는 공경公卿 등 중신重臣과 왕족王族에게 식읍食邑과 영지領地로 하사한 땅이다. 국或, 域·역은 동성同姓 및 이성異姓 제후들에게 봉토封土로 나눠준 지역이다. 왕의 직할지인 국國을 기畿 또는 전甸이라고 한다. 궁궐이 있는 읍을 중심으로 500~1,000리 사방의 땅이다. 천자는 1,000리, 왕은 500리 범위다. 왕실 신하를 내복內服, 제후를 외복外服이라고 한다. 내복과 외복은 전복甸服과 후복侯服이라고도 부른다. 왕을 섬기는 내직內職과 외직外職의 뜻이다. 제후諸侯의 후侯에는 외적의 동향을 살핀다는 척후斥候의 의미가 담겨 있다. 제후가 받는 봉토는 동서남북에서 한쪽 방향의 땅이다. 국或, 域·역의 자형 중 한쪽이 닫힌 모양ㄷ은 제후가 받은 영토가 한쪽 방향이라는 의미다.

국(國, 或, 域)의 금문과 전서

4. 외부 공간

方 나라 방

제후의 세력권 밖을 방方이라고 한다. 국國, 或, 域의 바깥 공간이다. 방은 접근 가능한 공간이라기보다 단순히 방향이라는 뜻이 강하다. 사방을 의미하는 이승二繩 개념이다. 왕의 힘이 전혀 미치지 못하는 이민족이나 적대 세력이 사는 곳이다. 상商대 북동쪽의 토방土方, 북

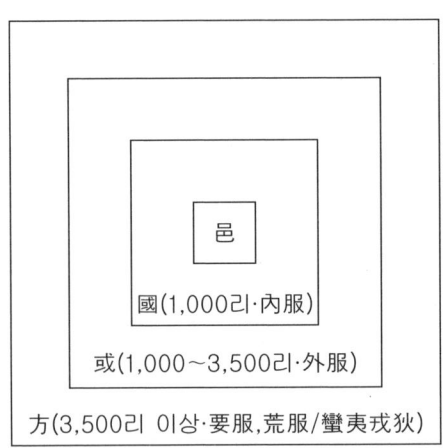

서쪽의 귀방鬼方, 동부 해안의 인방人方 등 외부 세력에 대한 명칭이 그런 뜻이다. 방은 주周대 이후에는 만이융적蠻夷戎狄으로 불렸던 이민족의 땅이다.

남만은 왕읍에서 3,500리, 동이는 4,000리, 서융과 북적은 4,500~5,000리의 거리에 위치한다. 이민족까지의 실제 거리라기보다는 이민족 간에도 서로 구분하는 심리적 거리에 가깝다. 나라가 강성할 때 복종 의사를 보이는 이민족을 요복要服과 황복荒服이라고 불렀다. 남만과 동이는 요복이고, 서융과 북적은 황복이었다. 요복은 신뢰할 만하니 관계를 맺을 필요가 있다는 뜻이다. 황복은 융적이 사는 곳이 황량하기도 하지만 이익에 따라 복종과 반란을 거듭하는 등 언행이 한결같지 않다는 의미였다. 요복과 황복을 한꺼번에 빈복賓服이라고 했다. 객客과 같은 존재라는 뜻이다.[3]

---

3 馮時, 『文明以止』, 中國社會科學出版社, 2020, 276쪽.

5. 국경선 國境線

封 봉할 봉

제후가 땅을 받으면 자신의 영역에 대한 경계 표시를 하게 된다. 특히 변방의 제후는 자신의 국國, 或과 이민족이 사는 방方 간의 경계 구분이 대단히 중요하다. 각자 영역에 대한 경계 표시 행위를 봉封이라고 한다. 국과 방 간의 경계선을 달리 강疆이라고도 한다. 강은 땅의 끝이나 한계라는 거리 개념이 담긴 표현이다. 봉封의 갑골문과 금문은 흙에 나무를 심는 형태다. 갑골문에서 아래의 둥근 모양은 흙덩이다. 금문의 맨 아래 가로선(一)은 지면이고, 오른쪽은 나무를 심는 손이다. 영토의 가장자리에 길게 도랑을 파고 흙을 퍼 올려 둔덕을 만든 다음 그 위에 나무를 심는 것이다. 심는 수종은 뽕나무 종류로 1리에 20그루씩이었다. 봉은 지도에 국경선을 긋는 것과 같다.

『주례周禮』에 따르면 공후백자남公侯伯子男의 다섯 작위爵位별로 봉토의 크기와 세금 사용 범위가 다르다. 공작은 사방 500리의 땅을 봉하고 식읍에서 나오는 세금의 절반을 사용할 수 있다. 후작은 사

봉(封)의 갑골문　　봉(封)의 금문

방 400리, 백작은 사방 300리의 땅에 각각 세금의 3분의 1을 쓸 수 있다. 자작은 사방 200리, 남작은 사방 100리의 땅과 각각 세금의 4분의 1을 사용할 수 있다.[4]

邦 나라 방

방邦과 봉封은 본래 같은 뜻이다. 갑골문의 자형도 두 글자가 동일하다. 방의 갑골문은 아랫부분에 흙덩이 대신 밭田이 있는 모양이다. 밭은 봉의 토土와 같은 의미다. 금문은 방의 오른쪽에 읍邑이 추가된 형태다. 왕실의 읍과 제후의 국國·或을 합친 것이다. 중앙에서 시작해 이민족과의 경계선인 봉封까지의 통치 공간이 방이다.

　읍과 국을 모두 포함한 통치 영역은 왕조王朝와 같은 의미다. 주周가 상商을 무너뜨리고 새 왕조를 세웠을 때 작방作邦이라고 기록했다. 새 나라를 만들었다는 의미다. 국가國家도 방과 같은 의미로 쓰인 표현이다. 읍에 있는 왕가王家와 제후의 국國을 통칭한 것이다. 국

---

[4] "諸公之地 封疆方五百里 其食者半, 諸侯之地 封疆方四百里 其食者參之一, 諸伯之地 封疆方三百里 其食者參之一, 諸子之地 封疆方二百里 其食者四之一, 諸男之地 封疆方百里 其食者四之一", 「地官·大司徒」, 지재희·이준녕 해역, 『주례(周禮)』, 자유문화사, 2002, 128쪽.

방(邦)의 갑골문　　　방(邦)의 금문

가는 왕읍과 제후국의 일체성을 보다 강조한 명칭이다. 나라가 혼란했던 동주東周에 접어들어 제후들이 자신의 나라를 방邦이라고 불렀다. 방에 국경 개념이 포함되었기 때문이었다. 이민족들도 제후국을 본떠 자신들을 방邦이라고 칭했다. 『상서商書』「요전堯典」에 협화만방協和萬邦이라는 용어가 나온다. 온 세상이 서로 도와 평화롭게 산다는 뜻이다. 요전의 만방은 제후국의 방과 이민족의 방을 뭉뚱그린 표현이다.

6.   서울 유전流轉

都 도읍 도

왕이 거주하는 나라의 중심지는 읍이고, 제후가 있는 국國의 중심지는 도都라고 한다. 읍과 도의 차이는 성곽이 있느냐 없느냐에 있다. 제후가 지키는 변방은 군사 목적의 방어 시설이 필요하기 때문이다. 도는 사람이 많이 모이는 곳이라는 뜻이다. 도의 금문 오른쪽은 읍邑이다. 왼쪽者 부분에 대해서는 여러 해석이 있다. 우선 마실 물과 농사지을 물 등을 구하기 쉬운 물가渚·渚에 사람들이 모여 도회지가 형성된 것이라는 견해다. 제단(口)을 만들어 하늘에 섶木을 태우면서 제사 지낼 때 사람이 많이 모이는 것邑을 뜻한다는 주장도 있다. 곡물木을 불火에 그슬려 익어 떨어지는 낱알을 받아먹는口 모습으로도 본다.

  당초 도는 제후국의 서울을 뜻했으나, 왕의 자제나 중신重臣들도 그들의 식읍이나 영지領地의 중심지를 도라고 불렀다. 또 이민족의 수령 방백方伯들도 자신들이 있는 곳을 도라고 했다. 동주東周시대

제2장 공간(空間) **325**

도(都)의 금문

들어 세력이 강해진 일부 제후가 자신의 도都를 왕읍王邑과 대등한 의미의 경도京都라고 불렀다. 반면 동주의 왕은 자신을 지키기 위해 읍에 성을 쌓아 왕성 또는 성읍이라 했다. 읍과 성을 가르던 담장 구분이 없어진 것이다. 그러면서 읍과 도의 개념에 혼란이 생기거나 상호 위상이 뒤바뀌는 경우가 생겼다. 『춘추좌전春秋左傳』이 종묘宗廟가 있거나 선군先君의 신주神主를 모신 곳은 도, 없는 곳은 읍이라고 기록한 것이 대표적이다.[5] 제후국이던 진秦나라가 전국을 통일하면서 마침내 도는 읍을 제치고 천자가 위치한 서울이라는 뜻을 굳혔다. 도읍에서 도가 읍에 앞서는 것이 그런 까닭이다.

---

5   "有宗廟先君之主曰都, 無曰邑", 「莊公二十八年」, 신동준 역, 『춘추좌전 1』, 사단법인 올재, 2015, 134쪽.

7. 구궁九宮과 낙서 마방진魔方陣

宮 집 궁

직선을 교차한 이승二繩·사방을 좌나 우로 45° 돌리면 팔방八方이 만들어진다. 사방이 해의 움직임으로 파악한 자연 방위라면 팔방은 사방을 의식적으로 나눈 방위로도 볼 수 있다. 팔방은 12 → 16 → 24 → 36 등 동양의 다른 방위로 세분細分하기 위한 1차 분할 개념

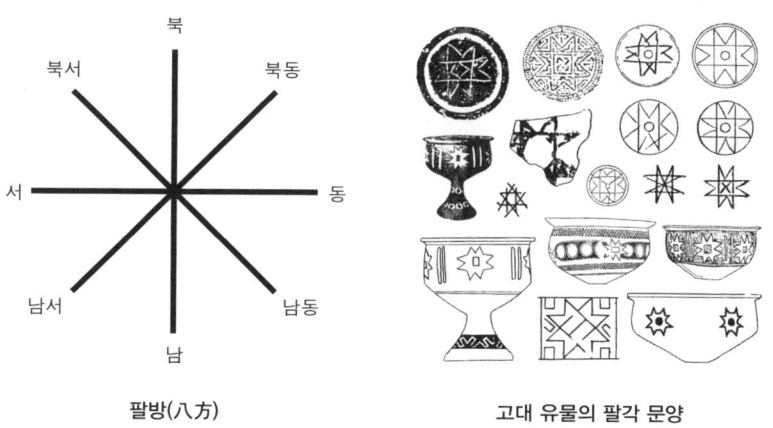

팔방(八方)　　　　　　　고대 유물의 팔각 문양

이기 때문이다. 팔방을 방위뿐만 아니라 햇빛 문양으로 해석하기도 한다. 신석기 시대 도기 등 유물에서 관련 문양이 대거 발견되는 까닭이다.

팔방에서 정동·정남·정서·정북은 사정四正, 동북·동남·서남·서북은 사유四維로 구분한다. 12진辰에서는 자오묘유子午卯酉가 사정, 축인丑寅·진사辰巳·미신未申·술해戌亥가 사유에 해당한다. 사유는 동양의 우주론인 개천蓋天의 뜻이 담긴 말이다. 하늘 덮개를 땅 모서리 네 곳에 밧줄維로 붙들어 맨 것이 사유다. 동서남북의 사정四正은 각각 춘·추분의 이분二分과 동·하지의 이지二至와 결합한다. 동북·동남·서남·서북의 사유四維는 입춘·입하·입추·입동 등 사입四立에 배속된다. 동북은 보덕報德, 동남은 상양常羊, 서남은 배양背陽, 서북은 제통蹏通의 모퉁이라고도 한다. 보덕은 음기의 겨울을 지나 덕을 의미하는 양기를 회복하는 곳, 상양은 양기가 일정하게 유지되는 곳이다. 배양은 양기의 계절인 여름을 등지고 음기의 계절인 가을로 향해 가는 곳, 제통은 겨울에 들어가지만 발꿈치蹏·발굽에서

東南 (立夏)	南 (夏至)	西南 (立秋)
東 (春分)	中	西 (秋分)
東北 (立春)	北 (冬至)	西北 (立冬)

팔방(八方)과 팔절(八節)

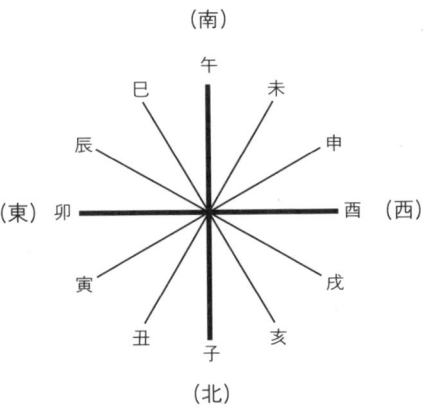

사정(四正)과 사유(四維)

양기가 싹트는 곳이라는 뜻이다.[6]

팔방八方과 중앙 교점交點을 공간화한 것이 구궁九宮이다. 구궁은 방위천문학뿐만 아니라 명당明堂과 같은 건축, 낙서洛書 구궁도 등 점복占卜, 풍수와 동양 의학의 혈처穴處 등으로 다양하게 활용된 개념이다. 동양 역학은 상수역象數易과 의리역義理易으로 나뉜다. 주역 등을 점복으로 운용하는 것은 상수역, 철학으로 해석하는 것은 의리역이다. 상수역에서는 주역의 괘효卦爻 풀이를 상象, 숫자 해석을 수數로 구분한다. 수리數理역학의 근본 바탕이 되는 숫자 체계가 하도河圖와 낙서洛書다. 하도는 자연수 1에서 10까지를 동서남북과 중앙 등 다섯 방위에 배치한다. 낙서는 1에서 9까지를 아홉 방위에 놓는다. 아홉수를 운용하는 낙서의 수리역학과 시공을 나타내는 구궁이 결합해 송宋대 이후 복잡한 수술학數術學이 됐다.

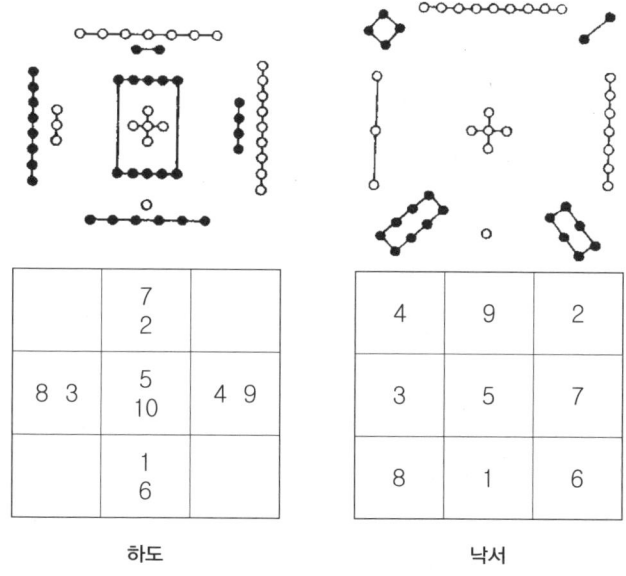

하도   낙서

---

6   "子午卯酉爲二繩, 丑寅辰巳未申戌亥爲四鉤, 東北爲報德之維也, 西南爲背陽之維, 東南爲常羊之維, 西北爲蹢通之維",『淮南子』

하도에서 1·6은 북北, 수水, 음陰, 동冬, 장藏을 의미한다. 2·7은 남南, 화火, 양陽, 하夏, 장長을 뜻한다. 3·8은 동東, 목木, 춘春, 생生이고, 4·9는 서西, 금金, 추秋, 수收다. 5·10은 중中, 토土, 계하季夏의 의미다. 하도는 시계 방향으로 수생목 → 목생화 → 화생토 → 토생금 → 금생수의 오행五行 상생相生 관계를 나타낸다. 반면 낙서는 반시계 방향으로 수극화 → 화극금 → 금극목 → 목극토 → 토극수의 상극相剋 관계를 보인다.

낙서는 북동남서의 네 정방과 중앙에 기수奇數·홀수·양수, 동북·동남·서남·서북의 네 우방隅方에 우수偶數·짝수·음수가 놓인다. 구궁에 배치된 낙서 숫자를 절기로 해석하면 기수奇數는 겨울(1) → 봄(3) → 여름(9) → 늦여름(5) → 가을(7) → 겨울(1)의 순환을 보인다. 날씨가 춥다가 따뜻해질수록 양기를 뜻하는 기수는 1부터 점차 커지다가 정점을 지나면 다시 작아진다. 우수偶數는 입춘(8) → 입하(4) → 입추(2) → 입동(6)의 흐름을 나타낸다. 음기인 우수는 한기寒氣가 가득할 때 큰 숫자에서 시작해 기온이 높아지면서 작아진다. 양기가 가장 큰 여름(9)에 음기가 시작되는 계절인 입추(2)의 숫자는 가장 작다. 태극도를 연상하면 된다.

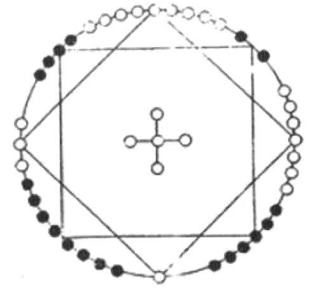

낙서(洛書)와 24절기

낙서 구궁수九宮數를 마방진魔方陣 또는 환방진幻方陣이라고 한다. 마방진은 정사각형에서 가로, 세로, 대각선의 합이 같도록 자연수를 배열한 것이다. 낙서의 가로세로 대각선 숫자의 합은 15다. 낙서는 또 기수와 우수가 각각 거듭제곱멱·冪 함수의 규칙을 갖는다. 낙서 기수의 거듭제곱은 $(1=3^0) \rightarrow (3=3^1) \rightarrow (9=3^2) \rightarrow (7=3^3=27) \rightarrow (1=3^0)$이다. 우수는 $(2=2^1) \rightarrow (4=2^2) \rightarrow (8=2^3) \rightarrow (6=2^4=16) \rightarrow (2=2^1)$이다. 거듭제곱수에서 십의 자리는 버리고 일의 자리 수만 취한다. 숫자가 아무리 커져도 기수와 우수를 구분하는 것은 일의 자리 수이기 때문이다. 기수의 거듭제곱은 왼쪽으로 돌고좌선·左旋, 우수의 거듭제곱은 오른쪽으로 돈다우행·右行. 하늘은 좌선하고, 땅은 우행하는 것이다. 천수天數와 지수地數는 모두 90°씩 네 번 회전한 뒤 본래 자리로 돌아오는 원운동을 한다. 기수에 3을 곱하고, 우수에 2를 곱하는 것은 주역의 삼천양지參天兩地 법칙에 따른 것이다. 하늘의 양수는 세 배, 땅의 음수는 두 배씩 늘어난다는 것이 삼천양지다.

낙서 구궁의 개념을 딴 명당明堂은 회전의 뜻을 담은 건축물이다. 명당은 주周대 이후 천자가 정령政令 반포와 제천祭天 의례 등 국가의 중요 행사를 시행하던 곳이다. 하늘의 뜻을 땅에 펼치는 존재

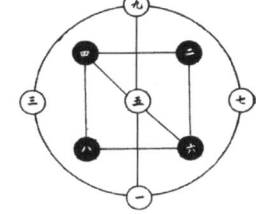

낙서 기수   낙서 우수

인 천자는 하늘 기운의 변화에 맞춰 매달 음력 초하루 명당 내에서 집무 공간을 옮기고 정령 반포도 달리했다.[7] 명당을 선실宣室이라고도 한다. 천자가 명당 내 구궁을 회전하는 뜻을 담은 용어다. 선宣은 지붕 아래에 기운이 도는回 모양이다. 선실은 하늘 기운이 막힌 데 없이 드나들도록 벽 없이 지붕만 얹었다. 천자가 선실宣室에서 정령을 선포宣布하는 것은 백성에게 막힘없이 알려지고 백성의 바람이 다시 돌아오도록 한다는 의미다.

선(宣)의 갑골문   회(回)의 금문

---

7 권오돈 역해, 『禮記』, 홍신문화사, 1987, 134~168쪽.
   여불위 저, 김근 역, 『여씨춘추』, 글항아리, 2012, 37~294쪽.

제4부
하늘과 땅

1장 하늘(天)

2장 땅(地)

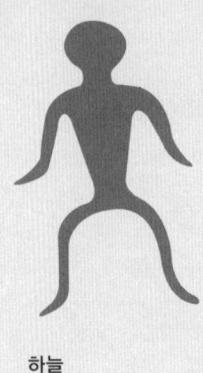

하늘

우주 기원론起源論은
어떤 문명이든 존재하게 마련이다.

우주 생성과 인간 탄생에 대한 원초적 의문을 이해하고 설명하려는 노력이 문명 형성 과정에 필연적으로 따르는 까닭이다. 인류의 초기 문명에서 우주 기원론은 대체로 신화의 형식을 띤다. 불가사의에 대한 인간 지식의 한계를 넘어서기 위해 집단적 상상력을 동원하기 때문이다. 신화적 우주론에는 창세신創世神과 태초太初가 등장하는 것이 일반적이다. 창세신은 무無나 혼돈으로 묘사되는 태초에 하늘과 땅을 만들고 인간을 탄생시키는 위대한 업적을 이룬다. 수메르의 안, 이집트의 프타, 그리스 로마의 가이아와 같은 창세신의 자리에 중국은 반고盤古가 있다. 그는 자신이 1만 8,000년 동안 잠자던 어둠과 혼돈의 우주 알을 깨 천지 개벽開闢을 이루고, 자기 몸의 각 부분으로 세상 만물을 형성했다. 동양의 우주 자생론自生論인 기론

氣論은 반고 신화보다 후대에 더욱 큰 영향을 미쳤다. 혼돈 속에 뒤섞여 있던 원기元氣가 어느 순간 분리돼 가볍고 맑은 양陽의 기운은 하늘이 되고, 무겁고 탁한 음陰의 기운은 땅이 되었다는 것이다.

신화적 우주론이 도식화한 창세創世 과정은 오늘날에도 여전한 생명력을 갖고 있다. 인류가 창세신과 태초의 존재와 성격을 규명할 방법을 찾아내지 못했기 때문이다. 현대 물리학은 138억 년 전 발생한 빅뱅을 우주의 기원으로 설명한다. 하지만 빅뱅이 왜 일어났고 빅뱅 이전은 무엇이었는지에 대한 해답은 아직 구하지 못한 상태다. 우주 기원론은 인류가 영원히 풀 수 없는 숙명 같은 명제로 보인다. 창조론, 자생론, 진화론, 빅뱅론 등 인류사에 나타난 여러 우주론은 결국 인간 지식과 오성悟性의 한계를 인정한 타협책이라고 할 수밖에 없다. 우주를 이해하기 위해 당장은 미흡하더라도 일단 설명은 시작해야 하기 때문이다.

땅

땅地은
흙土과 뱀巴을 합친 글자다.

무생물土을 기반으로 생물巴이 살아가는 곳이 땅이라는 뜻이다. 흙과 함께 살아가는 생물의 대표로 뱀을 내세운 것은 땅과 떨어지지 않는 모습을 떠올린 것이다. 하늘과 땅은 항상 한 쌍으로 연상되는 존재다. 인간을 둘러싼 3차원 공간 성질을 형성하는 양대 축이기 때문이다. 창세創世 신화도 하늘과 땅은 본래 한 몸이었다. 두 존재는 분리된 뒤에도 한동안 연결 고리를 남겨두었다. 세계 각지 신화에는 우주수宇宙樹가 등장한다. 우주수는 하늘을 떠받치는 기둥이거나 하늘과 땅을 오갈 수 있는 나무 사다리 등으로 변형되기도 한다. 중국 신화에서는 땅의 한복판에서 자라는 건목建木이 하늘 한복판을 떠받치고 있는 우주수로 묘사된다. 하늘을 떠받치는 서북쪽 기둥인 부주산不周山이 신들의 전쟁으로 무너져 하늘이 한쪽으로 기울었다는 이야기도 있다. 먼 옛적에는 신과 사람이 하늘과 땅을 잇는 나무 사다리 등을 통해 서로 왕래했었다. 천제天帝인 전욱顓頊은 신神과 인人의 너무 잦은 왕래로 천상과 지상의 질서가 어지러워지자 두 세상을 완전히 끊어버리는 절지천통絶地天通을 단행했다는 신화도 전해진다.

동양에는 주周대 이후 하늘과 사람이 하나라는 천인합일天人合一 사상이 자리 잡았다. 하늘 한가운데인 천중天中에는 우주 만물을 다스리는 천제天帝가 위치하고, 땅 한가운데인 지중地中에는 천제를 대리한 천자가 백성을 다스린다는 생각으로 이어졌다. 천자는 하늘의 뜻을 따르기 위해 천제와 가장 가까운 거리에 도읍을 정해야 할 의무가 주어졌다. 이는 고대 왕조가 심혈을 기울였던 지중地中 찾기 작업으로 연결됐다.

1장
하늘 天

1. 하늘과 형천(刑天)

2. 하늘과 황제(皇帝)

3. 황제(皇帝)와 조상(祖上)

4. 진시황(秦始皇)의 문자 왜곡

5. 무당과 천문(天文)

6. 신(神)의 글을 읽는 사람

7. 천원지방(天圓地方)

8. 방원도(方圓圖)와 원방도(圓方圖)

9. 개도(蓋圖)

10. 하늘로 오르는 길

11. 뒤바뀐 천중(天中)

12. 하늘 문지기

1. 하늘과 형천刑天

天 하늘 천

천天의 갑골문은 머리와 하늘의 두 가지 뜻을 갖는다. 사람이 정면으로 선 모양大과 머리 형태(口 또는 ○)를 합친 글자다. 당초 인체의 구체적 부위를 가리키는 글자였으나, 하늘이라는 추상적 개념을 나타내는 뜻으로 발전했다. 갑골문에는 사람大의 머리 부분을 강조하기 위해 가로획 두 줄二·上의 원글자로 쓴 모양도 보인다.

　천은 뒤에 하늘을 뜻하는 글자로 주로 쓰이면서 머리의 의미는 거의 사라졌다. 하지만 남은 흔적이 신화 전설에 보인다. 『산해경山海經』「해외서경海外西經」에 나오는 내용이다.

천(天)의 갑골문

"형천刑天이 이곳에서 천제와 신의 자리를 다투었다. 천제는 그 머리를 베어 상양산에 묻었다. 그래서 형천은 젖꼭지로 눈을 삼고 배꼽으로 입을 삼아 방패와 도끼를 들고 춤을 추었다."[1]

이 글은 염제炎帝족과 황제黃帝족 간의 전쟁 신화다. 염제의 부하인 형천은 황제에게 대항했으나 역부족으로 머리를 베이는 극단적 상황에 몰렸음에도 투지를 잃지 않고 끝까지 싸웠다는 이야기를 전한 것이다. 형천은 천天이 형벌刑을 받았다는 의미의 이름이다. 형천의 천은 머리를 가리킨다. 널矢, 요夭, 오吳 등 갑골문의 윗부분도 모두 머리를 뜻한다. 널은 머리가 왼쪽으로 기울어진 모양이고, 요는 식물 등이 자라면서 머리가 굽은 채 펴지지 못한 모습이다. 요절의 뜻이다. 오는 머리를 기울이고 달려가면서 입口으로 크게 떠드는 모양이다. 오에는 떠들썩하다는 의미가 담겨 있다.

형천(刑天) (출처: 百度)

---

1 "刑天與帝至此爭神, 帝斷其首, 葬之常羊之山, 乃以乳爲目, 以臍爲口, 操干戚以舞.",「海外西經」,『山海經』

2.   하늘과 황제皇帝

帝 임금 제

"덕은 삼황을 아울렀고, 공은 오제를 넘어섰다德兼三皇, 功過五帝."

기원전 221년 진왕秦王 영정嬴政은 마지막 남은 제齊를 무너뜨리고 천하를 하나로 묶는 사상 초유의 대업을 이뤄냈다. 전국戰國시대를 분점했던 한韓·조趙·위魏·초楚·연燕을 차례로 지도에서 지워나간 지 9년 만이었다. 그는 자신의 공적을 만세에 전하려면 이전 시대와 다른 획기적이면서 새로운 상징이 필요하다고 생각했다. 영정이 선택한 것은 인세人世의 절대자에게 종전에 없던 신성한 칭호를 부여하는 것이었다. 수천 년에 걸친 신화 전설 속 삼황오제三皇五帝를 한 몸에 담아내는 황제皇帝라는 호칭이 제격이었다. 그는 황제 시대를 개창開創하는 시황제始皇帝를 자임했다. 진조秦朝는 2대로 끝났지만 황제는 2,000년 넘게 이어졌다. 오늘날 중국 영토와 제도의 원형은 모두 그의 손에 의해 빚어졌다고 해도 과언이 아니다. 명말明末의 자

제(帝)의 갑골문

유주의 사상가 겸 문학가 이지李贄·1527~1602는 영정의 위업을 거론하며 '천고일제千古一帝'라는 영예를 그에게 안겼다.

황제는 '제帝' 한 글자로 약칭한다. 문제文帝, 무제武帝, 제국帝國 등이 그 예다. 지상의 최고 통치자 제는 처음부터 그런 뜻이었을까? 제는 상商대의 갑골문과 금문에 모두 보인다. 글자 모양에 대해서는 다양한 해석이 나온다.

첫째는 하늘 제사 체禘의 본글자라는 주장이다. 나무 등걸을 엇갈리게 세우고 화톳불요·燎을 피워 하늘에 제사 지내는 제천祭天 행사를 나타낸 것이다. 윗부분의 가로선은 하늘이고, 가운데의 가로로 된 H은 사방을 뜻한다. 화톳불의 화염과 연기가 하늘로 솟구쳐 오르면서 신과 소통하는 것이 체제禘祭의 목적이다. 처음에는 제천 행사였으나 나중에 지상신至上神인 상제上帝 또는 천제天帝, 그리고 하늘로 올라간 선조先祖의 뜻으로 이어졌다. 상대에는 천天 개념이 채 형성되지 않아 상二·上을 대신 썼다.

둘째는 꽃꼭지 체蔕의 원글자라는 의견이다. 윗부분의 삼각형은 꽃씨방, 가운데 수직선은 꽃술, 중간의 가로선은 꽃받침, 아랫부분은 식물의 뿌리 모양이다. 꽃꼭지는 꽃과 과일, 가지를 연결하는 존재다. 꼭지는 꽃이 피거나 과일이 익고 나면 떨어진다. 하지만 꼭지를 통해 피워 올리는 꽃과 과일은 생명의 연속과 번식을 의미한다. 농경 민족의 식물 생식生殖과 토지土地 숭배를 표현한 글자라는 것이다. 지地와 제帝의 중국어 발음(di)은 같다.

셋째는 배꼽 제臍를 묘사한 것이라는 견해다. 아랫부분은 모태와 연결된 탯줄이며, 중간의 가로선은 탯줄을 자른 선, 윗부분은 배꼽의 모양이다. 처음 탯줄을 자른 배꼽은 볼록하게 솟은 모습이지만, 새로운 개체가 자라서 커지면 안으로 오므라든다. 제는 동식물을 막론하고 후손을 생육하는 뜻과 함께 생명의 근원, 사물의 시초, 일의 발단, 태초의 인간 등의 의미를 내포한다. 제帝는 후손을 생육하는 어머니처럼 덕德으로 만민萬民을 생육하는 존재다. 제는 모계사회의 흔적으로 왕王보다 더 오래된 모계 씨족장에 대한 호칭이다.

넷째는 여음女陰의 외관을 형상한 것이라는 주장이다. 윗부분의 삼각형은 여성 생식기나 회음부를 그린 것이다. 실제 세계 곳곳의 고대 유적지에서 발견되는 그림이나 토기 등에 나타나는 역삼각형이나 삼각형은 여음의 상징이라는 것이 고고학자들의 견해. 중간의 가로로 된 ㅂ은 관통 부호이며, 아랫부분은 생식에 의해 혈연이 전승되고 후대가 번성하는 모습이다. 노자『도덕경』에 기술된 곡신

여음을 강조한 신석기 토기
(출처: 美篇)

나무집

谷神, 현빈지문玄牝之門, 천지의 뿌리天地根를 묘사한 것이다. 인류 최초의 조상은 여와女媧나 이브와 같은 여성으로, 모계사회의 생식 숭배 관념을 나타낸 글자가 제帝다.

다섯째는 묶을 체締의 본글자라는 해석이다. 원시 인류가 독충과 맹수를 피하기 위해 나무 위에 가지와 풀 등을 동여 묶어 집을 지은 형태라는 것이다. 인류가 축축한 동굴에서 나와 새집처럼 나무집을 지어 탁 트인 공간에서 살도록 한 초기 전설의 유소씨有巢氏를 기린 글자라는 것이다. 이 밖에 하늘까지 닿는 나무인 통천수通天樹를 표현한 것이라는 설과 상商나라 시조 설契의 난생卵生 설화와 관련된 제비玄鳥가 하늘로 올라간 모양이라는 설, 사방으로 비치는 햇빛을 그린 것이라는 설 등이 있다.

이들 가운데 다수 설은 제천祭天 의례라는 해석과 꽃꼭지帝의 형상이라는 주장이다. 각 의견의 내용을 보면 주요 개념이 서로 연결되어 있음을 알게 된다. 제천 의례설은 하늘, 상제, 천제, 선조, 제비, 나무집 등의 개념을 내포한다. 꽃꼭지설은 생식, 생육, 배꼽, 여음, 모계 조상 등의 뜻을 갖는다. 만물을 주재하는 하늘의 지상신至上神과 후손을 생육하고 번성시킨 조상신祖上神의 개념을 합친 글자가 제帝라고 할 수 있다. 자연신과 조상신을 동일시한 것이다.

제帝는 상대 갑골문 복사에 대체로 두 가지 용법으로 쓰인다. 비, 바람, 번개, 천둥, 가뭄 등 기상과 관련한 점복占卜을 할 때는 하늘의 지상신인 상제에게 비는 뜻이다. 반면 대외 정벌이나 전쟁을 앞두고 '제여, 나를 보호하소서帝受我祐'라고 쓴 복사는 조상신의 가호를 바라는 것이다. 상대의 중흥 군주인 무정武丁 시기의 복사를 보면 직계 선왕이 죽었을 때 묘호廟號 앞에 제를 붙였다. 선왕을 지상신 또는 지상신에 버금가는 반열로 올린 것이다. 살았을 때는 왕

生稱王, 죽었을 때는 제死稱帝의 개념이 지켜졌던 것이다. 이를 감안해 주周나라 때는 살아 있는 왕을 결코 제라고 부르지 않았다. 죽은 왕에 대한 호칭을 산 왕에게 붙인 것은 사실상 진왕 영정으로부터 비롯됐다.[2]

---

2   전국시대 중기인 기원전 288년 진소양왕(秦昭襄王)과 제민왕(齊湣王)이 잠시 자신들을 각각 서제(西帝)와 동제(東帝)로 칭한 적이 있었다.

3. 황제皇帝와 조상祖上

祖 조상 조

상商 왕은 직계 선조에 대해 제帝라는 호칭을 붙였다. 제는 하늘에 올라 신이 된 조상이다. 갑골문 복사에는 제천祭天이나 사천祀天 등의 표현이 보이지 않는다. 대신 제제祭帝와 사제祀帝, 제조祭祖와 사조祀祖라는 용어를 썼다. 천天의 개념은 아직 형성되지 않았고, 제帝와 조祖의 구분은 엄격하지 않았던 것으로 보인다. 제는 선조의 통칭이거나 선조를 내포하는 보다 큰 개념이었던 것으로 전문가들은 판단한다. 제는 비와 바람 등 기상을 장악하는 자연신, 농작물의 생장과 풍년을 좌우하는 농신農神, 인류 생활을 주재하고 군주의 명운을 좌우하는 지상신至上神 등을 모두 아우르는 개념이라는 것이다.

　제帝와 조祖는 모두 조상을 뜻한다. 하지만 두 글자는 개념상 구분된다. 양자 간 차이는 생식 숭배에 대한 전혀 다른 인식에 바탕한다. 제를 꽃꼭지로 해석한다면 이는 식물의 생식기관에 의한 종족의 번식이라고 할 수 있다. 또 배꼽이나 여음으로 보면 모계사회의 혈연 전승과 후대 번성으로 풀이할 수 있다. 제는 식물 또는 여성에 대한 조상 개념이다. 따라서 중국인들이 자신들의 시조로 여기는 염제炎帝나 황제黃帝조차도 남성이 아니라 여성이라는 주장을 펴는 학자도 있다.

조(祖)의 갑골문

반면 조祖의 갑골문 자형且은 남성 생식기를 표현한 것으로 해석한다. 무덤 모양, 무덤 앞의 비석碑石이나 비목碑木, 고기를 써는 도마 조·俎 등으로도 보지만 소수 의견이다. 조且도 식물이나 여성 생식기처럼 종자를 퍼뜨려 후손을 번성시키는 도구라는 사고를 드러낸 것이다. 조 왼쪽의 T 모양은 제단으로 조祖의 원형이다. 조상 관념이 제에서 조로 옮겨간 것은 모계사회에서 부계사회로 전환되는 상황을 의미한다. 제와 조의 완전한 분리는 주周대에 이뤄진 것으로 판단한다. 천天과 천명天命 사상을 중시하기 시작한 주대에 제는 하늘과 천제天帝의 의미로 쓰이고, 조는 조상의 뜻으로 글자가 나뉘었다.

조상과 후손의 명칭

	조 상		후 손
1대 조	부(父), 부친(父親)	1세 손	자(子)
2대 조	조(祖), 조부(祖父)	2세 손	손(孫), 손자(孫子)
3대 조	증조(曾祖)	3세 손	증손(曾孫)
4대 조	고조(高祖)	4세 손	현손(玄孫)
5대 조	천조(天祖)	5세 손	내손(來孫)
6대 조	열조(烈祖)	6세 손	곤손(晜孫), 곤손(昆孫)
7대 조	태조(太祖)	7세 손	잉손(礽孫), 잉손(仍孫)
8대 조	원조(元祖)	8세 손	운손(雲孫)
9대 조	비조(鼻祖), 시조(始祖)	9세 손	이손(耳孫)

4. 진시황秦始皇의 문자 왜곡

皇 임금 황

진시황秦始皇은 전설 속 삼황오제三皇五帝를 모두 아우른 황제皇帝라는 호칭을 사상 처음 채용하면서 황皇을 종전과 다른 새로운 글자 형태로 바꿔 쓰라는 다소 황당한 명령을 내렸다. 상형 문자인 한자는 글자 모양을 바꾸면 뜻이 완전히 달라지는 특성이 있기 때문이다. 진시황의 명령은 금문金文의 불꽃 모양으로 된 윗부분을 자自로, 아랫부분의 토土 모양을 왕王으로 고쳐 쓰라는 것이었다. 자는 코 비鼻의 본글자다. 자신을 가리킬 때 손가락으로 코를 가리키는 행동으로 인해 스스로, 자신, 비롯되다, 말미암다 등으로 뜻이 넓어졌다. 진시황의 자自로 바꾸라는 명령은 황제가 자신으로부터 비롯되었다는 뜻을 글자 속에 영원히 남기기 위한 것이었다. 시조始祖와 같은 뜻의 비조鼻祖가 이로부터 시작됐다. 자自가 백白으로 바뀐 것은 한漢나라 때였다.

황(皇)의 금문   황(皇)의 소전

    황의 아랫부분을 왕으로 고치라는 것은 황제라는 두 글자에 신화 전설과 역사 시대를 통틀어 임금들이 써온 왕王, 황皇, 제帝라는 세 가지 호칭을 모두 담겠다는 의도였다. 왕으로 쓰는 것이 전혀 연유가 없는 것은 아니었다. 금문 아래의 토土 모양은 사실 도끼를 나타낸 것이었다. 갑골문에는 아랫부분에 별도로 도끼를 그린 글자 형태도 있다. 금문은 도끼 모양을 토처럼 쓴 것뿐이었다. 도끼는 고대 부족장이나 제왕 등 통치자의 권위의 상징이었다. 흔히 혼란을 겪는 왕王과 옥玉의 차이는 맨 아래 획을 도끼날처럼 굵게 그린 것은 왕, 위의 두 획과 똑같이 가늘게 그린 것은 옥이다.

    황皇에 대해서는 대체로 빛을 표현한 것과 머리에 쓰는 새의 깃털관鳥羽冠 모양이라는 두 가지 해석으로 나뉜다. 우선 빛날 황煌의 본글자라는 주장이다. 황의 갑골문은 빛나는 횃불을 그린 것이며, 금문의 위아래는 각각 등불과 받침대라는 것이다. 해가 떠올라 햇살이 대지를 밝게 비추는 모습으로도 풀이한다. 긴 세로선은 해를 정면으로 보고 선 사람이다. 크다大, 위대하다, 고귀하다, 장엄하다

황(皇)의 갑골문   왕(王)의 갑골문   옥(玉)의 금문
*오른쪽 글자의 왼쪽 작은 글자는 도끼(王)

제1장 하늘(天)

는 뜻이 여기서 나왔다. 황에 임금, 천자, 천제天帝의 의미가 담긴 것은 해日가 제왕과 하늘天을 상징하기 때문이다.

황이 깃털관이라는 주장은 글자의 생김새도 흡사하지만 『예기禮記』와 『주례周禮』에 황관皇冠의 사용례가 보이기 때문이다. 『예기』에는 "유우씨는 황관을 쓰고 제사 지냈다"[3]는 대목이 나온다. 유우씨는 순舜임금이며, 황관은 새깃털로 장식한 관이다. 또 『주례』에는 "황무를 가르쳐서 기우제 춤을 추게 한다."[4]는 내용이 있다. 기우제 춤을 출 때 새 깃털관을 썼다는 뜻이다. 황관과 관련해 동이족의 토템이 새인 것에 특별히 주목하기도 한다. 상족商族뿐만 아니라 산동성山東省 대문구大汶口 문화의 소호씨少昊氏, 순임금 등 모두 새를 토템으로 하는 동이족이다. 봉황鳳凰, 鳳皇의 황이 새인 것도 연관성을 갖는다. 황관을 빛나는 금관金冠으로 보는 시각도 있으나 이는 후대의 해석이다. 황의 해석에 나타나는 해 또는 햇빛, 새 또는 해 속의 새(삼족오, 준조)는 서로 연결되는 상징이다. 지붕만 있고 벽이 없는 방, 상판에 구슬을 늘어뜨린 면류관冕旒冠도 황이라고 한다. 이 경우 크고 넓다는 뜻이다.

삼황오제는 춘추전국시대 제자백가들이 중국 문명의 시초를 열었다는 고대 전설의 제왕 8명을 인위적으로 정리한 것이다. 따라서 제자백가의 분류에 따라 삼황과 오제의 구성이 달라지며, 여러 지역의 설화가 혼입混入되면서 서로 모순되는 경우도 많다. 삼황은 복희伏羲, 여와女媧, 신농神農, 유소有巢, 수인燧人, 축융祝融, 공공共工, 황제黃帝 등이 문헌에 따라 다르게 거론된다. 가장 공통적으로 언급되는 삼황은 복희, 여와, 신농이다. 오제는 황제, 전욱顓頊, 제곡帝嚳, 요堯,

---

3 "有虞氏皇而祭",「王制」,『禮記』

4 "敎皇舞, 帥而舞旱暵",「地官司徒·舞師」,『周禮』

순舜, 태호太昊 복희, 염제炎帝 신농, 소호少昊 금천金天 등이다. 보통 황제, 전욱, 제곡, 요, 순을 오제로 든다. 문명적 시기로는 삼황이 오제에 앞선다. 하지만 문헌의 분류에서는 오제가 먼저 등장하고 삼황이 뒤에 나타났다.

삼황과 오제는 인류 문명 발달의 시기 구분과 관련된다. 삼황은 불과 해를 숭배하면서 수렵 생활을 하던 시기이고, 오제는 문명 발달과 함께 농경사회로 접어드는 때라고 할 수 있다. 삼황 중 인류를 창조한 여와는 모계사회의 상징이라 할 수 있다. 유소씨는 나무집을 짓고 살던 원시사회를 의미하며, 수인씨는 불을 이용하기 시작한 시대를 의미한다. 오제로 상징되는 농경 시대는 하늘에 기대서 식량을 해결하던 상황으로 제천祭天 의례와 함께 천天, 상제上帝, 천제天帝 등의 개념이 싹튼 시기다.

5.   무당과 천문天文

巫 무당 무

"무巫는 무당이다. 여자 중에 형체가 없는 것을 섬겨서 춤으로써 신을 내리게 할 수 있는 사람이다. 사람의 두 소매가 춤추는 모양을 본떴다. 공工과 문자 구성원리가 같다. 옛적 무함巫咸이 처음 무당이 되었다."[5]

동한東漢 허신許愼의 『설문해자說文解字』에 나오는 무巫에 대한 해석이다. 상고 시대 자연 현상이나 재해, 인간의 질병과 죽음 등에 대한 과학적 지식이 부족하던 시절 그 의문을 풀어주고 해결책을 내놓는 사람이 있었다. 이들은 대개 현인賢人으로 불렸다. 하늘과 땅의 신령에게 불가해한 일을 물었고, 마을의 안녕과 번영을 위해 제사와 기도를 올렸다. 경험 많은 부족장이 그 일을 맡기도 했다. 상주商周 시대 하늘과 대화하는 현인을 무巫라 했고, 군권軍權을 쥔 지도자

---

[5] "巫, 祝也. 女能事無形, 以舞降神者也. 象人兩褎舞形. 與工同意. 古者巫咸初作巫."

를 왕王이라 했다. 무는 영적 지도자이자 최고의 지식인이었다. 무와 왕은 겸할 때가 많았다. 공동체가 커져 무가 복수 집단이 됐을 때 왕은 대무大巫로 불렸다. 제정祭政 또는 무정巫政 일치 시대였다.

설문의 풀이에 "옛적 무함이 처음 무당이 되었다"는 구절이 있다. 무함은 기원전 14세기 상商나라 13대 중종조을·祖乙 시기의 인물이다. 왕족이기도 한 그는 상나라 최초로 항성恒星을 관측하고 역법을 만든 천문학자이자 점성술사였다. 약초와 의술을 연구한 의약자였고, 거북점은 물론 산가지로 점을 치는 서점법筮占法을 처음 만든 점복사占卜師였다. 그는 정치, 지리, 역사, 과학, 산학算學, 음악, 제례祭禮 등 무불통지無不通知에 가까운 지식을 자랑하는 인물이었다고 옛 문헌은 전한다. 『산해경山海經』, 『서경書經』, 『초사楚辭』, 『열자列子』, 『여씨춘추呂氏春秋』 등에 그에 관한 기록이 나온다.

의醫, 서筮, 영靈, 축祝, 사史, 복卜, 무舞 등은 사상 첫 무당이었던 무함의 능력을 담은 글자라 할 수 있다. 의와 서의 아래에 무巫가 있다. 영의 금문은 제단示에 술잔(ㅂ)을 올려놓고 기우제를 지내는 무당의 모습을 나타낸 글자다. 전국시대에 아래의 제단 모양이 무巫로 변했다. 축祝은 제단 앞에 무릎을 꿇고 신에게 큰 소리口로 기도하는 모양이다. 사史는 거북점을 위해 날카로운 도구를 손에 들고 점칠 내용을 거북 껍데기에 쓰는 모습이다. 복卜은 거북 껍데기를 불에 달궈 갈라진卜 점의 결과를 해독하는 것이다. 무舞는 음악과 춤으로 신을 내리는 행위다. 무舞와 무巫는 발음이 같다.

설문은 또 무巫에 대해 "무형의 것을 섬기는 여자가 춤으로 신을 내리게 할 수 있고, 두 소매가 춤추는 모양을 본떴다"고 했다. 무함 이래 무당은 주로 남자였다. 남무와 여무가 나뉜 것은 주周대였다. 『주례主禮』「춘관종백春官宗伯」에는 사무司巫, 남무男巫, 여무女巫라는 관직 이름이 나온다. 사무는 무당 행정을 총괄하는 자리다. 나라에 큰 가뭄이 들면 무당들을 인솔해 춤 기우제무우·舞雩를 지내고, 나라에 큰 재앙이 있으면 제사를 지내는 기능을 한다.[6] 남무는 주로 신령과 조상에게 제사 지내는 일을 한다. 흥미로운 것은 여무의 역할이다. 여무는 해마다 신령에게 재앙을 없애는 제사를 지내는데, 그 전에 향풀香草을 끓인 물로 목욕을 한다. 또 큰 가뭄이 들면 춤 기우제(무우)를 지내고, 큰 재앙이 있으면 슬픈 노래를 부르며 우는 것을 청한다.[7]

학자들은 이 같은 여무의 역할을 신에 대한 미인계에 가깝다고 평가한다. 특히 여무는 가뭄이 들 때 신에게 바쳐지는 희생과 같은 취급을 받았다. 농경 시절 가뭄은 신이 내리는 벌과 같았다. 신의 분노를 가라앉히고 비를 오게 하는 것은 여무가 맡은 가장 중요한 일이었다. 가뭄이 오래 지속되면 여무는 섶단에 올려 불태워지거나, 묶인 몸으로 작렬하는 태양에게 희생으로 바쳐지는 일이 당시로서는 흔한 기우제 방식이었다. 『산해경』 「해외서경海外西經」에 이를 묘사한 대목이 나온다.

"여축女丑의 시신은 산 채로 열 개의 해에 의해 구워 죽임을 당하고 있다. 장부국의 북쪽에 있으며, 오른손으로 자기 얼굴을 가리고 있다. 열 개의 해가 하늘에 있고 여축은 산 위에 있다."[8]

---

6 "司巫掌群巫之政令. 若國大旱則帥巫而舞雩. 國有大災則帥巫而造巫恒. 祭祀則共匰主及道布及蒩館. 凡祭事守瘗. 凡喪事掌巫降之禮.", 「春官宗伯·司巫」, 『周禮』

7 "女巫掌歲時祓除釁浴, 旱暵則舞雩. 凡邦之大災, 歌哭而請.", 「女巫」

8 "女丑之尸, 生而十日炙殺之. 在丈夫北, 以右手鄣其面. 十日居上, 女丑居山之上.", 「海外西經」, 『山海經』

여축은 희생물이 된 여자 무당이다. 여무를 가뭄 귀신으로 꾸미거나 신에게 바치는 제물로 햇볕이나 불에 태워 죽이던 장면을 그린 것이다. 산 위에서 얼굴을 가리며 고통에 몸부림치는 여무의 모습이 선하다. 본래 하늘에는 열 개의 해가 있었으나 가뭄 등으로 사람들이 고통을 겪자 예羿라는 인물이 활로 아홉 개의 해를 쏘아 떨어뜨렸다는 전설이 있다.

무(巫)의 전서

여자 무당의 역할만을 강조한 설문의 무에 대한 풀이는 무함의 모습과는 많이 다르다. 허신의 무에 대한 정의는 춘추전국시대의 전서篆書를 보고 판단한 것이었다. 무巫의 전서는 工의 좌우에 人가 들어 있는 모양이다. 갑골문의 무舞는 두 손에 주술 도구나 장식물을 들고 춤추는 모습이다. 허신은 이를 여자 무당이 옷소매를 펄럭이며 춤을 추는 것으로 보았다. 무舞와 무無는 갑골문의 자형字形이 같다.

무(舞·無)의 갑골문

矩 곱자 구

구(矩)의 갑골문   구(矩)의 금문

제1장 하늘(天) **357**

설문은 마지막으로 "공工과 문자 구성원리가 같다"고 풀이했다. 공工에 대한 해석에서는 "정교하게 꾸미는 것으로 자規榘를 본떴고 무巫와 글자를 만든 뜻이 같다"⁹고 했다. 규規는 원을 그리는 그림쇠다. 구榘는 구矩와 같은 글자로 직각자인 곱자(ㄱ)를 가리킨다. 신에게 바치는 정교한 옥기玉器나 제기祭器를 그림쇠와 곱자와 같은 도구를 이용해 만드는 장인匠人의 모습이 무巫에 담겼다는 것이었다. 구矩는 시矢와 거巨를 합한 글자다. 본래 구는 가운데 손잡이가 있는 긴 막대자였다. 막대자가 길고 컸기 때문에 뒤에 클 거巨의 뜻을 갖게 됐다. 금문에는 막대자를 사람大 또는 夫이 잡은 형태가 추가됐다. 전서篆書에서 사람의 모습을 오해해 시矢로 바뀌었다. 화살이 곧은 것처럼 자도 곧다고 생각한 까닭도 있다. 구가 막대자가 아닌 곱자의 모양을 갖추게 된 것은 한漢대 이후부터다. 복희伏羲 여와女媧 등이 곱자를 든 모습도 이때부터 나타났다.

갑골문이 출토되면서 무巫의 본래 형태가 드러났다. 허신이 본 전서와 달리 갑골문과 금문은 工을 가로와 세로로 겹친 모양이었다. 허신이 언급한 공구설工具說과 가까웠지만 정확한 풀이는 아니었다. 여러 주장이 나왔지만 규표圭表 등 천문과 관련

무(巫)의 갑골문

한 해석에 더 많은 무게가 실렸다. 세로의 工은 하늘과 땅을 연결한 것이고, 가로의 ㅂ은 해가 뜨고 지는 동과 서를 의미한다는 주장이었다. 가로와 세로의 네 방향 끝에 짧은 선으로 종점을 표시한 것은 태양신이 동서남북의 4극極을 비추는 것을 뜻한다는 것이었다. 마치 만卍 자처럼 태양신 또는 하늘의 상제를 나타내는 종교적 표지標識라는 의견도 덧붙여졌다. 천문학자들은 세로의 工을 그림자를

9　"工, 巧飾也. 象人有規榘. 與巫同意."

재는 규표로 풀이했다. 가로의 ㅂ은 해가 동쪽에서 떠서 서쪽으로 질 때 생기는 그림자를 나타낸 것이라고 강조했다. 자오묘유子午卯酉의 사방을 표시한 이승二繩의 개념이 무巫의 형태라는 것이었다. 무는 천문 지식을 갖추고 하늘과 소통하는 존재로 해석됐다.

복희와 여와가 든 규구(規矩) (출처: 新浪)

6. 신神의 글을 읽는 사람

覡 박수 격

여자 무당은 무巫, 남자 무당은 격覡이라고 한다. 『설문해자說文解字』의 구분이다. 단옥재段玉裁는 『설문해자주』에서 남자 무당은 무와 격으로 양쪽 다 부를 수 있지만, 여자 무당은 격이라는 명칭을 써서는 안 된다고 했다. 격은 무巫와 견見을 합한 모양이다. 무엇인가를 볼 수 있는 능력을 가진 무당이라는 뜻이다. 설문을 비롯한 훈고학의 권위자인 남당南唐의 서계徐鍇·920~974는 격은 "능히 신을 볼 수 있다能見神"고 했다.

문자가 처음 만들어질 때는 사람 간의 의사소통을 위한 목적이 아니었다. 신을 상징하거나 신과 대화하기 위한 부호가 문자였다. 초기 문자 활동은 당연히 무격巫覡 집단이 독점했다. 공동체의 최고 지식인이기도 했지만 신과 소통하는 업무를 전담하고 있었기 때문이다. 문자를 창조하고 해석하는 권한은 그들에게만 있었다. 농업 등 생산 활동에 직접 참여하지 않는 만큼 신과 대화하는 그들만의 능력을 내외에 보일 필요도 있었다. 일반 평민이나 노예는 문자 활동에 참여할 이유가 없었다. 신과 접촉할 수 있는 자격 자체가 주어지지 않았기 때문이다. 상商대의 갑골문은 이 같은 상황을 보여주는 단적인 예라 할 수 있다. 신에게 길흉화복을 묻기 위해 거북 껍질이나 동물의 뼈에 새겼던 부호는 문자의 원형이었다. 문자를 보는 것은 신을 보는 행위였다. 중국 사천성四川省 삼성퇴三星堆에서 출토된 청동 유물의 특징은 툭 튀어나온 눈에 있다. 신을 볼 수 있는 눈을 강조한 격覡의 모습이다.

삼성퇴(三星堆) 무격상(巫覡像) (출처: 搜狐)

제1장 하늘(天)　361

7. 천원지방 天圓地方

璧 둥근 옥 벽

동양의 초기 우주론을 개천론蓋天論이라고 한다. 둥근 하늘 지붕이 모난 땅을 덮고 있다는 이론이다. 우주의 구조를 눈에 보이는 대로 묘사한 만큼 문명의 초기 단계에서 가장 현실적으로 받아들여진 설명이다. 개천론의 핵심 개념은 천원지방天圓地方과 칠형육간七衡六間이다. 천원과 지방은 원과 사각이라는 도형圖形 구조상 모순이 있는 이론이어서 초기부터 이론이 많았다. 공자의 제자 증자曾子·기원전 505~기원전 435가 천원지방을 비판하는 제자 단거리單居離에게 "동그라미가 네모를 덮을 수는 없는 법"이라고 동의하면서 "천도天道를 원이라 하고 지도地道를 방이라고 한다"는 형이상학적 답변을 내놓은 것이 대표적이다.[10]

---

10 『大戴禮記』의 「曾子天圓」 참조. 『여씨춘추(呂氏春秋)』 「계춘기(季春紀)」 「원도(圜道)」에는 천원지방에 대해 "하늘의 도가 둥근 것은 해가 하늘을 돌듯이 정기가 아래위로 순환하면서 만물을 이루고 머무름 없이 변화를 계속하기 때문이고, 땅의 도가 모난 것은 만물은 무리와 형체가 달라서 각자 맡은 바의 구석을 지켜야 하기 때문"이라는 설명이 나온다.

천원지방이 철학적이고 추상적인 개념이라는 데 대한 천문학자들의 생각은 다르다. 우주의 실제 형태를 표현한 것이 아니라 규표로 파악한 천체의 운동 특성을 나타낸 개념이라는 것이다. 나무 막대ㄱ인 규표로 해의 하루 운행과 그림자의 움직임을 관찰하면 동서남북을 정할 수 있다. 이들 네 방위의 꼭짓점을 연결하면 땅은 사각형의 모습으로 그려진다. 동서남북 이승二繩의 표시인 +, 이승을 수없이 겹쳐 만든 ✢, 이승으로 네 모서리를 채워 넣은 □는 모두 네

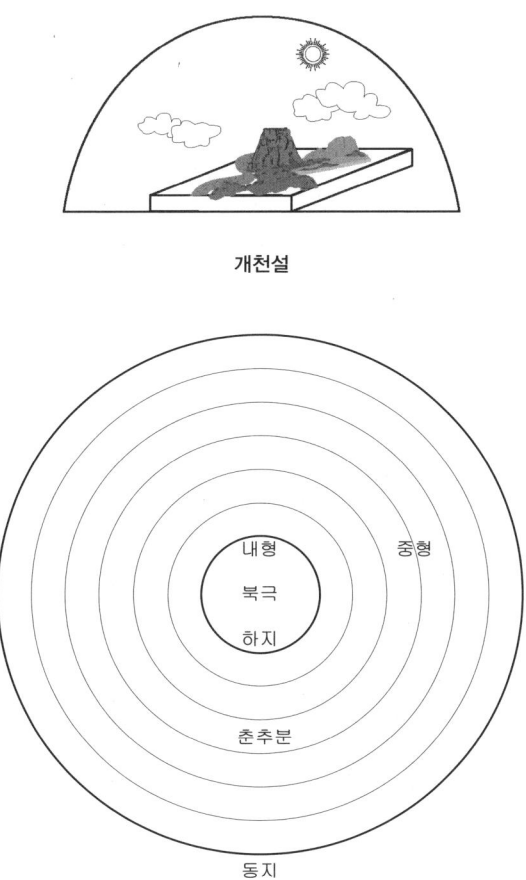

개천설

칠형육간도

모난 땅인 지방地方의 개념이다. 방향, 방위, 면面이 모두 한 개념으로 통합되는 것이다.

『주비산경周牌算經』에 나오는 칠형육간은 일곱 개의 동심원(형)과 여섯 개의 사이(간)라는 말이다. 일곱 개 동심원은 규표로 그린 1년간의 해의 운행 궤적이다. 하지 때는 해의 입사각이 작아지면서 규표의 그림자가 짧아지고, 동지 때는 입사각이 커지면서 그림자가 길어진다. 하루 동안 그림자가 움직이는 선을 연결하면 하지 때는 반지름이 작은 동심원을 그리고, 동지 때는 반지름이 큰 동심원이 된다. 칠형 중 가장 안쪽의 작은 동심원을 내형內衡, 네 번째의 중간 동심원을 중형中衡, 가장 바깥의 큰 동심원을 외형外衡이라고 한다. 내형은 하지 때 해가 다니는 길이고, 중형은 춘분과 추분, 외형은 동지 때 해의 운행 경로다. 동서남북 네 개의 점만 직선으로 연결하면 네모가 되고, 그림자가 움직이는 모든 점을 이으면 동그라미가 된다. 동심원을 그리는 하늘과 네모난 땅이 모순 없이 통일될 수 있음을 보여주는 것이 규표와 해 그림자의 조합이다.

직각을 그리는 곱자를 구矩, 원을 그리는 그림쇠를 규規라고 한다. 갑골문의 구는 규표를 나타냈다. 구는 천상天象 장악을 위한 기본 수단이다. 무巫는 두 개의 구척矩尺·곱자을 운용하며 둥근 하늘과 네모난 땅을 잇는 존재다. 자尺는 처음 구척으로 시작했다. 직각으로 된 두 개의 다리 중 한 다리를 원의 중심으로 고정시키고 다른 다리를 돌리면 원圓이 이뤄진다. 곱자가 생긴 모양(⌐)대로 그리면 방方이 만들어진다. 규표로 원과 방을 모두 설명할 수 있는 원리와 같다. 『주비산경』의 설명이 이를 뒷받침한다.

곱자만 든 복희·여와(후한)　　　곱자를 든 복희와 그림쇠를 든 여와(당)

"수의 법칙은 원과 방에서 나온다. 원은 방에서 나오고, 방은 구에서 나온다. … 구를 돌리면 원이 되고, 구를 합하면 방이 된다. 방은 땅에 속하고 원은 하늘에 속하니 천원지방이다."[11]

　복희·여와 그림을 살피다 보면 모순이 발견된다. 규規 → 원圓 → 천天 → 양陽 → 복희伏義, 구矩 → 방方 → 지地 → 음陰 → 여와女媧의 등식이 동양학의 기본이다. 하지만 남자인 복희가 음과 땅의 상징인 구를 들고, 여자인 여와가 양과 하늘의 상징인 규를 든 그림이 적지 않게 보인다. 네모 속에서 동그라미가 나온다는 『주비산경』을 감안한다면 규와 구를 엄격하게 구분하지 않았을 수 있다. 또 인류창조신이자 모계신인 여와의 위상이 부계신인 복희에게 완전 종속되지 않은 흔적으로도 볼 수 있다.

11　"數之法, 出於圓方. 圓出於方, 方出於矩. … 環矩以爲圓, 合矩以爲方. 方屬地, 圓屬天, 天圓地方."

琮 각진 옥 종

제사용 옥기玉器로 벽璧과 종琮이 있다. 벽은 하늘을 본떠 둥글고 얇게 만든 옥이다. 종은 땅을 형상해 사각이나 팔각으로 테두리를 만들고 속을 둥그렇게 파낸 옥이다. 벽이 천원天圓이라면, 종은 천원지방天圓地方을 합체한 것이다. 벽이 규라면 종은 구라고 할 수 있다.

벽(璧)   종(琮)

8. 방원도方圓圖와 원방도圓方圖

衡 저울대 형

해가 한 해 동안 운행하는 일곱 개 동심원 궤도인 칠형육간七衡六間의 핵심은 1형내형·內衡, 4형중형·中衡, 7형외형·外衡의 세 형이다. 1형은 하지, 4형은 춘분과 추분, 7형은 동지 등 2분2지의 사시四時를 나타낸다. 절기별로 2형은 대한과 소설, 3형은 우수와 상강, 5형은 곡우와 처서, 6형은 소만과 대서 때 해가 다니는 길이다. 『주비산경周髀算經』에는 내형, 중형, 외형 등 각 동심원의 지름과 원둘레 길이가 나온다.

"23만 8,000리는 하지에 해가 다니는 길의 지름이고, 그 둘레는 71만 4,000리다. … 47만 6,000리는 동지에 해가 다니는 길의 지름이고, 그 둘레는 142만 8,000리다. … (춘분과 추분의 해가 다니는 길의) … 지름은 35만 7,000리고, 그 둘레는 107만 1,000리다."[12]

12　"凡徑二十三萬八千里, 此夏至日道之徑也, 其周七十一萬四千里. … 凡徑四十七萬六千里, 此冬至日道之徑也, 其周百四十二萬八千里. … (春秋分之日) … 凡徑三十五萬七千里, 周一百七萬一千里."

주비산경

내형(하지) = 지름 23만 8,000리, 둘레 71만 4,000리
외형(동지) = 지름 47만 6,000리, 둘레 142만 8,000리
중형(춘분·추분) = 지름 35만 7,000리, 둘레 107만 1,000리

지름 비율 비교

내형/외형 = 23만 8,000/47만 6,000 = 1/2
내형/중형 = 23만 8,000/35만 7,000 = 1/1.5 ≒ 1/$\sqrt{2}$(1.4)
중형/외형 = 35만 7,000/47만 6,000 = 1/1.3 ≒ 1/$\sqrt{2}$(1.4)

내형, 중형, 외형의 지름 비율을 계산하면 작은 오차 범위에서 세 개의 동심원이 등비等比수열 관계를 이루는 것을 알 수 있다. 이와 관련해 1980년대 발굴된 요녕성遼寧省 조양시朝陽市 우하량牛河梁의 신석기 유적지가 천문학자들의 비상한 주목을 끌었다. 하늘에 제사를 지낸 제단의 흔적인 원구圓丘의 세 개 동심원 지름 비율이 『주비

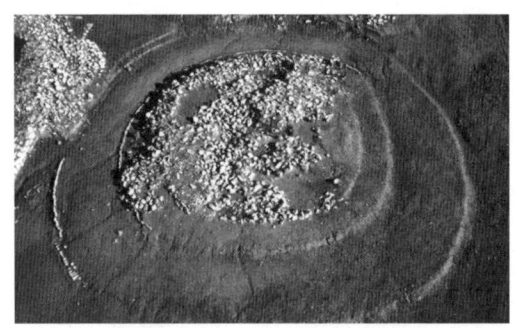

우하량(牛河梁) 원구(圓丘) (출처: 搜狐)

우하량의 원구와 방구(方丘·원구 왼쪽)

『산경』과 같은 등비수열 관계를 나타낸 것으로 밝혀졌기 때문이다. 우하량 유적지는 기원전 3500~기원전 3000년의 홍산紅山 문화에 속한다. 황하 문명과는 무관하다.

우하량 원구의 지름

내형 = 11미터, 중형 = 15.6미터, 외형 = 22미터
내형/중형 = 11/15.6 = 1/1.4 = $1/\sqrt{2}$
중형/외형 = 15.6/22 = 1/1.4 = $1/\sqrt{2}$
내형/중형/외형 = $1/\sqrt{2}/2$

『주비산경』은 천원지방을 설명하면서 원圓은 방方에서 나오고, 방은 구矩에서 나온다고 강조했다. $\sqrt{2}$의 등비수열 관계를 도형으로 나타내면 원방도圓方圖와 방원도方圓圖가 만들어진다.

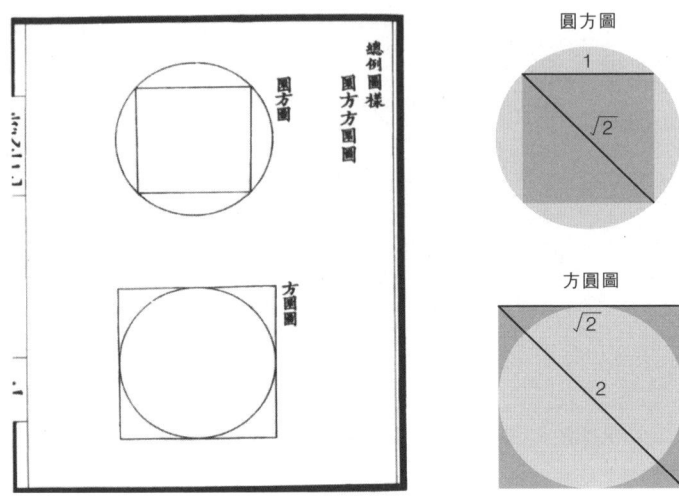

원방도와 방원도

원방도를 보면 정사각형의 한 변의 길이가 1이면 대각선의 길이는 $\sqrt{2}$다. 방원도에서 한 변의 길이가 $\sqrt{2}$면 대각선의 길이는 2가 된다. 내접 사각형과 외접원, 내접원과 외접 사각형의 비율이 $\sqrt{2}$의 등비수열 관계가 되는 것이다. 방에서 원이 나오고, 원에서 방이 나오는 이치다. 중국 북경北京의 천단天壇 원구圓丘는 내형, 중형, 외형 등 3형의 등비수열 관계를 본뜬 건축물이다. 원구는 황제가 해가 길어

중국 북경 천단(天壇)의 원구 (출처: 百度)

천단 전경

지기 시작하는 동지冬至 때 하늘에 제사 지내는 곳이다. 원구의 3형을 3천三天이라고도 한다. 세 개의 하늘이라는 뜻이다.

원방도를 보면 세 개의 하늘 속에 두 개의 땅이 들어 있다. 널리 알려진 삼천양지론參天兩地論이다. 삼천양지는 주역周易 이론과 연결된다. 삼천양지는 주역의 음(陰 · --), 양(陽 · —) 부호다. 삼천은 양이고, 양지는 음이다. 삼천은 홀수인 기수奇數고, 양지는 짝수인 우수偶數다. 삼천(—)은 세 개의 선분(-)이 모두 이어져 하나의 선이 된 것이고, 양지(--)는 선분(-) 가운데가 끊어져 두 개인 모양이다. 삼천의 양끝을 둥글게 이으면 원이 되고, 양지의 끊어진 선분으로는 네모를 만든다. 천원지방天圓地方이다. 삼천은 하늘의 기가 둥글게 이어져 소통하는 연속連續을 의미하고, 양지는 땅의 물질이 뭉쳐서 굳어진 불연속不連續을 뜻한다. 삼천양지의 음양 부호는 현대 디지털 문화를 구

제1장 하늘(天) 371

축하는 0과 1의 이진법二進法 체계와 같다. 연속을 상징하는 삼천은 디지털의 온ON이고, 불연속을 뜻하는 양지는 오프OFF와 동일하다.

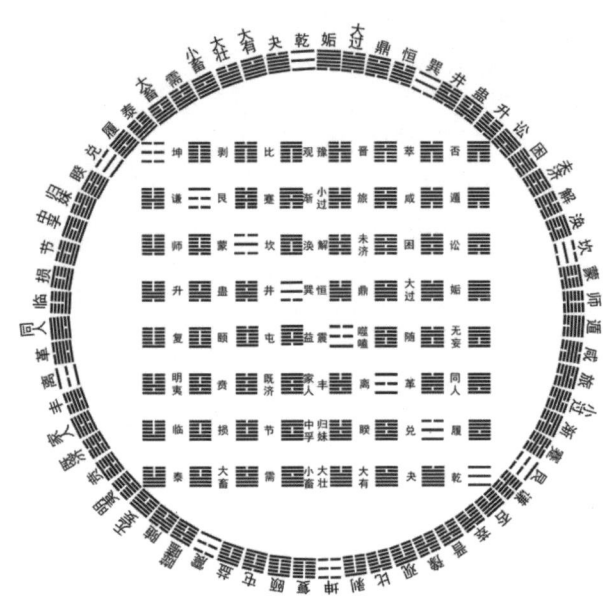

주역(周易) 64괘 원방도

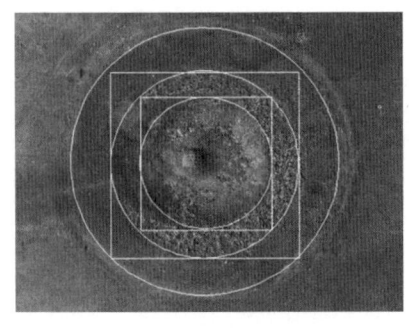

삼천양지도(參天兩地圖)

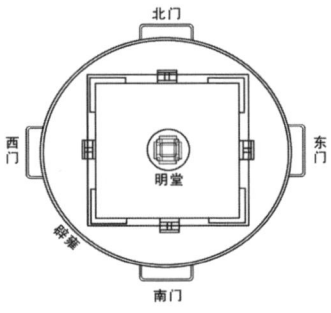

원방 개념에 따른 명당도(明堂圖)

9. 개도蓋圖

개도蓋圖는 일반적으로 별자리 그림을 가리킨다. 북극北極을 중심으로 둥근 하늘에 별자리를 그린 전천성도全天星圖를 말한다. 원도圓圖로도 부른다. 개도에서 원심圓心인 북극과 가장 가깝고 작은 원을 내규內規, 중간 원을 중규中規, 바깥의 큰 원을 외규外規라고 한다. 규는 원의 뜻이다. 내규는 1년 내내 별을 볼 수 있는 반면 외규는 별을 볼 수 없는 범위다. 항현권恒見圈과 항은권恒隱圈이다. 중규는 적도를 그린 것이다.

개도는 명칭에서 볼 수 있듯 본래 개천론蓋天論에서 나온 이름이다. 개천론의 핵심은 천원지방과 칠형육간이다. 개도의 내규, 중규, 외규는 칠형육간의 내형內衡, 중형中衡, 외형外衡과 같다. 칠형육간은 해의 1년간 운행 궤적을 일곱 개 동심원으로 나타낸 것이다. 해가 다니는 길인 황도黃道를 절기별로 다르게 그렸다고 할 수 있다. 칠형육간의 원심圓心은 황극黃極이다.

천문 관측은 두 가지 위치 관계를 상정할 수 있다. 하늘의 중심에서 주변 천체를 망라하는 것과 땅의 중심에서 한정된 하늘을 대상으로 천체를 보는 것이다. 하늘의 중심은 북극(별 기준) 또는 황

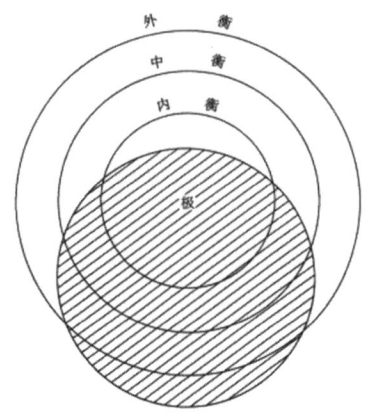

황도(黃圖)와 청도(靑圖)를 겹쳐 그린 개도(蓋圖)

극(해와 달, 행성 기준)이라 할 수 있다. 땅의 중심은 관측자가 위치한 곳이다. 초기 개도는 두 가지 위치 관계를 조합한 형태였다. 해의 관측이 우선이기도 했다. 초기 개도의 윗부분은 칠형육간의 3형을 그린 것이고, 아랫부분은 관측자가 보는 하늘이다. 3형을 그린 것을 황도黃圖, 관측자의 시야 범위를 그린 것을 청도靑圖라고 한다. 개도에서 황도와 청도의 교차점은 일출日出과 일몰日沒의 계절별 위치다. 초기 개도는 천문학의 발달과 함께 북극 중심의 별자리 개도로 옮겨갔다.

10. 하늘로 오르는 길

昇 오를 승

중국 하남성河南省 복양濮陽은 제구帝丘로 불린다. 오제五帝의 한 명인 전욱顓頊 고양씨高陽氏가 나라를 세운 곳이라는 전설 때문이다. 황하黃河 하류의 복양은 산동山東, 하북河北, 하남의 세 개 성이 만나는 요처다. 인근을 흐르는 복수濮水의 북쪽에 있어 붙은 이름이다. 상商의 도읍이었던 상구商丘·낙양洛陽·안양安陽, 요순堯舜 신화가 전해지는 산동 정도定陶와 하택荷澤 등 상고의 유서 깊은 지명들로 둘러싸인 곳이다. 복양은 1987년 시의 남쪽 서수파西水坡에서 발견된 무덤으로 인해 용성龍城이라는 새 이름을 얻었다. 무덤은 신석기 시대인 기원전 4500년 전 앙소仰韶 문화의 것으로 추정됐다. 발굴 당시 독특한 내부 구조와 천문天文 상징으로 인해 큰 주목을 받았다.

전례 없는 무덤 구조였다. 남북 자오선상에 25미터 정도 간격으로 떨어진 ⓐ, ⓑ, ⓒ, ⓓ 네 개의 유적이 이어져 하나의 무덤으로 완결되는 형태였다. 시리즈 무덤 개념이라 할 만했다. 북쪽 아래에

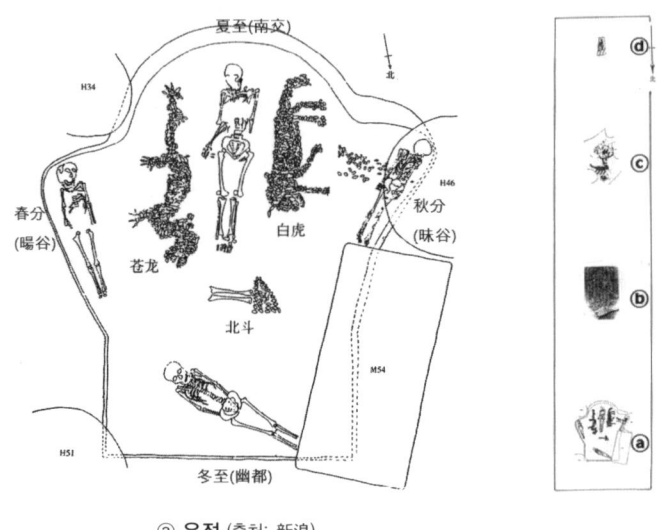

ⓐ 유적 (출처: 新浪)

위치한 ⓐ 유적이 무덤의 핵심이었다. 184센티미터 키의 무덤 주인은 머리를 남쪽, 다리를 북쪽으로 하고 가운데 누워 있었다. 조개껍질 더미로 만든 창룡과 백호가 양옆을 지켰다. 중국에서 처음 발견된 용 형태의 유적이었다. 용성이란 이름이 여기서 나왔다. 발 아래에 조개 무더기와 손잡이처럼 만든 두 개의 정강이뼈가 가로놓여 있었다. 북두칠성으로 해석됐다. 다리뼈는 그림자를 재는 규표의 뜻도 담긴 것으로 보였다. 사람의 다리인 비髀와 표表는 통용됐기 때문이다. 창룡, 백호의 양옆과 북두 아래에는 유골 세 구가 순장돼 있었다. 12~16세의 소년·소녀들이었다. 115센티미터 키의 서쪽 유골이 12세 소녀로 추정됐다.

무덤은 천원지방天圓地方 모양이었다. 무덤 주인의 머리가 향한 부분은 둥근 하늘, 발 부분은 네모난 땅이었다. 또 윗부분은 초기 개도蓋圖의 황도黃圖, 좌우 유골 아랫부분은 청도靑圖를 나타낸 것이었다. 창룡 옆의 유골은 춘분과 추분에 해가 뜨는 방향, 백호 옆

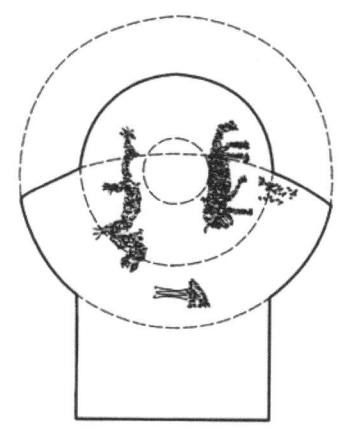 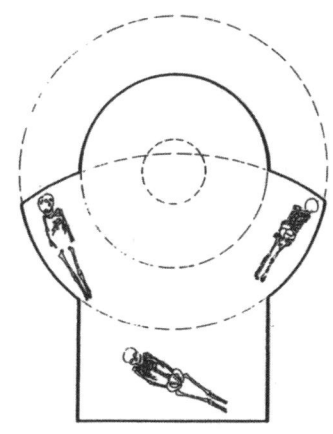

개도(蓋圖) 개념의 서수파(西水坡) 무덤 구조

의 유골은 해가 지는 방향이었다. 『서경書經』「요전堯典」에는 요임금이 희씨羲氏와 화씨和氏 형제를 동서남북의 사극四極에 보내 해가 뜨고 지는 것을 보고 역법을 만들도록 했다는 기록이 나온다. 희중羲仲은 동쪽의 해가 뜨는 양곡暘谷, 화중和仲은 서쪽의 해가 지는 매곡昧谷에 보내 각각 춘분과 추분의 해의 운행을 살피게 했다. 또 희숙羲叔은 남쪽의 남교南交, 화숙和叔은 북쪽의 유도幽都에서 살며 하지와 동지에 해에게 제사를 지내도록 했다. 순장 유골 세 구는 요전의 희씨와 화씨 형제 중 세 명을 상징한 것이었다. 북쪽 유골이 비스듬한 것은 동지 때 해가 머리 방향인 동남쪽에서 뜨고, 발 방향인 서남쪽으로 지는 것을 나타낸 것이었다.

　동양 별자리를 4종의 영물로 표현한 사상四象은 동방 창룡, 북방 현무, 서방 백호, 남방 주조를 말한다. 고대의 사상은 북방의 상징 동물이 현무가 아닌 사슴이었다. ⓑ 유적은 고대의 사상을 실물로 나타낸 것이었다. 유적 아랫부분의 호랑이(왼쪽)와 용은 한 몸으로 이뤄져 있었다. 호랑이의 등 위에 사슴과 새가 있었고, 용의 머

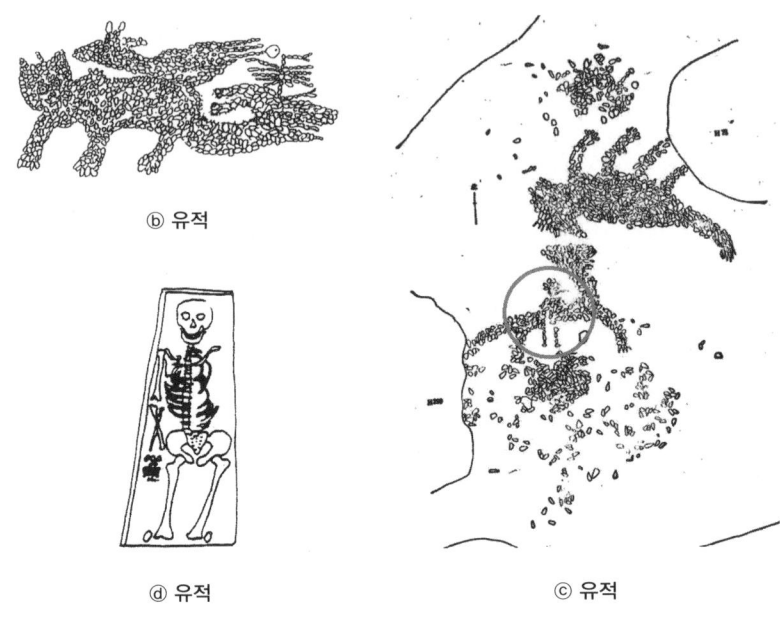

ⓑ 유적

ⓓ 유적　　　　　　　ⓒ 유적

리 위에는 거미로 보이는 형상이 만들어져 있었다. 새의 날개와 거미 중간에는 돌도끼(흰 네모 부분)가 놓여 있었다. 도끼는 상고 시대 부족장이나 왕의 상징물이었다. ⓒ 유적에는 용의 등을 탄 사람의 모습(동그라미 부분)이 표현되어 있었다. 무덤 주인을 형상한 것으로 해석됐다. 남쪽 끝인 ⓓ 유적에서 유골 한 구가 발견됐다. ⓐ 유적에 정강이뼈를 남긴 유골이었다. 남쪽의 남교南交에 사는 희숙을 상징한 것이었다. 서수파 무덤은 ⓐ 유적부터 ⓓ 유적까지 하늘에 오르는 승천昇天의 길을 표현한 것이었다. 남쪽의 희숙을 ⓐ가 아닌 ⓓ 유적에 두었던 것은 무덤 주인의 영혼이 하늘로 가는 길을 막지 않기 위해서였다. 또 용을 탄 무덤 주인이 목적지인 하늘 세계에 도착했음을 알려주는 것이기도 했다.

11.   뒤바뀐 천중天中

偕 함께 해

영혼이 하늘로 오르려면 동서남북의 어느 방향으로 가야 할까? 복양濮陽 서수파西水坡 무덤의 주인은 남쪽이 승천昇天 루트였다. 하늘 세계의 중심이자 영혼의 고향이 남쪽 하늘에 있다고 믿었기 때문이다. 그런데 이는 오늘날의 천문 관념과는 반대 방향이다. 북극과 북두칠성이 있는 북쪽 하늘을 중심으로 현대 천문도가 펼쳐지기 때문이다. 북극은 지구 자전축이 가리키는 방향으로 시간과 장소가 바뀌어도 천체의 관측값이 달라지지 않는다. 하늘의 중심을 북쪽 하늘에 둔 까닭이다. 서수파 무덤의 주인은 엉뚱한 하늘로 간 것일까?

고대에 별을 관측하는 방법은 두 가지였다. 별을 보는 데 가장 큰 적인 햇빛을 피하는 방법의 차이였다. 하나는 해 뜨기 전이나 해가 진 직후 해 근처의 지평선 별을 관찰하는 것이었다. 다른 하나는 해의 반대쪽 별을 찾아내는 것이었다. 전자를 해일법偕日法, 후자를 충일법沖日法이라고 한다. 이집트와 그리스 사람들은 새벽과 황혼에 해 근처에서 뜨고 지는 별을 살피는 해일법을 택했다. 큰개자리Canis Major의 알파α별 시리우스Sirius·동양의 천랑성·天狼星가 해와 같이 떠오를 때 하지가 되면서 나일강이 범람한다는 사실을 알고 새해의 시작으로 삼았던 이집트가 그런 예다. 해일법은 해가 움직이는 황도黃道 근처의 별이 가장 중요했다. 황도 12궁도 해일법의 산물이다. 해일법은 구름이나 안개가 낄 때 정확한 시간 측정이 어려운 단점이 있다.

冲 빌 충

동양 천문은 해의 반대쪽 별을 찾는 충일법을 채택했다. 충일법에는 천극天極, 주극성週極星, 자오선, 적도 등의 복잡한 개념이 필요했다. 천극은 변하지 않는 하늘의 중심으로 지구 자전축이 향하는 북극을 가리킨다. 주극성은 북극을 중심으로 항상 관찰되는 내규內規의 별들이다. 자오선은 관측자의 머리 위와 발 끝, 천극(천구의 북극과 남극)을 지나는 원이다. 규표로 정오에 정남正南의 해그림자를 측정하고, 자정에 주극성이 정북正北의 자오선을 통과하는 것을 관측하면 시간과 절기를 정확히 산정算定할 수 있다. 북극에서 주극성이 통과하는 28개 자오선을 적도까지 연결하면 동양 별자리의 기본 체계인 28수宿를 만나게 된다.

동양 천문도 처음에는 해일법을 사용했다. 쉽고 실용적이기도 했지만, 해가 갖는 존재감이 별에 앞섰기 때문이었다. 해는 인류가 최초로 인지한 가장 밝고 큰 천체로 지구 만물에 절대적인 영향을 미치는 존재였다. 상고 시대 해를 중심으로 하늘을 파악하는 것은 당연한 일이었다. 해는 한낮이 되면 자신의 가장 크고 당당한 모습을 남쪽 하늘에 드러낸다. 1년 내내 예외가 없는 일이다. 옛사람들이 남쪽 하늘을 하늘의 중심으로 여긴 까닭이다. 하지만 천문학이 발전하면서 움직이는 해보다는 항상 제자리를 지키는 북극을 중심으로 천체를 파악하고 역법을 만들게 됐다. 충일법이 동양 천문의 대세로 자리 잡은 것이다. 하늘의 중심인 천중天中이 남쪽에서 북쪽으로 옮겨간 배경이다. 서수파 무덤의 주인은 별보다는 해를 보고 하늘로 올라간 것이다.

12.   하늘 문지기

閽 문지기 혼

중국이 2002년 자국 최고의 국보로 해외 전시를 금지한 유물 64건 가운데 호남성湖南省 장사시長沙市 동쪽 마왕퇴馬王堆에서 출토된 비단 그림백화·帛畵이 포함된다. 그림은 1972년 마왕퇴에서 발굴된 3기의 가족묘 중 한 곳에서 나온 것이다. 한漢의 5대 문제文帝·기원전 203~기원전 157 때의 제후국인 장사국長沙國의 승상 이창利蒼의 부인 무덤이었다. 그림은 이창 부인의 내관內棺을 덮었던 명정銘旌으로 깃대에 걸어 영혼을 인도하는 번幡으로도 쓰는 것이었다. T자 모양으로 위의 넓은 폭은 92센티미터, 아래 좁은 폭은 47.7센티미터, 길이는 205센티미터였다. 그림의 주제는 승천昇天이었다. 50세 안팎의 이창 부인이 하늘로 올라가는 모습을 천상天上, 인세人世, 지하地下의 세 부분으로 나눠 그린 것이었다. 세부 묘사는 신화적 색채가 가득했다.

지하 세계는 북해北海 또는 황천黃泉이다. 고래처럼 생긴 검은 물고기玄魚 두 마리가 동그랗게 서로 몸을 감았다. 지하신地下神을 뜻

마왕퇴 한묘백화 (출처: 新浪)

하는 두 뿔 달린 괴수 두 마리가 물고기 꼬리에 매달렸다. 물고기 위의 괴인이 받쳐 든 것은 지상과 지하를 나누는 대지판大地板이다. 괴인은 곤鯀이나 우강禺彊이다. 우禹임금의 아버지 곤은 치수에 실패해 바다에서 대지판을 드는 벌을 받았다고 한다. 우강은 북해를 다스리는 신이다. 검은 물고기를 곤, 괴인을 우강으로도 본다. 대지판의 좌우에 거북의 등에서 잠자는 수리부엉이가 보인다. 까마귀금오·金烏의 몸으로 하루 종일 하늘을 달린 해가 밤에 쉴 때는 수리부엉이로 변신한다.

지하 세계

제1장 하늘(天) 383

인간 세계는 망자亡者에 대한 제사와 영혼이 승천하는 두 상황이 펼쳐진다. 좌우에서 비상하는 두 마리 용이 둥근 원을 그리며 몸을 교차한 곳이 상황을 나누는 곳이다. 원은 하늘의 상징이다. 원 아래 큰 차양 밑의 비단 천에 덮인 망자 주위에서 일곱 명이 제사를 지낸다. 제단에는 음식 솥과 술 단지, 향 등이 진열됐다. 차양 위에 새 생명을 주는 봄의 신 구망句芒이 마주 본다. 원의 윗부분에는 승천을 위해 지팡이를 짚은 망자가 시녀 세

인간 세계

명과 함께 천국에 오르는 발판에 섰다. 영접을 나온 하늘 사자 두 명이 무릎을 꿇고 불사약不死藥과 천국의 지식을 담은 천서天書를 바친다. 발판 아래는 두 마리 표범이 승천 길을 안전하게 지키는 모습이다. 하늘 문을 가리는 천개天蓋 아래 영혼을 부르는 새인 초혼조招魂鳥 비렴飛廉이 날고 있다. 천개 위에 남방 주조 두 마리가 앉았다. 천개는 흰색이다. 하늘 문을 열면 희고 밝은 빛이 쏟아지기 때문이다.

하늘 세계의 주인은 뱀의 몸을 한 인류 창조신 여와女媧다. 기러기와 학이 주변을 둘러쌌다. 오른쪽은 까마귀가 든 해가 붉고 선명하다. 일출 나무日出樹인 부상扶桑에 작은 태양 여덟 개가 걸렸다. 왼쪽의 흰 초승달 안에는 두꺼비와 토끼가 자리했다. 달의 여신 항아嫦娥가 달을 받치고 날고 있다. 좌우 비룡飛龍의 안쪽에 기린을 탄 하늘 괴수가 하늘 종인 천종天鐘을 울린다. 하늘 세계로 들어오는 영혼을 맞이하는 의식이다.

하늘 세계

승천을 이루려면 마지막 관문인 하늘 문을 지나야 한다. 하늘 문인 천문天門의 이름은 창합문閶闔門이다. 천문의 통과는 쉽지 않다. 하늘 문지기인 사혼司閽 두 명이 자격 심사를 한다. 불법 침입을 막기 위해 붉은 표범 두 마리가 문에 배치돼 있다. 인간 세상에서 황제가 사는 궁궐의 문은 혼인閽人이 지킨다. 『주례周禮』「천관총재天官冢宰」에 엄격한 규정이 나온다. 혼閽은 해가 지면昏 문門을 닫는 모양이다. 사람이 죽으면 무축巫祝은 하늘을 향해 슬픈 목소리로 울부짖는다. 사혼에게 하늘의 문을 열어 달라고 간구하는 것이다.

마왕퇴 그림도 서수파 무덤처럼 승천 루트가 남쪽 하늘이다. 북해에서 출발해 남방 주조가 있는 하늘 입구까지 가는 것이다. 한나라 초기까지도 하늘 중심인 천중天中이 북쪽으로 완전히 옮겨지지 않았다는 증거다.

2장

땅 地

1. 지중(地中)과 낙락(洛雒) 논쟁
2. 신성한 지중(地中)을 찾아서
3. 요순의 땅 도(陶)와 토사구팽
4. 상나라 땅 박(亳)과 계룡산 천도설
5. 주공과 무측천의 땅 등봉(登封)
6. 꿈속의 지중 – 곤륜(昆侖)과 공동(空同)
7. 망국(亡國)의 말로와 사직단(社稷壇)
8. 지신(地神)과 토신(土神)
9. 구주(九州)와 구야(九野)

1. 지중地中과 낙락洛雒 논쟁

"왕이 이곳에 오시어 거북점으로 하늘의 상제께 길흉을 물으심은 토중 土中·땅의 한가운데을 다스리고자 함입니다. 주공周公 단旦이 말한 바 있습 니다. 여기에 큰 고을大邑을 세움은 하늘과 아래위로 짝을 이루고, 하늘 과 땅의 신들께 제사로 고함으로써 토중에서 천하를 잘 다스리려는 것 입니다."[1]

『상서尙書』「소고召誥」의 일부다. 주周나라 건국 공신인 소공召公이 성 왕成王에게 새로운 도읍 건설에 대해 보고하는 내용이다. 「소고」에 나오는 '토중土中'은 대단히 중요한 의미를 담은 말이다. 토중은 달리 지중地中이라 불린다. 서쪽 변방의 제후국이었던 주는 상商을 무너뜨리고 강역을 크게 넓혔다. 통치 공간이 대폭 확장된 만큼 영토 중심에 새 도읍을 건설할 필요가 절실했다. 건국 군주인 무왕武王이 주나라를 세운 지 불과 2년 만에 죽자 주공과 소공은 아들인 성왕을 도와 무왕의 유지遺旨인 새 도읍 건설에 나섰다. 최적의 후보지가 낙

---

[1] "王來紹上帝, 自服于土中. 旦曰, 其作大邑, 其自時配皇天, 毖祀于上下, 其自時中乂." 『尙書·召誥』

수洛水 변의 낙읍洛邑이었다.

새 도읍을 아무 곳에나 정할 수는 없었다. 지중(토중)을 찾아야 했다. 주공은 무왕 사망 후 수년간 이어진 상나라 유민의 반란을 진압한 뒤 나라 곳곳을 다녔다. 마침내 낙수 변을 낙점하고, 소공을 현장 시찰에 내보낸 참이었다. 지중의 의미는 신성神聖한 것이었다. 우주 만물의 절대자인 하느님上帝이 있는 곳은 천중天中이었다. 천중의 바로 아래가 지중地中이었다. 하느님을 대리해 천하를 다스리는 천자天子는 상제의 지근거리에 있어야 했다. 지중에 도읍을 정하는 것은 단순한 통치 공간의 선정 문제가 아니라 왕권의 정당성과 종교적 합법성을 담보하는 행위였다.

洛 물이름 낙

낙(洛)의 갑골문   낙(洛)의 금문

낙락洛雒 논쟁은 수백 년 이상 학계에서 이어지고 있는 해묵은 사안이다. 하남성河南省 고도古都 낙양의 이름을 낙양洛陽으로 써야 하는지 아니면 낙양雒陽이 맞는지를 둘러싸고 이견이 좁혀지지 않는 것이다. 중국에는 북낙수北洛水와 남낙수南洛水의 두 개 낙수가 있다. 북낙수는 섬서성陝西省 서북에서 발원해 황하黃河 지류인 위수渭水로 흘러들면서 섬서성 경내에서 끝난다. 남낙수는 섬서성 서남에서 출발해 이웃 성인 하남성으로 건너와 낙양 남쪽을 거쳐 황하 중류로 접어든다. 낙락 논쟁은 낙양을 지나는 남낙수의 이름을 둘러싼 것이다. 낙수洛水와 낙수雒水, 낙읍洛邑과 낙읍雒邑 등 고대 문헌마다 표기가 제각각이기 때문이다. 낙양은 중국 역대 가장 많은 열세 개 왕조가 자리한 땅이어서 정확한 명칭에 대한 논쟁이 예부터 끊이지 않았다. 특히 1781년 청淸대 문자학의 대가 단옥재段玉裁가 자신의 저서에서 남낙수를 낙수雒水로 쓰는 것이 맞다고 주장해 한동안 잠잠했던 논란에 또다시 불을 지폈다.

　갑골문의 자형字形에 이미 논쟁의 불씨가 심어져 있었다. 낙의 갑골문 왼쪽을 물水의 흐름으로 볼 것인지 아니면 새乙가 나는 모양으로 볼 것인지를 두고 의견이 엇갈렸다. 단옥재가 낙雒을 주장한 것은 『한서漢書』「지리지」 등 진한秦漢 때의 다수 문헌에 근거한 것이었다. 낙雒의 금문은 새鳥와 각各을 합친 모양이다. 각各의 갑골문은 출出의 반대 글자로 읍口, 邑으로 발止이 돌아오는 모양이다. 수량水量과 먹을 것이 풍부한 낙수에 새들이 돌아오는 것이 낙이라는 것이다. 낙에 대해 새鳥가 불꽃炎, 乂처럼 빛나는 해日, 口를 등에 실은 글

남낙수(南洛水)와 북낙수(北洛水) (출처: 搜狐)

낙(雒)의 금문

자 모양이라는 의견도 나왔다. 낙은 태양조, 봉황鳳凰, 제비玄鳥, 수리부엉이 등으로 해석됐다. 특히 낙양은 상商의 도읍지였던 만큼 제비의 고장을 뜻하는 낙양雒陽으로 쓰는 것이 맞다는 주장까지 나왔다. 상은 제비를 자신들의 조상신으로 여기기 때문이다.

하지만 낙은 갑골문의 여러 자형을 분석했을 때 물水로 보는 것이 합리적이라는 주장이 우세했다. 본래 낙수洛水였으나 장안長安에서 낙양으로 도읍을 옮긴 후한後漢 광무제光武帝가 낙수雒水로 지명을 바꾸는 바람에 혼란이 생겼다는 것이었다. 광무제가 오덕종시설五德終始說에 따라 한漢은 화덕火德의 나라인 만큼 불을 제압하는 물을 피해 낙洛을 낙雒으로 고쳤다는 것이다. 오덕종시설은 전국戰國시대 음양가인 제齊나라 추연鄒衍이 주장한 것으로 각 왕조王朝는 하늘이 부여한 오행五行의 덕과 상극相克 원리에 따라 흥망을 거듭한다는 이론이다. 낙雒이 다시 낙洛이 된 것은 『삼국지』의 위魏나라 조비曹丕가 토덕土德의 나라인 위는 땅위의 존재들인 흙 및 물과 친하다는 논리를 내세워 글자를 되돌렸다고 한다. 이후 문헌마다 두 글자를 혼용하면서 오랜 혼선을 빚게 됐다는 것이다.

2. 신성한 지중地中을 찾아서

"요임금께서 말씀하시길, 아, 그대 순이여! 하늘의 역수曆數·세시와 절기의 차례가 그대 몸에 있느니라. 참되게 그 중을 잡으라允執其中! 사해의 백성이 곤궁하면 하늘이 준 임금의 복록이 영영 끊어지리니."[2]

'윤집기중允執其中'이 나오는 『논어論語』 「요왈堯曰」 편의 첫 대목이다. 유가儒家 중용中庸 철학의 원천源泉이 된 유명한 말이다. 하지만 요가 순에게 당부한 것은 그런 철학적 의미가 아니라 천문 역법과 관련된 내용이었다. 옛적 군왕君王이 하늘을 읽는 지혜를 갖춰 백성에게 정확한 때를 알리는 것은 통치자가 갖춰야 할 절대 덕목이었다. 천상의 변화로 인한 자연 재해를 예방하고 정확한 농사 시기를 밝혀 풍요를 보장하는 것은 공동체 전체의 생존 번영과 직결된 문제였기 때문이다. 사마천司馬遷은 『사기史記』에서 천문 역법이 어긋났을 때 백성이 겪게 되는 고통을 예거例擧하며, 요가 윤집기중에 기울인 각고의 노력을 소개하고 순에게 당부한 내용 등을 강조하고 있다.

---

2 "堯曰: 咨, 爾舜. 天之曆數在爾躬, 允執其中. 四海困窮, 天祿永終."「論語·堯曰」, 謝冰瑩 李鍌 劉正浩 邱燮友 註譯, 『四書讀本』, 臺灣 三民書局, 1976, 241쪽.

"삼묘三苗가 구려九黎처럼 난을 일으켜 두 역법관曆法官이 사라지자 윤법 潤法이 어긋나 세시歲始와 정월正月을 둘 수 없었고 역수曆數를 헤아리는 질서를 잃게 되었다. 요가 역법관의 후예들로 옛 제도를 되살려 사시四時 를 밝히고 천체의 운행도수를 바로 했다. 음양이 조화되고, 기상은 절도 를 갖췄으며, 화기和氣가 많아지니 백성이 요절하거나 역병에 걸리지 않 게 되었다. 요는 나이가 들어 순에게 천자의 자리를 넘기면서 시조의 능 묘에서 거듭 경계했다. 하늘의 역수가 그대 몸에 있느니라. 순도 우禹에 게 똑같이 경계했다. 이를 보건대 천상의 질서를 바로잡아 역법曆法을 어 지럽히지 않는 것이야말로 제왕이 가장 소중하게 여겨야 하는 것이다."[3]

고대 역법을 만드는 작업은 해시계 규표를 통해 이뤄졌다. 8자尺 기준의 나무 기둥인 표를 세워 그림자의 이동과 길이 변화를 통해 하루와 한 해의 때를 파악하는 것이다. 춘·추분 동·하지의 사시四 時와 입춘·입하·입추·입동을 포함한 팔절八節, 1년 12월의 회귀년과 366일의 윤일閏日 등 역수曆數도 규표에 의한 그림자 측정의 결과였다. 해시계에 의한 역법 제정의 상징적 행위가 중中이다. 중은 갑골문 등 고문古文에서 표를 세우는 모양을 그린 글자이기 때문이다. 윤집기중 에는 두 가지의 절대적 전제가 있다. 표가 한쪽으로 치우치지 않고 지면과 수평이 되도록 제대로 세우는 중中의 작업을 해야 한다. 또 규표측영圭表測影 또는 입간측영立竿測影 작업을 통해 특정 지역에 치우 치지 않는 지중地中을 나라의 중심으로 삼아야 한다. 그래야 공동체 구성원 모두가 역법의 정확성을 공감하고 인정하기 때문이다.

---

3   "三苗服九黎之德, 故二官咸廢所職, 而閏餘乖次, 孟陬殄滅, 攝提無紀, 曆數失序. 堯復遂 重黎之後, 不忘舊者, 使復典之, 而立羲和之官, 明時正度, 則陰陽調, 風雨節, 茂氣至, 民無 夭疫. 年耆禪舜, 申戒文祖 云, 天之曆數在爾躬. 舜亦以命禹. 由是觀之, 王者所重也."「曆 書」,『史記』

"규표의 법으로써 흙의 깊이를 측량하고 해의 그림자를 바르게 하여 지중地中을 구한다. 해가 남쪽으로 치우치면 그림자가 짧아져 더위가 심하며, 해가 북쪽으로 치우치면 그림자가 길어져 추위가 심해진다. 해가 동쪽으로 치우치면 그림자가 서쪽으로 길게 쏠려 바람이 많아지고 해가 서쪽으로 치우치면 역시 그림자가 동쪽으로 길게 뻗어 음기가 많아진다."

『주례周禮』는 지중地中이 아닌 곳을 선택했을 때 겪을 수 있는 자연 변화를 설명하며 지중 선정의 당위성과 필요성을 강조한다. 그러면서 지중이 어떤 곳인지 그 조건을 설명한다. 특히 하지의 그림자 길이 1자 5치는 지중의 절대 조건으로 작용한다.

"하지에 (8자 표의) 그림자가 1자 5치가 되면 지중이라고 한다. 이곳은 하늘과 땅이 서로 합하고, 사계절이 사귀며, 바람과 비가 모이고, 음과 양이 조화를 이룬 곳이다. 그리하여 온갖 사물이 크게 성하고 안온하다. 이에 왕국을 세우고, 도읍 주위를 사방 천리로 정해 나무를 세워 봉토封土의 경계 표시를 한다."[4]

---

4   "以土圭之法測土深. 正日景, 以求地中. 日南則景短, 多暑. 日北則景長, 多寒. 日東則景夕, 多風. 日西則景朝, 多陰. 日至之景, 尺有五寸, 謂之地中. 天地之所合也, 四時之所交也, 風雨之所會也, 陰陽之所和也. 然則百物阜安, 乃建王國焉, 制其畿方千里而封樹之."「地官·大司徒」, 이준영 해역, 『주례(周禮)』, 자유문고, 2002, 127~128쪽.

3. 요순의 땅 도陶와 토사구팽

堯 요임금 요

"범려范蠡[5]는 바다를 떠돌다 제나라에 이르러 성과 이름을 바꾸고 스스로를 술 푸대라는 뜻의 치이자피鴟夷子皮[6]라 했다. 그는 바닷가에서 온갖 고생을 하며 농사를 지어 아들과 함께 재산을 일궜다. 얼마 안 되어 수십만 금에 이르렀고, 제나라 사람들은 그의 현명함을 듣고 재상으로 삼고자 했다. 하지만 범려는 '집에서는 천금을 일구고, 관직에서는 재상이 되니 평민으로서 극에 이른 것이다. 높은 이름을 오래 누리는 것은 상서

---

[5] 범려(기원전 536~기원전 448)는 춘추(기원전 770~기원전 453) 말기 월(越)나라의 정치·군사 전략가다. 초(楚)나라 출신으로 월왕 구천을 도와 오(吳)를 멸망시켰다. 범려는 오를 강대국으로 만들어 초를 무너뜨렸던 오자서(伍子胥)가 오왕 부차(夫差)에게 죽임을 당했던 전례를 잊지 않고, 오 멸망 후 종적을 감추었다. 그는 "나는 새가 다 잡히면 좋은 활은 감추어지고, 교활한 토끼가 모두 잡히면 사냥개는 삶아진다(蜚鳥死良弓藏, 狡兔死走狗烹)"는 토사구팽의 교훈을 남기고 사라졌다.

[6] 소가죽으로 만든 술 푸대. 오왕 부차는 오자서를 죽이고 시체를 가죽 술 푸대에 싸서 강물에 던져버렸다. 범려는 자신이 월나라의 관직을 유지했다면 오자서와 마찬가지 신세가 됐을 것이라는 뜻에서 자신의 호로 삼았다.

롭지 않다'고 탄식했다. … 그는 (재산을 주변에 나눠주고) 몰래 빠져나와 도陶라는 땅에 이르렀다. 범려는 이곳이야말로 천하지중天下之中으로 통하지 않는 길이 없어 장사로 큰 부富를 이룰 수 있다고 생각했다. 그리고 스스로를 도땅의 주공陶朱公이라고 불렀다."[7]

『사기史記』「월왕구천세가越王句踐世家」에 나오는 내용이다. 토사구팽兎死狗烹을 피해 제齊나라로 도주한 범려는 그곳에서 원치 않는 관직을 제의받자 혹 신분이 탄로 나 감당할 수 없는 상황이 벌어질 것을 우려해 또다시 은신의 길을 택했다. 도陶라는 땅에 이르렀을 때 전략가인 범려의 눈이 번쩍 떠졌다. 천하지중天下之中의 요충지였기 때문이었다. 사통팔달 뚫린 이곳 교역의 땅에서 장사를 하면 큰 재물을 모을 수 있을 것이라는 판단이 들었다. 실제 그는 후세에 상성商聖, 상조商祖, 재신財神 등으로 추앙받을 정도로 엄청난 부를 일궜다.

범려의 안목이 아니더라도 도陶는 요순 시대부터 이미 지중地中으로 꼽히던 곳이었다. 요임금의 성은 이기伊祁, 이름은 방훈放勳이다. 성은 모계母系를 따랐다고 한다. 그는 도당씨陶唐氏로도 불린다. 도陶 땅에서 태어나 당唐·현 하북성 당현의 제후로 봉해진 데 따른 것이다. 도당씨는 요가 이끈 씨족 명칭이기도 하다. 제곡帝嚳의 아들로 이복형인 지摯의 뒤를 이어 임금 자리에 올랐다. 요堯의 갑골문은 위에 두 개의 토土, 중간 가로획一, 아래에 인人이 있는 모양이다. 흙으로 빚은 토기土器를 선반에 받쳐 든 사람의 형상으로 만들어진 글자다. 흙으로 만든 토기를 질그릇 도陶라고 한다. 당唐은 아래의 물레(口)

---

7   "范蠡浮海出齊, 變姓名, 自謂鴟夷子皮, 耕于海畔, 苦身戮力, 父子治產. 居無几何, 致產數十萬. 齊人聞其賢. 以爲相. 范蠡喟然嘆曰, '居家則致千金, 居官則至卿相, 此布衣之極也. 久受尊名, 不祥.' … 間行以去, 止于陶. 以爲此天下之中, 交易有無之路通, 爲生可以致富矣. 于是自謂陶朱公."「越王句踐世家」,『史記』

제2장 땅(地) 395

토(土)의 갑골문   요(堯)의 갑골문

위에 올려진 질그릇을 손乂으로 빚는 형태로 풀이한다. 요를 일컫는 도당씨는 도陶 땅에서 정교한 토기를 제작하는 장인 집단의 수장을 뜻한다. 토기는 신석기 시대 문명 발달의 척도였다. 도가 그만큼 문명화한 지역이었음을 추정케 한다.

"옛날 요는 성양成陽에서 물놀이를 했고, 순舜은 뇌택雷澤에서 물고기를 잡았다."[8]

『한서漢書』 「지리지地理志」의 기록이다. 성양과 뇌택 모두 도陶에 속한 지명이다. 도는 현재 하택시 정도定陶구다. 진시황秦始皇 26년기원

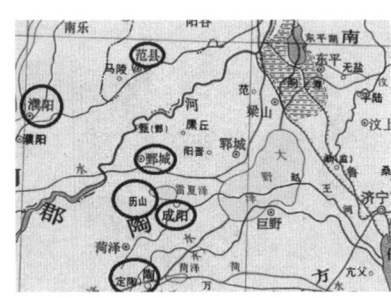   

요순(堯舜)의 지중 도(陶) (출처: 网易)   산동성(山東省) 서쪽 도(陶)

---

8 "昔堯作游成陽, 舜漁雷澤, 湯止於亳", 「地理志 第八」, 班固著, 陳起煥譯註, 『漢書』, 明文堂, 2021, 520쪽.

전 221년 정도定陶현이 설치되면서 도의 이름이 정도가 되었다. 정도定陶 남쪽의 도구陶丘는 요의 옛 성터가 남아 있다고 해서 붙은 이름이다.

성양成陽은 요가 나라를 세웠던 곳이다. 본래 명칭은 평양平陽이었다. 주周 문왕文王의 일곱째 아들이 이곳을 봉토로 받아 성成나라를 세우면서 성양으로 이름이 바뀌었다. 뇌택은 성양 북쪽에 인접한 지역이다. 성양과 뇌택 모두 현재 산동성山東省 서부의 하택荷澤시에 속한다. 요는 덕이 부족한 큰아들 단주 대신 효심이 지극한 자신의 사위 순에게 천자의 자리를 물려주었다고 한다. 『서경書經』과 『사기史記』 등 정사正史의 기록이다. 널리 알려진 선양禪讓의 미덕이다. 하지만 전혀 다른 기록도 있다. 순이 "평양(요의 도읍)에서 요를 잡아 가두고 천자의 자리를 빼앗았다"[9]는 것이다. 『고본죽서기년古本竹書紀年』과 『한비자韓非子』는 순이 천자의 자리를 선양받은 것이 아니라 궁정 쿠데타로 찬탈했다고 쓰고 있다. 『고본죽서기년』은 사마천司馬遷의 『사기』보다 200년 이상 앞서는 책으로 『사기』에 나오지 않는 내용이 숱하게 담겨 있다.

"요가 세상을 뜨고 3년상을 마치자, 순은 요의 아들단주·丹朱을 피해 남하南河의 남쪽으로 갔다. 그러나 천하의 제후들이 요의 아들이 아닌 순을 알현하고, 백성들은 송사의 해결을 위해 순에게 갔으며, 순의 덕을 칭

---

9 "舜囚堯於平陽, 取之帝位.", 『고본죽서기년』은 중국 상고의 삼황오제부터 전국시대 위(魏) 양왕(襄王) 20년(기원전 299)까지의 연대기 20편을 위나라 사관들이 대나무에 기록한 편년체 역사서다. 서진(西晉)시대인 281년 급군(汲郡)·현 하남성 급현)의 위양왕 무덤이 도굴되면서 발견됐다. 급군의 무덤에서 발견됐다고 해서 『급총기년』 또는 『기년』이라고도 한다. 중국 정사(正史)에는 나오지 않는 내용이 많아 귀중한 사료 가치가 있다.

송했다. 순은 '하늘의 뜻'이라며 중국中國으로 돌아가 천자의 자리에 올랐다."[10]

『맹자孟子』에 나오는 내용이다. 요에서 순으로의 권력 이동에 대한 맹자의 기술 태도는 상당히 모호하다. 단지 "중국으로 돌아가 천자의 자리에 올랐다"고 중립적으로 언급하고 있을 뿐이다. 이 중 중국이라는 표현은 주목할 만하다. 나라 이름이 아니라 천자가 있는 도읍, 천하의 한가운데인 지중地中으로 갔다는 뜻이기 때문이다. 순은 요의 지중인 평양(성양)에서 28년간 섭정을 하며 요를 보필했었다. 선양이든 찬탈이든 천자의 자리에 오른 순은 분위기 쇄신을 위해서라도 새로운 지중을 찾을 필요가 있었다. 요도 통치자의 덕목으로 윤집기중允執其中을 당부했던 터였다. 순은 도陶땅의 뇌택雷澤, 견성鄄城, 범현范縣, 복양濮陽 등 곳곳을 다니며 규표를 설치하고 그림자를 측정했다. 모두 현재의 산동성과 하남성의 경계선에 있는 지역이다. 순은 마침내 새로운 지중으로 뇌택 서남쪽 10여 리의 역산歷山을 선정했다. 그가 경작을 하고 질그릇을 굽던 곳으로 요의 도읍 평양과 가까운 곳이었다.[11] 결국 요순 시대의 지중이자 천하의 중심은 도陶였다.

---

10   "堯崩, 三年之喪畢, 舜避堯之子于南河之南, 天下諸侯朝覲者, 不之堯之子而之舜, 訟獄者, 不之堯之子而之舜, 謳歌者, 不謳歌堯之子而謳歌舜, 故曰, 天也. 夫然后, 之中國, 踐天子位焉.",「萬章章句」上,『四書讀本·孟子』, 臺灣 三民書局, 1976, 415~416쪽.

11   『辭海』, 上海辭書出版社, 1979, 146쪽.

4. 상나라 땅 박亳과 계룡산 천도설

천하가 발칵 뒤집혔다. 유력 부족의 족장이 이웃 부족을 찾았다가 야밤에 피살되는 엽기적인 사건이 발생한 탓이었다. 범인은 현지 부족장이었다. 두 부족은 오랜 기간의 통혼通婚으로 한 가족이나 다름없는 혈맹 관계였다. 불륜不倫 때문이라는 말이 나왔으나 석연치 않았다. 두 부족 간에 전쟁이 벌어지면 중원中原의 세력 판도가 급격히 바뀔 수 있는 상황이었다.

상商족의 부족장인 왕해王亥는 능력 있는 지도자였다. 기원전 18세기, 다른 부족이 한 집에 겨우 한두 마리의 가축을 키울 때 대규모 목축업을 부족에 도입했다. 특히 고기를 많이 생산하는 소와 양, 돼지를 집중적으로 키우고, 교배와 번식법을 연구해 부족에 전수했다. 상족은 유목도 농경도 아닌 축산 전문 부족이었다. 소가 끄는 수레 우거牛車를 만들어 토산품 등을 싣고, 다른 부족을 찾아가 장사와 교역을 했다. 우거는 말이 끄는 마차보다 속도는 느리지만 많은 짐을 싣고 먼 거리를 갈 수 있었다. 또 유목민이 사는 북방에 비해 늪이 많은 중원에는 말보다 소가 이동에 더 적합했다. 장사를 하는 왕해 부족 사람을 상인商人이라 불렀다.

『사기史記』「은본기殷本紀」에 따르면 상 부족의 시조는 설契이다. 그의 어머니는 유융씨有娀氏 부족의 여자인 간적簡狄으로 오제五帝인 제곡帝嚳의 둘째 부인이다. 결혼 2년 차에도 아이가 없었던 그녀는 잠시 친정에 들른 어느 날 여동생과 함께 현지玄池라는 곳에 목욕을 하러 갔다. 간적은 연못 속 평평한 돌 위로 날아온 제비현조·玄鳥, 연·燕가 오색찬란한 알을 낳는 것을 보고, 이를 삼켰는데 태기가 있었다. 그가 낳은 아들이 설이다. 상商과 상족의 갈래인 연燕·하북성 지역 나라, 혈맹인 이웃 유역씨有易氏 부족은 모두 제비를 숭배하는 새 토템을 갖고 있었다.

왕해는 어느 날 동생 항恒과 장사를 위해 유역씨 부족을 찾았다. 유역씨 역시 유융씨로 불리기도 했고, 유호씨有扈氏라고도 했다. 유역씨는 염제炎帝 신농씨神農氏 때부터 널리 알려진 대부족이었다. 설의 탄생 설화를 감안하면 상 부족은 유역씨에서 갈라져 나온 부족이나 다름없었다. 하지만 설의 6대 손[12]인 왕해 대에 이르러 대규모 목축과 상업 활동으로 급속히 경제력을 키워나가던 신흥 세력이었다.

유역씨 부족장 면신綿臣은 자신들을 찾아온 왕해 일행을 맞아 큰 잔치를 벌였다. 밤새 마시며 춤추고 놀다가 일행이 깜박 잠든 순간 참극이 벌어졌다. 왕해와 부족원 몇 명이 유역씨 사람들의 도끼에 맞아 끔찍하게 살해됐고, 동생인 왕항과 나머지 부족원은 면신 앞에 붙잡혀 공포에 떨어야 했다. 면신은 왕해가 자신의 아내를 꾀어 밀통密通을 하는 것을 보고 죽였다며 붙잡힌 이들을 위협하다

---

[12] 『사기』「은본기」에 따른 상(商)왕조 수립 전의 조상 계보다. ① 契 - ② 昭明 - ③ 相土 - ④ 昌若 - ⑤ 曹圉 - ⑥ 冥 - ⑦ 亥(王亥) - ⑧ 微(上甲微) - ⑨ 報丁 - ⑩ 報乙 - ⑪ 報丙 - ⑫ 主壬(示壬) - ⑬ 主癸(示癸) - ● 天乙(成湯·초대 상왕)

강제 추방했다.¹³ 수많은 가축과 값비싼 물건도 모두 빼앗겼다. 표면적 동기는 사통私通이었지만 확인할 수는 없었다. 면신이 재물 욕심에 왕해를 죽인 것이라는 말이 나왔다. 또 급속도로 세력을 키워가던 상 부족의 기세를 꺾기 위해 면신이 벌인 음모라는 시각도 없지 않았다.

"왕해는 부친 계의 덕을 이어 선량했네. 어찌하여 유역(유호)에서 죽고 가축 키우는 사람과 소, 양을 잃었나. 왕해는 방패를 들고 춤을 추며 어찌하여 여인을 꾀었는가. 풍만한 가슴과 촉촉한 피부는 그리도 아름다웠나. 유역씨 여인과 왕해는 어찌하여 몰래 만났나."¹⁴

굴원屈原이 쓴 『초사楚辭』 「천문天問」의 왕해 피살에 대한 내용이다. 사건이 얼마나 충격적이었던지 『초사』뿐만 아니라 『산해경山海經』 「대황동경大荒東經」, 『죽서기년竹書紀年』, 『주역周易』의 뇌천대장雷天大壯 괘와 화산려火山旅 괘 등에 모두 관련 기록이 남아 있다.

왕해의 아들 미微는 부친의 피살 소식에 격분했다. 하지만 당장 복수를 하기에는 상대가 너무 강했다. 우선 힘을 기르기로 했다. 목축과 상업에 더욱 힘을 쏟았다. 부족이 부강해지기 시작했다. 미는 쌓인 재물로 젊은이들을 모아 병사로 키웠다. 다른 부족과 교역할 때는 무기를 먼저 사들였다. 밤을 새워 스스로 병법 공부도 했다. 이웃의 하백河伯 부족과 군사 동맹도 맺었다. 본래 유역씨와 우호 관계였지만 왕해 피살의 부당함을 호소하면서 목축 비법을 알려주는 대

---

13 『초사(楚辭)』「천문(天問)」은 동생인 왕항이 면신의 아내를 유혹했고, 형인 왕해가 오해를 받아 피살된 것으로 기록했다.

14 "該秉季德, 厥父是臧. 胡終弊于有扈, 牧夫牛羊. 干協時舞, 何以懷之. 平脅曼膚, 何以肥之. 有扈牧豎, 云何而逢." 「天問」, 『楚辭讀本』, 臺灣 三民書局, 1982, 79쪽.

가로 자기 편으로 만들었다. 그렇게 4년의 노력을 기울인 뒤 미는 마침내 유역씨 공격에 나서 면신의 목을 베고 원한을 갚을 수 있었다.

미가 유역씨를 정복하고 상 부족의 강역을 넓힌 것은 새로운 지중地中 찾기로 연결된다는 점에서 중요한 의미를 갖는다. 유역씨 부족의 정확한 위치에 대해서는 학자들 간에 의견이 갈린다. 모두 옛 문헌에 나름 근거가 나오기 때문이다. 자연 재해나 전쟁 등으로 부족의 이동이 잦아 기록이 다른 것으로 본다. 첫째는 산동성 서남 조현曹縣과 제녕濟寧 지역이다. 『좌전左傳』과 『괄지지括地志』 등에 해당 지역에 거주한 유융씨 기록이 나온다. 특히 조현은 요순의 지중인 정도定陶 바로 아래다. 상商족의 기원인 하남성河南城 상구商丘와 붙은 곳이다. 상의 시조인 설은 황하黃河 치수를 책임졌던 우禹를 도운 공로로 순임금으로부터 상구를 봉토로 받았었다.

둘째는 하북성河北省 역현易縣 지역이다. 역현은 요임금이 한때 제후로 있었던 당현唐縣 바로 북쪽이다. 유역씨와 역현은 인근을 흐르는 역수易水 때문에 붙은 이름이다. 역수 남쪽의 하북성과 하남성을 나누는 강이 장하漳河다. 장하는 서한西漢 이전 황하의 가장 큰 지류였으나 황하가 물길을 바꾸면서 지금은 황해로 흘러드는 독립 하천

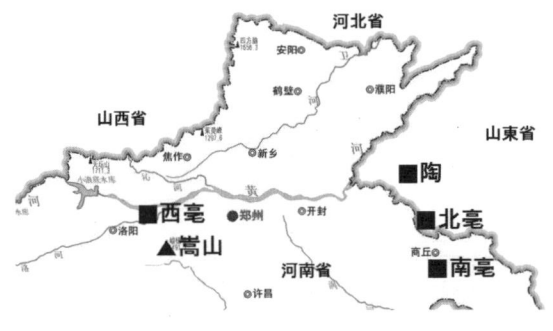

상(商)나라 삼박(三亳) 위치도

으로 변했다. 장하 남북으로 상족의 초기 유물들이 집중적으로 발견된다. 유역씨와 족외혼 관계였던 상족이 이곳에서 섞여 살았던 것으로 추정한다.

셋째는 하남성 숭산嵩山 지역이다. 좌전 등에 복희씨伏羲氏의 후손인 유융씨(유역씨)가 개봉開封, 상구商丘, 하택荷澤 등에 거주했다는 내용이 나온다. 특히 유융씨의 융娀과 숭嵩의 발음(sōng)이 같다는 점도 근거로 든다. 넷째는 하남성 성도省都인 정주鄭州를 중심으로 서쪽의 낙양洛陽 언사偃師, 황하 북쪽변의 원양原陽과 원무原武 일대라는 주장이다. 『서경』「감서甘書」에 나오는 감 지역으로 유호씨(유역씨)가 살던 곳이다. 이 중 낙양 언사는 탕임금이 하나라의 걸왕桀王을 물리친 곳이다. 상구 동남쪽을 남박南亳, 북쪽을 북박北亳, 낙양 언사를 서박西亳이라고 부른다. 삼박三亳의 중심에 위치한 정주는 황하의 중류와 하류가 나뉘는 곳으로 상족의 거주 중심지였다. 지금도 천지지중天地之中이라는 별칭으로 불린다. 숭산과 정주, 낙양 일대는 거의 같은 지역이다. 박亳의 갑골문 윗부분은 높은 누각 모양이다. 아랫부분은 농작물을 그렸다는 것과 집을 떠받치는 나무 기둥이라는 주장으로 나뉜다. 농작물로 볼 경우 읍邑과 같은 뜻이고, 나무 기둥으로 풀이하면 정亭과 같은 글자다.

亳 땅이름 박

미微는 교역을 위해 여러 지역을 다닌 결과 요순의 땅인 도陶가 진정한 지중이 아니라는 생각을 갖게 됐다. 유역씨를 굴복시키고 부

박(亳)의 갑골문

풍뢰익(風雷益) 괘

족의 영토를 넓힌 미는 규표측영을 통해 새로운 지중으로 낙양과 숭산, 정주를 중심으로 한 박亳 땅을 선정했다. 이후 상은 경제력은 물론 군사력까지 겸비한 강력한 부족으로 거듭났다. 미의 업적은 6대 후손인 성탕成湯이 최초의 중국 역사 왕조인 상商나라를 세우는 결정적 토대가 되었다. 상 왕조는 미를 상갑미上甲微라 부르며 시조인 설보다 더욱 융숭한 제사를 지냈다. 상 왕조가 10천간天干을 왕의 묘호廟號로 처음 쓴 것도 상갑미다. 갑甲의 갑골문은 2승二繩 표시인 十 모양이다. 상갑미가 박 땅을 이승의 교차점인 지중地中으로 선택한 것을 기려 그의 묘호에 갑을 붙였다. 갑은 10천간의 10개 태양 중 첫 번째라는 뜻이다.

주역의 풍뢰익風雷益 괘는 상갑미가 새로운 지중을 구한 것을 기록한 것이다. 이 괘의 네 번째 효사는 "규표를 이용해 지중地中을 구해 나아갈 것을 공公에게 아뢰면 따르리니, 부족을 위해 나라를 옮기면 이로우리라"[15]고 강조한다. 조선 말기 정감록은 이 효사를 빌려 계룡산鷄龍山 천도설을 내세웠다. 주역에서 풍은 닭鷄, 뢰는 용龍을 뜻하므로 어지러운 세상에서 백성의 고통을 덜기 위해 도읍을 계룡으로 옮겨야 한다는 것이었다.

---

15   "中行告公(用圭)從, 利用爲家遷國.", 『周易』, 馬王堆帛書本 참조.

5. 주공과 무측천의 땅 등봉登封

중국 역사상 전무후무의 여황제 무측천武則天·624~705**16**은 696년 숭고崇高, 嵩高에 올랐다. '높고 높다'는 뜻의 숭고가 숭산嵩山이란 이름보다 더 많이 불릴 때였다. 그녀의 숭고 등정은 30여 년에 걸친 피비린내 나는 권력 투쟁을 통해 제위帝位에 오른 지 6년 만이었다. 여황女皇은 숭고의 두 산 중 먼저 동쪽의 태실산太室山 주봉인 준극봉峻極峰에서 하늘을 받드는 봉封 제사를 올렸다. 숭고는 신악천중황제神岳天中皇帝로 봉했다. 이어 숭고 서쪽 소실산少室山에서 땅에 경배하는 선禪 제사를 지냈다. 봉선封禪을 마치고 무측천은 숭고 남쪽 산자락의 숭양현嵩陽縣을 등봉현登封縣으로, 동남쪽 양성현陽城縣을 고성현告

---

16 무측천은 624년 당(唐)의 장안(長安)에서 무사확(武士彠)의 후처 양(楊)씨의 둘째 딸로 태어났다. 무사확은 산서성(山西省) 문수현(文水縣) 출신으로 수(隋)에 반란을 일으킨 당 고조(高祖)를 도운 공로로 건국공신이 돼 공부상서와 형주(荊州) 도독(都督) 등을 지냈다. 무측천은 637년 당 태종(太宗)의 후궁으로 궁에 들어갔고, 태종이 죽자 잠시 출가했다가 651년 고종(高宗)의 후궁으로 재입궁해 4년 뒤 황후가 되었다. 고종 대신 섭정을 해온 그녀는 684년 중종(中宗), 690년 예종(睿宗) 등 두 아들을 폐위시키고 스스로 황제 자리에 올랐다. 705년 병상에 누웠을 때 신하들의 강권으로 중종을 복위시키고 그해 말 숨졌다.

무측천(武則天) (출처: 互動百科) 무측천이 정통성 확보를 위해 지중(地中)으로 선택한 숭산 자락의 등봉(登封)과 고성(告成)

成縣으로 바꾸는 등 두 마을에 새 이름을 하사했다. 등봉과 고성은 '등숭고登崇高 봉중악封中岳 대공고성大功告成'에서 딴 지명으로 '숭산에 올라 중악을 봉한 큰 공을 이루었음을 널리 알린다'는 뜻이다.

여황은 690년 무씨 왕조를 열면서 나라 이름을 당唐에서 주周로 바꾸었다. 화하족이 뿌리로 여기는 왕조 이름이었다. 도읍은 서쪽 장안長安에서 동쪽 숭고 옆의 낙읍洛邑으로 옮기고 신도神都라는 새로운 이름을 부여했다. '하늘이 천명을 내렸다'는 뜻의 천수天授를 새 연호로 삼았다. 하지만 새 왕조 개창開創을 상징하는 온갖 조치가 이어졌음에도 당 왕조 찬탈과 함께 여인이 황제로 등극한 데 대한 내부 불만이 적지 않았고 변방에서는 반란이 끊이지 않았다.

무측천은 자신과 새 왕조의 정통성 확보를 위해 집요하게 하늘天에 매달렸다. 이미 그녀는 하늘을 활용한 바 있었다. 674년 병약한 남편 고종高宗을 대신해 섭정에 나서면서 고종을 천황天皇, 스스로를 천후天后라고 칭했다. 지존의 자리에 오르면서 기존에 없던 글자를 창조해 자신의 이름을 새로 지었다. 본래 이름인 조照[17] 대신 조曌 또는 조瞾라고 썼다. 조曌는 하늘空의 해日와 달月처럼 숭고한 존재로서 세상 모든 만물을 밝게 비춘다는 뜻이었다. 조瞾는 하늘에서 밝은 두 눈目으로 세상 만물을 환하게 바라본다는 의미였다. 무측천은 '무武가 곧則 하늘天'이라는 뜻이었다.

자신을 하늘에 빗댄 가장 극적인 행위가 숭고(숭산) 봉선이었다. 무측천은 하늘과 땅에 제사를 지내고 연호를 '만세등봉萬歲登封'으로 고쳤다. 등봉 앞에 만세를 붙인 것은 또 다른 깊은 뜻이 있었다. 한 무제漢武帝에 얽힌 전설을 자신에게 따온 것이었다. 기원전 110년 무제가 숭고의 절반쯤 올랐을 때 갑자기 산속에서 만세 소리가 찌렁찌렁 울려 퍼졌다. 숭고의 신령이 황제의 등정을 기뻐해 큰 소리로 만세를 부른 것이었다. 만세등봉은 그녀가 한 제국을 건설한 무제와 비견할 존재라는 것을 과시한 연호였다. 무측천은 15년의 재위 기간 아홉 차례나 숭고에 오를 정도로 이 산에 각별한 애정을 쏟았다.

그녀가 숭고를 자신의 정치적 상징으로 삼은 것은 이 산이 지중地中이었기 때문이다. 천명天命을 수행하는 천자는 하늘과 가장 가까운 거리인 지중에서 하늘의 뜻을 지상에 펼쳐야 했다. 옛 왕조부터 대대로 내려오던 '중中에 앉아 천하를 다스린다'는 거중이치居中而治의 절대적인 통치 관념이었다. 숭고와 낙읍은 이런 관념을 가장 잘 실현할 수 있는 곳이었다. 자신이 고성告成으로 개명한 등봉의 양성현陽城縣은 하夏나라 우禹임금이 도읍으로 정했다는 전설이 서린 곳

---

[17] 무측천이 당 태종 때인 637년 궁중에 들어가기 전 이름은 사서(史書)에 나오지 않는다. 당시 여자아이는 이름 대신 단순히 계집아이(닙·囡)로 불렸던 사회 분위기 때문으로 풀이한다. 태종이 미(媚)라고 부르면서 이후 궁중에서는 줄곧 무미랑(武媚娘)으로 통했다. 따라서 무측천이 자신의 이름을 조(照)라고 한 것도 스스로 지은 것으로 보는 의견이 우세하다.

이기도 했다. 무측천은 등봉과 낙읍은 하상주夏商周 3대의 도읍지이자 지중이며, 진秦·한漢·당唐의 도읍인 서쪽 장안은 진정한 도읍인 지중이 아니라고 생각했다. 그녀는 주周나라 주공周公이 이미 이를 증명했다고 여겼다.

주공은 상商을 멸망시킨 뒤 그 도읍인 박毫 땅에 주목했다. 천하지형을 봤을 때 주나라의 도읍인 호경鎬京·장안은 서쪽에 치우쳤고, 요순의 땅인 도陶는 동쪽에 편중됐다고 여겼다. 박을 지중으로 고른 상갑미上甲微의 안목이 옳다고 판단했다. 박은 남박과 북박이 있는 상구商丘, 숭산을 중심으로 한 정주鄭州, 낙양洛陽 언사偃師인 서박까지 상당히 넓은 지역이었다. 남박은 현 하남성 상구시 남쪽 곡숙진谷熟鎭, 북박은 상구 북쪽의 산동성 조현曹縣이다. 따라서 박 땅 중에서도 지중의 정확한 위치 파악을 위해서는 규표에 의한 정밀한 그림자 측정이 필요했다.

박 땅 곳곳을 찾아다닌 끝에 하지의 해 그림자 1자 5치를 나타낸 곳은 양성현陽城縣이었다. 양성현은 뒤에 무측천이 고성현告成縣으로 이름을 바꾼 등봉 지역이었다. 주공은 양성현에 지중을 나타내는 기념물로 8자 높이의 규표를 세웠다. 하지만 숭산 남쪽 자락의

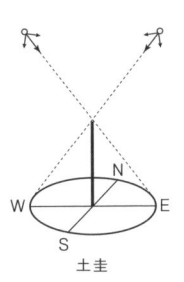

주공(周公) 측영대(測影臺) (출처: 搜狐)　　　등봉(登封) 관성대(觀星臺)

등봉 지역을 도읍으로 하기에는 땅이 너무 협소했다. 숭산과 가까우면서 넓은 평야가 펼쳐지고 황하와 낙수洛水가 합류하는 낙읍이 도읍지로는 가장 알맞았다. 상나라의 서박이었다. 주공은 소공을 시켜 낙읍에 새로운 도읍을 건설하도록 했다. 그리고 이름을 성주成周라고 지었다. 주나라를 완성했다는 뜻이었다.

당의 천문학자인 승僧 일행一行·683~727은 723년 주공이 등봉 고성의 지중에 세운 나무 규표를 돌로 된 규표로 바꾸고 주공측영대周公測影臺라고 이름했다. 1300년 된 천문 기념비다. 원元나라의 걸출한 천문학자인 곽수경郭守敬·1231~1316은 1276년 주공측영대 옆에 관성대觀星臺를 세웠다. 관성대는 규표와 별 관측을 겸한 중국에서 가장 오래된 천문대다. 특히 관성대의 규표는 정밀한 그림자 관측을 위해 표준의 다섯 배인 40자 높이로 만들었다. 곽수경은 관성대를 이용해 동양 역사상 가장 훌륭한 역법이자 당시 세계에서 가장 정확한 달력인 수시력授時曆을 제작했다. 수시력은 원나라 때인 1281년부터 명明나라 말인 1644년까지 무려 364년간 동양에서 가장 오래 쓰인 역법이었다. 우리나라에는 고려 충선왕忠宣王·1275~1325 때 전래돼 1653년 조선 효종孝宗이 최초의 서양식 역법인 시헌력時憲曆으로 바꿀 때까지 사용했다.

오늘날 등봉은 주공 → 일행 → 곽수경 등으로 이어진 정확한 역법 제정으로 천지지중天地之中이자 24절기節氣의 발원지라는 명칭을 얻고 있다. 24절기는 2016년 유네스코 세계문화유산에 등재되기도 했다.

6. 꿈속의 지중-곤륜昆侖과 공동空同

도陶, 박亳, 등봉登封 등 역대 지중地中은 북위 35°선 안팎에 위치한 다는 공통점을 갖는다. 하지 때 8자 규표의 그림자가 1자 5치를 나타내는 지역을 찾아다닌 결과다. 북위 35°는 황하黃河가 화북평원을 남북으로 나누는 선이다. 『주례』 등에서는 일반적으로 지중의 하지 해그림자 길이를 1자 5치로 정한 데 비해 『주비산경周髀算經』은 1자 6치라고 했다. 순舜의 지중인 역산歷山과 하남성 복양濮陽 인근이다. 복양은 황하를 사이에 두고 산동성山東省 정도定陶와 마주 보는 곳이다.

역대 지중은 동에서 서로 이동했다. 동경 115°선의 도 땅에서 동경 112°선의 박과 등봉, 낙양 지역으로 옮겨간 것이다. 황하 하류의 제수濟水와 합쳐지는 산동성 지역에서 중류의 낙수洛水와 만나는 서쪽 하남성 지역으로 거슬러 올라갔다고 할 수 있다. 경도 1°를 100킬로미터 정도로 본다면 지중의 이동은 300킬로미터 남짓 공간에서 이뤄진 것이다. 상고 시대 동이족東夷族의 서진西進과 황하 문명의 이동 과정을 보여주는 것으로도 볼 수 있다.

역대 지중의 경위도

지중(地中)	지명	위도(북위)	경도(동경)	비고
도(陶) - 요, 순	성양 (成陽)	34° 96′	115° 35′	요의 평양(平陽), 산동성 (山東省) 하택(荷澤)시
	정도 (定陶)	34° 86′	115° 33′	산동성 하택시 정도구
	복양 (濮陽)	35° 66′	115° 51′	순(舜)의 역산(歷山) 복 주(濮州) 지역
박(亳) - 상갑미, 주공, 무측천	상구 (商丘·南亳)	33° 98′	115° 44′	하남성(河南省) 상구시 곡숙진(谷熟鎭)
	상구 (商丘·北亳)	34° 68′	115° 31′	산동성 조현(曹縣)
	정주 (鄭州)	34° 37′	113° 28′	
	언사 (偃師·西亳)	34° 39′	112° 63′	하남 낙양시 언사구
	등봉·숭산 (登封·嵩山)	34° 25′	112° 84′	
	낙양 (洛陽)	34° 41′	112° 27′	

고대 동양의 초기 우주관을 천원지방天圓地方의 개천론蓋天論이라 한다. 하늘은 펼쳐진 덮개같이 둥글고 땅은 바둑판처럼 모나다는 이론이다. 하늘은 삿갓처럼 생겼고 땅은 엎은 사발 모양으로 묘사되기도 한다. 하늘 덮개의 한가운데가 천중天中이다. 지중은 하늘의 상제上帝가 있는 천중의 바로 아래에서 하늘의 뜻을 수행하는 황제가 있는 곳이다.

"곤륜崑崙산 언덕에서 두 배 오르면 양풍凉風이라는 산이 있는데, 여기 오르면 죽지 않는다. 다시 두 배 오르면 현포懸圃라는 산이 있는데, 여기 오르면 신령해져 바람과 비를 부릴 수 있게 된다. 다시 두 배 오르면 하늘인데, 여기 오르면 신이 된다. 천제가 머무는 곳이다. … 건목建木은 도광都廣에 있으며, 뭇 천신들이 그 나무를 타고 오르내린다. 이 나무는 햇빛 속에 있어도 그림자가 생기지 않고 소리쳐도 메아리가 없으니 하늘과 땅의 한가운데天地之中 서 있기 때문일 것이다."[18]

『회남자淮南子』「지형훈墜形訓」에 나오는 내용이다. 곤륜산 언덕 아래에서 양풍과 현포를 잇따라 오르면 하늘 가운데 닿을 수 있다는 뜻이다. 『회남자』는 「시칙훈時則訓」에서도 동서남북의 극極을 소개하면서 "중앙의 극은 곤륜 동쪽에서 시작한다"고 거듭 언급한다. 한漢나라 때의 지리점서地理占書인 『하도괄지상河圖括地象』도 "곤륜은 지중地中으로 땅아래 여덟 개의 기둥이 있다"고 강조한다.[19] 곤륜은 곧 지중을 가리키는 명칭이라는 뜻이다.

또 다른 문헌에서는 지중을 공동空同, 空桐, 空洞이라고 기술한다. 중국에서 가장 오래된 자서字書인 『이아爾雅』는 "북쪽으로 북두와 북극성을 머리에 이고 있는 곳을 공동이라 한다"고 했다.[20] 당唐나라의 천재 시인 이하李賀·790~816는 낙양洛陽을 가리키는 시어詩語로 공동을 사용하기도 했다.[21]

---

18 "昆侖之丘, 或上倍之, 是謂凉風之山, 登之而不死. 或上倍之, 是謂懸圃, 登之乃靈, 能使風雨. 或上倍之, 乃維上天, 登之乃神, 是謂太帝之居. … 建木在都廣, 衆帝所自上下, 日中無景, 呼而無響, 蓋天地之中也.",「墜形訓」,『淮南子』

19 "中央之極, 自昆侖東",「時則訓」,『淮南子』. "昆侖者, 地之中也, 地下有八柱 - 河圖括地象", 馮時 著,『文明以止』, 中國社會科學出版社, 2020, 493쪽.

20 "北戴斗極爲空桐",「釋地」,『爾雅』. 진한(秦漢) 때의 서적으로 본다.

21 "내년 하원절까지 장안에 다시 돌아가려 하니, 오늘 공동에서 헤어져 다시 보려면 얼마나 긴 시간이 걸릴지(明朝下元復西道, 崆峒叙別長如天)." 이하(李賀)의 '인화리잡서황보식(仁和里雜叙皇甫湜)' 시의 마지막 구절. 하원절은 음력 10월 15일, 서도는 장안(長安) 가는 길, 공동은 낙양(洛陽)을 가리킨다.

지중을 곤륜 또는 공동으로 문헌에 따라 명칭을 달리 썼다는 뜻이다. 둘 다 이상理想의 지중을 가리키는 단어다. 곤륜과 공동이 같은 뜻이 된 것은 곤륜의 형태를 묘사한 삼중三重의 산 모양이 공동산崆峒山과 닮았기 때문이라고 한다. 곤륜이 상상의 산이기도 하지만 현실적으로도 티베트의 곤륜산崑崙山은 너무 멀어 가까이 있는 다른 장소를 떠올렸다는 것이다. 감숙성甘肅省 평량平凉의 공동산은 도교道敎의 발원지로 신선이 사는 곳으로 알려진 곳이다. 또 '하늘과 같다空同', '하늘과 통하는 동굴空洞' 등의 글자 뜻도 지중으로 제격이었다. 공동은 본래 그 지역 소수민족 이름을 음역한 것이다.

문헌들을 감안하면 현실의 지중과 이상의 지중 사이에 큰 모순이 생긴다. 현실의 지중은 하지의 8자 규표 그림자가 1자 5치인 곳이지만, 이상의 지중은 그림자가 생기지 않는 곳이다. 『회남자』에 따르면 천중天中과 지중地中을 잇는 건목이라는 나무가 있고, 그림자가 생기지 않는다는 것이다. 또 건목은 곤륜이 아니라 도광都廣에 있다고 덧붙인다. 그림자가 생기지 않으려면 해가 머리 꼭대기에 있는 적도赤道 지역에 위치해야 한다. 따라서 도광은 남쪽 적도의 지명으로 볼 수 있다.

하지만 『이아』에서는 북극성과 북두칠성이 있는 곳이 천중이고 그 바로 아래가 지중인 공동이라고 정의했다. 두 문헌의 차이는 천문학의 발전에 따라 천중이 이동했음을 암시한 것이다. 해를 경외하던 상고 시대 북반구에서는 정오에 항상 남쪽에 위치한 해를 볼 수 있다. 해가 있는 남쪽을 천중으로 여긴 것이다. 반면 북극성을 천체의 중심으로 인식했던 춘추전국시대에는 북극성이 있는 곳으로 천중이 바뀌었다.

서주(西周)시대 청동으로 만든 제기(祭器)용 술그릇 준(尊) 덮개에 하늘을 받치는 가운데와 사방 등 다섯 개 천주(天柱)가 있다. 삿갓 모양 덮개 위로 가장 높이 솟은 가운데 천주는 지중에 세워진 건목(建木)을 뜻한다. 또 지중을 측정하는 규표를 상징하기도 한다. 2004년 중국 섬서성(陝西省) 한성(韓城)시 양대촌(梁帶村)에서 발굴됐다. (출처: 搜狐)

7. 망국亡國의 말로와 사직단社稷壇

社 토지신 사

"임금은 사직社稷을 위해 죽는다."²²

『예기禮記』에 나오는 말이다. 사직은 왕조나 나라와 같은 뜻이다. 사는 토신土神, 직은 곡신穀神을 가리킨다. 사직은 농경 국가의 근본을 일컫는 말이다. 땅은 만물을 기르고, 곡식은 백성을 기른다. 땅과 식량은 인간 생존의 기본 조건이다. 토지는 나라를 세우는 바탕이고, 식량 생산은 정치를 바로 하는 기초다. 따라서 건국을 하면 사직을 세워 백성이 나라에 안정적으로 깃들게 하고, 수확을 하면 토신과 곡신의 은공恩功에 보답해야 한다.

사직은 좌조우사左祖右社의 원칙으로 조성한다. 궁궐 밖 왼쪽에는 종묘, 오른쪽에는 사직을 세워 건국의 신위神位를 모셔야 한다. 성인남면聖人南面의 관념에 따라 궁궐 북쪽에 앉은 임금이 남쪽을

---

22 "國君死社稷",「曲禮 下」,『禮記』

사(社)와 토(土)의 갑골문   직(稷)의 갑골문

바라볼 때 남문 오른쪽인 서쪽에 사직을 둔다. 궁성과 도읍 조성, 국가 측량과 수로水路 건설 등을 관장하는 『주례周禮』 「동관고공기冬官考工記」 장인匠人의 업무에 규정된 내용이다. 사社의 갑골문은 토土와 같은 글자다. 사를 토신이라고 하는 까닭이다. 왼쪽의 시示는 제단의 모양이다. 직稷의 갑골문은 농부가 벼禾를 심는 형상이다. 현재의 글자꼴이 된 소전小篆은 벼禾를 밭田에서 사람儿이 파종하며 뒷걸음치는夊 모습이다.

稷 기장 직

사직단은 토신과 곡신에게 국가의 안녕과 풍요를 기원하고, 두 신의 공덕에 감사하는 곳이다. 사단社壇에 대해 "땅은 너무 넓어 두루 받들 수가 없기 때문에 흙을 쌓아 사단을 만들고 공덕에 보답하는 제사를 지낸다"고 했다. 또 직단稷壇은 "곡식이 너무 많아 일일이 받들 수 없어 오곡의 으뜸인 직을 세워 제사를 지내는 것"이라고 했다. 『풍속통의風俗通義』 「사전祀典」이 『효경孝經』을 인용한 내용이다.[23]

---

23   "社者, 土地之主. 土地廣博, 不可徧敬, 故封土以爲社而祀之, 報功也.", "稷者, 五穀之長. 五穀衆多, 不可徧祭, 稷而祭之.", 「祀典」, 『風俗通義』

사단社壇은 전국의 국토를 상징하는 곳이다. 따라서 다섯 방향의 오색토五色土로 조성한다. 동쪽은 푸른 흙東方 靑土, 남쪽은 붉은 흙南方 赤土, 서쪽은 흰 흙西方 白土, 북쪽은 검은 흙北方 黑土, 가운데는 노란 흙中方 黃土을 깐다. 오색토의 깊이는 2치 4푼으로 8센티미터 정도다. 사단 한가운데 사신社神이 깃드는 나무를 심는다. 나무는 해당 지역에 적합한 수종을 선택한다. 하夏나라는 소나무松, 상商나라는 잣나무柏, 주周나라는 밤나무栗를 심었다고 한다. 사의 금문은 사단에 나무를 심은 모습이다. 한漢대에 나무의 한정된 수명을 고려해 돌 또는 돌기둥을 대신 세웠다. 중국 북경北京의 사직단은 한가운데 큰 돌이 박혀 있다. 돌의 이름은 강산석江山石이다. 국토가 강과 산으로 이뤄졌다는 뜻이다.

사직단 가운데 강산석(江山石)

황제는 제후를 임명할 때 봉토封土의 방향에 맞는 흙을 하사했다. 동쪽으로 가는 제후는 푸른 흙, 서쪽은 흰 흙을 내리는 식이다.

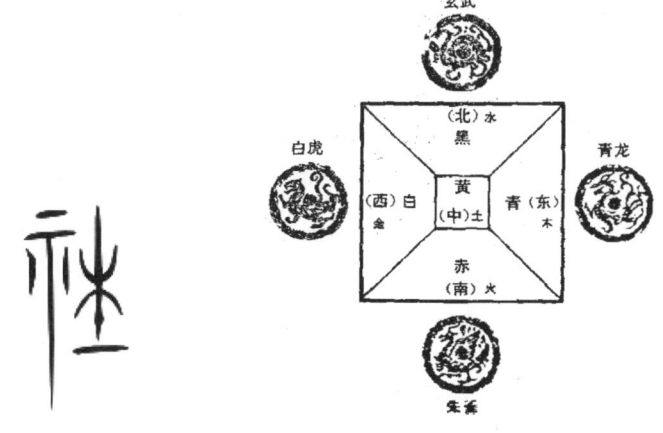

나무를 심은 사(社)의 금문   오색토와 사상(四象) 방위

제후는 영지에 부임하면 황제가 하사한 흙을 밑에 깔고 위에 황토를 덮어 제후의 사단인 국사國社를 만들었다. 임금의 사단은 태사太社라 했다.

사직단은 3층 계단 위에 장방형長方形으로 만든다. 또 모든 백성이 볼 수 있도록 지붕 없는 열린 공간에 낮은 담장유원·壝垣만 두른다. 담장은 동쪽은 푸른색, 남쪽은 붉은색, 서쪽은 흰색, 북쪽은 검은색 벽돌로 만들었다. 오색토와 같은 방위 개념이다. 사직단은 천자나 제후뿐만 아니라 땅을 가진 일반 백성도 만들 수 있도록 나라에서 장려했다. 최초의 통일 국가인 진秦은 현縣급에도 사직단을 설치하도록 했다. 사직단이 크게 성행한 명明대에는 1백 호戶 단위까지 만들었다고 한다. 사단과 직단은 본래 분리되어 있었으나 명明 태조 주원장朱元璋·1328~1398이 두 신단을 합쳤다. '토는 직이 없으면 생산할 수 없고, 직은 토가 없으면 낳을 수 없다'고 생각했기 때문이다. 명대에 조성된 북경의 사직단은 합사되어 있다. 서울의 사직단은 본래대로 나뉘어 있다.

오색토로 조성된 중국 북경(北京) 사직단(社稷壇) (출처: 百度)

사직단은 국가 대사가 행해지는 장소였다. 특히 일식日食이나 월식月食 때 구식의救食儀를 치른 곳이었다. 동양 천문에서 해와 달이 갑자기 사라지는 일식과 월식은 하늘이 왕조에 엄중한 경고를 보내는 것으로 여겼다. 일식이나 월식이 일어나면 임금과 신하는 소복素服을 갖춰 입고 사직단에 무릎을 꿇은 채 해와 달이 다시 나타나도록 빌었다. 또 임금이 식과의 전쟁에서 이길 수 있도록 일식 때는 북을 치고, 월식 때는 징을 울렸다. 기우제祈雨祭를 지내거나 전쟁에서 승리한 뒤 포로를 바치는 의식도 사직단에서 이뤄졌다.

사신과 직신은 자연신과 인격신의 결합 개념으로 출발했다. 흙과 곡식의 정령精靈 개념에 고대 치수와 농사에 큰 업적을 남긴 전설의 인물을 대입해 신격화한 것이다. 사신은 수신水神으로 불리는 공공共工의 아들 구룡句龍이다. 공공은 토지와 치수를 담당하는 관직 이름이다. 염제炎帝 신농씨神農氏의 11대 손인 구룡은 오제五帝의 일원인 전욱顓頊의 토정土正을 지냈다. 토정은 공공과 같은 국토수리水利부 장관이다. 그는 사社 개념을 처음 만들었다. 구룡은 홍수 때 백성을 고지대로 이주시키고, 고지대가 없으면 주변 흙을 파서 높은 둔덕을 쌓아 그 위로 피신하도록 했다. 둔덕 하나는 25가구가 올라갈 수 있는 크기였다. 사회社會의 유래가 여기서 비롯됐다. 사신을 제사지내는 사일社日에 25가구 마을 단위로 모여 각종 행사와 모임을 갖는 것을 사회라고 한다. 구룡이 죽자 그를 후토后土로 부르며 사신으로 모셨다.

직稷은 작물 이름이자 관직 명칭이다. 상고上古에는 벼슬 이름이 없던 때여서 농작물로 관직 명칭을 삼았다. 직은 농업 장관인 전정田正에 해당한다. 하夏대의 직은 열산씨烈山氏의 아들 농農이었다. 주柱라고 하는 문헌도 있다. 열산은 염제 신농씨가 태어난 곳으로, 황하

黃河 상류 강수姜水 유역이다. 열산씨의 후대 성씨가 산山씨다. 상商나라가 건국됐을 때 큰 가뭄에 흉년이 들어 백성들의 원성이 자자하자 직을 맡은 인물이 바뀌었다. 정치적 책임을 물은 것이다. 새 직의 이름은 버린다는 뜻의 기棄였다. 뒤에 주周나라의 시조가 된 후직后稷이다. 기의 모친은 강원姜嫄으로 감생感生 설화를 갖고 있다. 그녀는 들에서 거인의 발자국을 보고 호기심에 밟았다가 태기를 느낀 뒤 아이를 낳았으나 불길하다고 여겨 내다버렸다. 길거리에 버렸을 때는 소와 양이 젖을 주었고, 산에 버렸을 때는 나무꾼이 구했으며, 찬 얼음 위에 버렸을 때는 새들이 날개로 덮어주었다고 한다. 상의 시조 설契의 모친 간적簡狄은 야외 호수에서 목욕을 하다 제비가 떨어뜨린 알을 먹고 아이를 낳았다는 난생卵生 설화가 전해진다. 두 설화 모두 모계사회의 남녀 야합野合의 흔적으로 풀이한다. 기는 죽은 뒤 후직이라는 이름의 직신에 모셔졌다.

　　사신과 직신으로 모셔졌던 후토와 후직은 삼국의 위魏나라 때 정신正神이 아닌 배향신配享神으로 격하됐다. 유학자儒學者들이 경전經典에 기록할 제사 대상을 두고 치열한 논쟁을 벌인 끝에 자연신이 아닌 인격신을 정식 신으로 모시는 것은 맞지 않다는 결론을 내렸기 때문이다. 조상신을 극도로 숭배한 상나라 때 신의 반열에 올랐던 인신人神들이 당시 논쟁의 결과 제사 대상에서 대거 탈락했다.

　　사직제는 봄과 가을, 연말 등 1년에 세 번 지낸다. 봄 제사春社는 음력 2월 농사를 짓기 전 풍년을 기원하는 뜻이다. 가을 제사秋社는 음력 8월 수확을 한 뒤 감사를 드리는 의도다. 춘사는 입춘 후 다섯 번째 무일戊日, 추사는 입추 후 다섯 번째 무일이다. 대략 춘추분 전후다. 무는 갑을(목)·병정(화)·무기(토)·경신(금)·임계(수)의 10천간 중 다섯 번째이고 오행五行의 토土에 해당한다. 명대에는 사신社

神의 생일을 아예 음력 2월 2일로 정해 제사를 지내기도 했다. 청清 순치제順治帝·1638~1661 때 춘사는 중춘仲春·음력 2월 첫 번째 무일 새벽, 추사는 중추仲秋·음력 8월 첫 번째 무일 새벽에 지내는 것으로 바꾸었다. 순치제는 북경을 함락시키고 명을 완전히 무너뜨린 청나라 3대 황제다. 연말 제사는 음력 12월 인일寅日에 천신과 지신 등에 대한 제사를 지낸 다음 날인 묘일卯日에 지낸다. 오행의 상생상극 원리에 따라 12지지 중 목木에 배속되는 인寅은 목극토木克土로 토신의 상극에 해당한다. 반면 묘는 풀로 풀이한다. 사직이 키워내는 농작물도 풀에 속한다.

왕조와 나라는 망해도 사직단이 존속되기도 한다. 하지만 망한 나라의 사직단은 차라리 없어지는 것이 낫다. 형상이 너무 참담하기 때문이다. 주나라는 동이족인 상나라를 멸망시킨 뒤 상의 도읍이었던 박亳 땅에 사직단을 만드는 것을 허용했다. 상나라 유민을 회유하려는 명분이었지만 달리 숨은 뜻이 있었다. 박 땅의 사직단은 집 안에 만들어졌다. 사직단은 본래 하늘과 땅의 기운을 받기 위해 열린 공간에 조성된다. 하지만 박사亳社는 하늘 기운을 받지 못하도록 사직단 위를 지붕으로 덮어버렸다. 오색토 제단 밑에는 나무 토막을 깔아 땅 기운도 받지 못하게 했다. 천지의 기운을 모두 끊어버린 것이었다. 대신 어둠과 죽음의 방향인 북쪽에 창만 내도록 했다. 상나라 유민의 정신까지 멸절시키려는 의도였다. 동시에 주나라 왕들에게는 밝은 정치를 하면 사직을 보전할 수 있지만 어두운 정치를 하면 상의 박사처럼 천하를 잃는다는 것을 경계하는 목적도 띠었다. 망국의 사직인 박사亳社를 경계의 뜻을 담은 계사誡社로도 불렀다.

8. 지신地神과 토신土神

祇 토지신 기

토신土神을 모시는 사직단社稷壇과 지신地神을 받드는 지단地壇. 중국 북경北京에 있는 신단이다. 지신과 토신은 다른 신일까? 무엇이 다르기에 섬기는 제단이 따로 있을까? 상商대 갑골문에 토土는 발견되지만 지地는 보이지 않는다. 지는 빠르면 주周대 후반, 늦으면 춘추전국시대에 나타난 글자다. 따라서 당초에는 토신과 지신이 구분되지 않았거나 토신 속에 지신이 포함되는 것으로 봐야 한다. 토신은 농경 사회에 접어들면서 인식의 변화를 겪는다. 애초 흙과 땅의 정령인 자연신으로 출발했지만 농경과 관련한 인격신과 합쳐져 사신社神으로 발전했다. 후토后土가 단적인 예다. 전욱顓頊 시대 토정土正이었던 구룡句龍이 죽은 뒤 토신으로 모셔지면서 자연신과 인격신이 한 몸이 된 것이다. 특히 이런 관념은 한무제漢武帝가 후토를 대지신大地神으로 정식 임명하면서 더욱 강해졌다. 하지만 유학자들은 먼 옛적 조정의 관리였던 사람을 신으로 모시는 것은 맞지 않다면서 자연신과 인격신의 분리를 주장하고 나섰다. 후토는 위魏나라 때 정신正神이 아닌 배향신配享神으로 격하됐다.

명明대에 토지신은 다시 크게 흥성했다. 태조 주원장朱元璋이 상업을 중시한 이민족 원元을 물리치고 농본農本 정책으로 환원한 때문이었다. 특히 무너진 전통 마을 조직을 복원하기 위해 백성들의 구심점이 될 토지신을 숭상하는 정책을 펼쳤다. 토신土神과 곡신穀神을 합친 사직단을 1백 가구마다 만들도록 했다. 당시 성황단城隍壇도 크게 성행했다. 성황은 마을을 지키는 수호신 개념이었다. 성을 만들 때 주변의 흙을 파서 성곽을 쌓아 올리면 흙을 판 곳은 깊은 웅덩이의 해자垓子가 된다. 물이 찬 곳은 해자, 물이 없는 마른 해자는 황隍이라고 한다. 성황신은 이민족이나 도적으로부터 마을을 방어하는 토신의 뜻이었다. 주원장은 남경南京을 비롯한 주요 도시의 성황신에게 정사품에서 정일품까지의 품계는 물론 왕이라는 높은 벼슬까지 하사하기도 했다.

명대 후기 지신과 토신에 대한 치열한 논쟁이 또다시 유학자들 간에 벌어졌다. 지신과 토신을 동일시하는 것이 맞느냐는 것이었다. 이는 개천설蓋天說과 천원지방天圓地方의 우주론 개념이 나타났던 진한秦漢 이후 1,000여 년간 이어졌던 논쟁이기도 했다. 지신은 천지배필天地配匹이자 천부지모天父地母인 만큼 토신과 당연히 분리되어야 한다는 것이 핵심 내용이었다. 지신과 토신을 둘러싼 논쟁은 명의 11대 황제인 가정제嘉靖帝·1507~1567 9년인 1530년 마침내 결론을 맺었다. 지신은 토신을 내포하는 보다 광범한 개념으로 자리매김했다. 지신은 토신뿐만 아니라 산신山神, 하신河神, 해신海神 등 지상 만물을 다스리는 존재로 결말지어졌다. 반면 토신은 흙에 국한되는 하위 개념에 머물게 되었다. 그러면서 무덤신이라는 인식까지 후대에 생겨났다. 지신에게는 지기地祇라는 이름이 주어졌다. 하늘에는 황천상제皇天上帝, 땅에는 황지기신皇地祇神이 각각 절대신으로 군림하게 됐다.

논쟁의 결과 명의 수도 북경北京에는 새로운 제단이 탄생했다. 군사를 동원한 조카와의 권력 투쟁 끝에 명의 3대 황제에 오른 영락제永樂帝·1360~1424는 남경南京에서 북경으로 천도遷都하기 한 해 전인 1420년 북경에 천지단天地壇을 만들었다. 천지단은 110년 뒤인 가정제 때 천단과 지단으로 분리됐다. 천단은 본래 위치인 자금성紫禁城의 남쪽 교외, 지단은 천단의 반대편인 도성의 북쪽 교외에 새로 조성됐다. 천단에서는 하늘로부터 양기陽氣가 태동하는 동지冬至에 황천상제에 대한 제천祭天 행사를 거행했다. 지단에서는 하늘

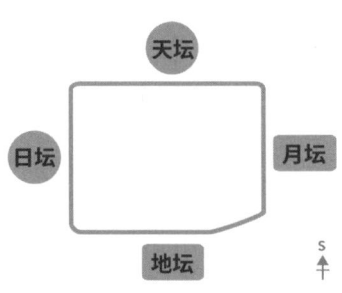

중국 북경(北京) 지단(地壇) (출처: 百度)

로부터 음기陰氣가 일어나는 하지夏至에 황지기신에 대한 제지祭地 행사를 가졌다. 당시 지단과 함께 일단日壇과 월단月壇이 같이 만들어졌다. 일단은 자금성의 동쪽 교외, 월단은 서쪽 교외에 자리 잡았다. 일단은 춘분春分, 월단은 추분秋分에 제사를 지낸다.

지단은 방택단方澤壇으로도 불린다. 방택단은 하늘은 둥글고 땅은 네모나다는 천원지방의 우주 모형을 상징하는 제단이다. 네모난 제단 주변을 물이 흐르는 해자가 두른 형태다. 토土와 수水를 합친 개념이다. 방택단에는 황지기신이 다스리는 오악五岳, 오진五鎭, 사해四海, 사독四瀆의 문양이 새겨져 있다. 오악은 동악東岳 태산泰山, 남악南岳 형산衡山, 중악中岳 숭산嵩山, 서악西岳 화산華山, 북악北岳 항산恒山을 말한다. 전국의 다섯 개 진산鎭山인 오진은 동진東鎭 기산沂山·산동성, 남진南鎭 회계산會稽山·절강성, 중진中鎭 곽산霍山·안휘성, 서진西鎭 오산吳山·섬서성, 북진北鎭 의무려산醫巫閭山·요녕성이다. 사해는 동해東海, 남해南海, 서해西海, 북해北海, 사독은 장강長江, 황하黃河, 회하淮河, 제수濟水를 가리킨다.

9. 구주九州와 구야九野

冀 바랄 기

하늘과 땅은 서로를 비추는 거울이다. 개천론盖天論의 우주 모형과 함께 천인합일天人合一을 핵심으로 한 동양 천문에 담긴 사상이다. 동양의 천문도는 앙관仰觀과 부찰俯察의 두 모습으로 그려진다. 땅에서 하늘을 바라본 것은 앙관천문도고, 하늘에서 땅을 굽어본 것은 부찰지리도다. 부찰지리도는 하늘의 모습이 땅에 비친 것을 그린 것이다. 이름은 지리도지만 실상 천문도의 개념이다. 풍수는 부찰지리도의 개념이다. 하늘에서 땅을 내려다보며 땅에 비친 하늘의 명당을 찾기 때문이다. 동양에서 천문도를 앙관과 부찰의 두 모습으로 그린 것은 하늘과 땅이 하나라는 천인합일 사상에 의한 것이다. 하늘 기운이 땅에 투영되면 땅은 만물의 변화를 하늘에 반영하는 상호 교감의 관계다. 천문과 지리는 동전의 양면처럼 같은 것이다. 동양의 사서史書들이 하늘의 역사인 천문지天文志와 땅의 역사인 지리지地理志를 반드시 한 묶음으로 펴낸 것도 이에 따른 것이다.[24]

---

24 황유성, 『사람에게서 하늘 향기가 난다 - 東洋 天文에의 초대』, 린쓰, 2018, 39~41쪽.

하늘의 특정한 구역에 평소와 다른 천문 현상이 일어나면 동시에 그 구역에 해당하는 땅에 길하거나 흉한 일이 발생한다. 하늘과 땅은 상호 대응하는 한 몸과 같은 관계이기 때문이다. 동양 천문의 이 같은 사상을 분야론分野論이라고 한다. "하늘에는 구야가 있고, 땅에는 구주가 있다"는 『여씨춘추呂氏春秋』의 언급이 이를 말한다.[25] 9야와 9주의 대응은 현천玄天-기주冀州, 변천變天-연주兗州, 창천蒼天-청주青州, 양천陽天-서주徐州, 염천炎天-양주揚州, 주천朱天-형주荊州, 균천鈞天-예주豫州, 호천顥天-양주梁州, 유천幽天-옹주雍州로 나타난다. 땅의 세계를 하늘에 투영해 땅을 나누듯 하늘을 똑같이 분할한 것이다. 분야론은 뒤에 나라의 명운을 점치는 성점술星占術로까지 확대된다. 분야론이 가장 먼저 보이는 문헌은 『서경書經』의 「우공禹貢」 편이다.

순舜임금 시절 치수를 책임진 우禹는 홍수를 다스리고 전국을 9주로 나눈 뒤 순임금에게 그동안의 경과를 보고했다. 순임금은 보고를 받고 "기주는 너무 광활하니 병주幷州로 나누고, 연燕과 제齊는 멀리 떨어져 있으니 각각 유주幽州와 영주營州로 분할하라"고 했다. 이로써 우는 9주, 순은 12주라는 말이 생겼다. 『주례周禮』 하관사마夏官司馬 산하에 직방씨職方氏라는 관직이 있다. 천하의 지도를 그려서 땅을 관리하고 해당 지역에 적합한 공물貢物을 할당하는 직무다. 직방씨 명칭은 땅을 의미하는 천원지방天圓地方의 방方에서 따온 것이다. 직방씨는 천하를 9주로 나눴다. 우공과 다른 것은 서주와 양주梁州가 없는 대신 기주를 병주와 유주로 분할한 것이다. 진秦의 통일에 이어 제국의 영토를 한껏 넓힌 한무제漢武帝는 전국을 13주로 나눴다. 양주梁州는 익주益州와 교주交州로 분할했고, 옹주는 양주涼州로 이름을 바꿨다. 서역과 접한 내몽골 서남부 쪽에는 삭주朔州를 두었

---

25 "天有九野, 地有九州", 「有始覽·有始」, 『呂氏春秋』

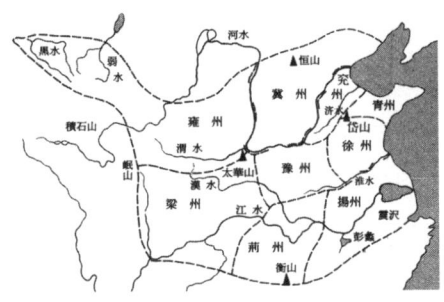
우공구주도(禹貢九州圖) (출처: 百度)

동한(東漢) 13주도

9야와 9주(『여씨춘추』, 『상서』, 『이아』, 『오행대의』)

방위		서북	북	동북
하늘 (9야/28수)		유천(幽天)	현천(玄天)	변천(變天)
		동벽(東壁), 규(奎), 루(婁)	무녀(婺女), 허(虛), 위(危), 영실(營室)	기(箕), 두(斗), 견우(牽牛)
땅 (9주/지역, 나라)		옹주(雍州)	기주(冀州)	연주(兗州)
		흑수(黑水·장강 상류)와 서하(西河·황하 상류) 사이/진(秦)	황하(黃河) 하류 ㄴ 모양 구간/진(晉)	황하와 제수(濟水) 사이/위(衛), 연(燕)
방위		서	중앙	동
하늘		호천(顥天)	균천(鈞天)	창천(蒼天)
		위(胃), 묘(昴), 필(畢)	각(角), 항(亢), 저(氐)	방(房), 심(心), 미(尾)
땅		양주(梁州)	예주(豫州)	청주(靑州)
		화산(華山) 남쪽과 흑수 사이	황하(黃河)와 한수(漢水) 사이/주(周)	황해(黃海)와 태산(岱山) 사이/제(齊)
방위		서남	남	동남
하늘		주천(朱天)	염천(炎天)	양천(陽天)
		자휴(觜觿), 삼(參), 동정(東井)	여귀(輿鬼), 류(柳), 칠성(七星)	장(張), 익(翼), 진(軫)
땅		형주(荊州)	양주(揚州)	서주(徐州)
		형산(荊山)에서 형산(衡山)까지/초(楚)	회수 이남, 장강(長江) 유역/월(越)	황해와 태산, 회수(淮水) 이북/노(魯)

다. 9주가 시대에 따라 12주, 13주 등으로 늘어나고, 이름이 달라지기도 했지만 기본은 9주라고 할 수 있다. 우임금의 아들로 왕위를 이은 계啓는 9주를 상징하는 대형 청동솥인 9정九鼎을 만들었다고 한다. 9주와 9정은 천하를 뜻하는 용어다.

> "북두칠성의 자루(5~7성)는 동방 창룡의 각수角宿를 이끌고, 제5성인 옥형玉衡은 북방 현무의 남두南斗에 맞닿으며, 바가지(1~4성)는 서방 백호의 삼수參宿 머리를 베고 잔다. 해질 무렵 동북쪽 인寅을 가리키는 것은 자루로, 화산 서남 땅이다. 한밤중 인을 가리키는 것은 형으로, 중원과 황하 제수 사이 땅이다. 날 밝을 무렵 인을 가리키는 것은 바가지로, 황해 태산의 동북 땅이다."[26]

분야론의 초기 형식은 사마천司馬遷의 『사기史記』 「천관서天官書」에 나타난다. 하늘과 땅을 나누고 서로를 대응시키는 것은 별자리인 북두칠성이다. 천제天帝의 수레인 북두가 하늘의 중앙에 위치하면서 바가지와 옥형, 자루의 세 부분으로 나눠 땅에서 일어나는 일을 관장한다는 것이다.

우공의 9주는 구궁팔방九宮八方의 방위 개념으로 볼 수 있다. 구궁팔방은 별보다는 해의 이동과 사시팔절四時八節의 계절 관념이 보다 강하다. 우禹가 9주의 치수를 이뤄나간 순서는 기冀 → 연兗 → 청靑 → 서徐 → 양揚 → 형荊 → 예豫 → 양梁 → 옹雍이다. 북北에서 시작해 동 → 남 → 서로 진행했다. 동지冬至·북·기주 → 입춘立春·동북· 연주 → 춘분春分·동·청주 → 청명淸明·동남·서주 → 입하立夏·동남 또는 남·양

---

26 "北斗七星, 杓携龍角, 衡殷南斗, 魁枕參首. 用昏建者杓, 杓自華以西南. 夜半建者衡, 衡殷中州河濟之間. 平旦建者魁, 魁海岱以東北也.", 「天官書」, 『史記』

주 → 하지夏至·남·형주 → 늦여름長夏·중앙·예주 → 입추立秋·서남 또는 서·양주 → 추분秋分·서 또는 서북·옹주의 1회귀년의 절기를 순환하는 개념이다.²⁷ 공간적으로 9주는 亞형의 명당明堂 구조를 땅에 구현한 것이라고 할 수 있다.

9주의 치수 순서를 음양오행론의 상생설相生說로 설명하기도 한다. 수생목水生木 → 목생화木生火 → 화생토火生土 → 토생금土生金 → 금생수金生水의 오행 상생 순서에 따랐다는 것이다. 북은 수, 동은 목, 남은 화, 서는 금에 해당하는 만큼 수(기) → 목(연, 청, 서) → 화(양, 형) → 토(예) → 금(양, 옹) → 수(기)의 순서를 밟았다는 뜻이다. 음양오행론은 전국戰國시기 제齊나라 추연鄒衍 등 음양가들이 만물의 상생상극과 왕조의 흥망성쇠 등을 설명한 이론으로 제자백가에서 가장 크고 돋보이는 영향력을 가졌었다.

분야론은 3원 28수의 동양 천문 체계가 갖춰지면서 땅을 보다 정밀하게 세분하는 차원으로 완성된다. 28수의 각 별자리가 관장하는 지역과 나라가 완벽하게 병렬되는 것이다. 『여씨춘추』의 「유시有始」, 『회남자淮南子』의 「천문훈天文訓」, 『사기』 「천관서」 뒷부분의 성점론星占論 등이 그런 사례다. 하늘의 28수와 땅의 대응은 문헌에 따라 1~3개 정도 별자리 구분이 달라지기도 하지만 별반 큰 차이는 없다고 할 수 있다. 『서경』 「우공」과 『여씨춘추』 등에 등장하는 9주 또는 12주는 전국 후기의 지명이어서 분야론도 대체로 이 시기에 완성된 것으로 본다.

우禹는 동쪽으로 태산岱山과 황해黃海, 서쪽으로는 화산華山과 흑수黑水, 북으로는 황하黃河와 제수濟水, 남으로는 제수와 형산荊山 및 형산衡山의 자연 지형에 맞춰 9주를 나누었다.

---

27 육사현·이적 저, 양홍진·신월선·복기대 역, 『天文考古通論』, 주류성, 2017, 113~117쪽.

기주冀州

- 하북성河北省, 산서성山西省, 하남성河南省 북부, 요녕성遼寧省과 내몽골 일부
- 기冀는 서주西周의 금문金文에 보이는 글자다. 자형에 대한 해석은 두 가지다. 하나는 새 토템을 가진 북방北方 유목 민족의 무당이나 부족장이 새 깃털로 만든 조우관鳥羽冠을 쓰고 춤을 추며 하늘에 복을 비는 모습이다. 바란다, 희망한다는 뜻이 여기서 나왔다. 기冀와 익翼은 자원字源이 같다. 기의 윗부분 북北은 익의 우羽를 간략하게 쓴 것이다. 얼굴에 탈을 쓴 무당이 춤을 추면서 하늘에 기원하는 모양으로도 본다.

기(冀)의 금문

연주兗州

- 산동성山東省 서부, 하남성 동북부, 하북성 동남부
- 연주는 연수兗水 또는 沇水라는 물 이름에서 비롯됐다. 황하黃河 하류와 제수濟水 이북으로 물이 많은 곳이다. 『설문해자說文解字』는 연주를 악지渥地라고 했다. 악지는 젖은 땅이라는 뜻이다. 입춘에 접어들어 땅이 녹고 비가 내려 대지가 촉촉해진다는 의미도 갖는다.

청주靑州

- 산동성 동부, 하북성 일부, 발해渤海 이남

- 청주는 동쪽과 봄의 색깔을 상징하는 청靑에서 따온 이름이다. 봄이 되면 푸른색의 새 생명이 돋아난다. 청주는 동이東夷 문화의 발원지다. 대문구大汶口, 용산龍山, 북신北辛 등 신석기 유적지 270여 곳이 분포되어 있다.

서주徐州

- 산동성 남부, 강소성江蘇省과 안휘성安徽省 북부
- 서주는 땅이 완만하고 평평하게 펼쳐진다徐는 뜻의 이름이다. 물산이 풍족해 사람들의 품성도 느긋하고安 여유徐가 있다.

양주揚州

- 강소성과 안휘성 남부, 강서성江西省, 절강성浙江省, 복건성福建省, 호북성湖北省과 하남성 일부
- 양주의 양揚은 날린다는 뜻이다. 양자강揚子江과 회수淮水 등 물이 많아 물결이 날리는 고장이다. 또 동남쪽에 자리해 양기陽氣가 위로 날린다는 의미도 갖는다. 춘추전국시대의 오吳와 월越, 『삼국지』 동오東吳의 근거지다.

형주荊州

- 호북성, 호남성湖南省, 하남성 일부, 귀주성貴州省 일부, 광동성廣東省과 광서성廣西省 일부

- 형주는 호북성 서북쪽의 형산에서 비롯된 이름이다. 후한後漢의 사서辭書『석명釋名』에 따르면 형荊은 경계한다는 뜻이다. 남쪽의 초楚나라가 북쪽의 중원을 자주 침범해 항상 경계한다는 의미를 담고 있다.『삼국지』의 적벽대전赤壁大戰 등 위魏, 촉蜀, 오吳 세 나라가 가장 치열하게 부딪친 곳이다.

예주豫州

- 하남성, 동으로 산동성과 안휘성 일부, 북으로 하북성과 산서성 일부, 남으로 호북성 일부
- 예주의 예는 코끼리의 뜻이다. 신석기 시대는 물론 상商대까지 하남성 일대는 기후가 온난해 코끼리가 서식했다고 한다. 상대 갑골문에 예라는 글자가 보이며, 무덤에서는 코끼리뼈와 상아象牙 등이 발견된다. 하남성은 낙양洛陽, 정주鄭州, 개봉開封, 안양安陽 등 중국 8대 고도古都의 절반을 차지했던 정치·경제의 중심지다.

양주梁州

- 사천성四川省, 섬서성陝西省 서남부, 운남성雲南省과 귀주성 일부
- 양주는 대량大梁에서 유래한 이름이다. 대량은 12년의 공전 주기를 갖는 세성歲星·목성이 정서 쪽인 유방酉方에 자리할 때를 말한다. 별자리로는 서방 백호 7수의 묘수昴宿에 해당한다. 대량大梁은 가을에 흰 이슬이 내려 만물이 딱딱하게 굳는다는 뜻을 갖고 있다.

옹주雍州

- 섬서성, 영하寧夏, 감숙성甘肅省과 청해성靑海省 일부, 신강新疆 일부, 내몽골 서남부

雍 화락할 옹

옹(雍)의 갑골문

옹(雍)의 금문

옹雍의 금문은 물水과 새隹가 합쳐진 모양이다. 또 옹의 갑골문은 새의 아랫부분에 네모(口)가 덧붙여진 형태다. 물과 새가 합쳐진 모양에 대해서는 할미새와 같은 물새水鳥나 물과 관련한 지명으로 풀이한다. 물이 있는 둥근 연못 한가운데 네모 반듯하게 세워진 천자天子의 교육 기관을 벽옹辟雍이라고 한다. 벽은 둥근 옥 벽璧과 같고, 옹은 학교의 뜻이다. 옹의 갑골문은 여러 해석이 있지만 다리에 줄이 묶인 새가 마음껏 날지 못하는 모양으로도 풀이한다. 이때 옹은 막혔다壅는 뜻을 갖는다. 서북쪽의 옹주는 양기陽氣가 음기陰氣에 가로막힌 곳이다. 옹의 옛 글자들은 낙수洛水의 낙과도 같다. 옹주에 북낙수北洛水가 있기 때문이다.

참고문헌

● 古典

葛洪, 『抱朴子』

老子, 『道德經』

段玉裁, 『說文解字注』, 臺北, 黎明文化事業股份有限公司, 中華民國73年(1984)

戴聖, 『禮記』

董仲舒, 『春秋繁露』

劉安, 『淮南子』

孟軻, 謝冰瑩·李鍌·劉正浩·邱燮友 註譯, 『四書讀本 孟子』, 三民書局, 中華民國六十五年

班固·班昭·馬續, 『漢書』

『帛書 周易』

傅錫壬 註譯, 『楚辭讀本』, 三民書局, 中華民國七十一年

司馬遷, 『史記』

『辭海』, 上海辭書出版社, 1979

『山海經』

『書經』

孫武, 『孫子兵法』

『詩經』

王充, 『論衡』

呂不韋, 『呂氏春秋』

應劭, 『風俗通義』

李純之 編纂, 韓國科學史學會 編, 『諸家曆象集·天文類抄』(誠信女子大學校 出版部, 1984)

『爾雅』

左丘明, 『左傳』

莊周, 『莊子』

『周禮』

『周髀算經』

『晉書 天文志』

陳壽,『三國志』

許愼,『說文解字』

● 原典 검색

古詩文网(https://www.gushiwen.cn)

臺灣 中央研究院漢籍電子文獻資料庫(http://hanchi.ihp.sinica.edu.tw)

維基文庫(https://zh.m.wikisource.org/wiki)

中國哲學書電子化計劃(http://ctext.org)

欽定四庫全書 : 國學典籍网((http://ab.newdu.com)

欽定四庫全書 : 漢程國學(www.httpcn.com)

● 古文字 검색

甲骨文書法字典大全 : 個人圖書館(http://www.360doc.com)

甲骨文字典大全 : 書法迷(www.shufami.com)

詞典网(www.cidianwang.com)

殷契文淵(jgw.aynu.edu.cn)

中国文字博物館(www.wzbwg.com)

● 고전 번역본

干寶, 全秉九 解譯,『搜神記』(재판), 자유문고, 2003

갈홍 저, 이준영 해역,『포박자』, 자유문고, 2014

굴원·송옥 외 저, 권용호 옮김,『초사』, 글항아리, 2015

권오돈 譯解,『禮記』, 弘新文化社, 1987

권해 저, 임채우 평역,『장자』, 새문사, 2014

김상섭 지음,『帛書周易』, 비봉출판사, 2012

노병천 저,『도해손자병법』, 가나문화사, 1991

老子, 최재목 역주, 『郭店楚墓竹簡本 老子』, 을유문화사, 2006

董仲舒 著, 南基顯 解譯, 『春秋繁露』, 자유문고, 2005

班固 著, 淸 王先謙 補注, 陳起煥 譯註, 『漢書』(十二, 十三, 十四), 明文堂, 2021

사마천 지음, 김원중 옮김, 『사기』, 민음사, 2011

『書經』, 大衆文化社, 1976

『詩經』, 大衆文化社, 1976

왕충 지음, 성기옥 옮김, 『論衡』, 동아일보사, 2016

왕필 지음, 임채우 옮김, 『왕필의 노자주』, 한길사, 2005

여불위 지음, 김근 옮김, 『여씨춘추』, 글항아리, 2012

염정삼, 『說文解字注 部首字 譯解』, 서울대학교출판문화원, 2007

劉安 編著, 安吉煥 編譯, 『淮南子』, 明文堂, 2013

응소 지음, 이민숙·김명신·정민경·이연희 옮김, 『풍속통의』, 소명출판, 2015

이순지 편찬, 남종진 역주, 『국역 제가역상집』, 세종대왕기념사업회, 2013

이준영 해역, 『주례』, 자유문고, 2020

이혜구 역주, 『신역 악학궤범』, 국립국악원, 2000

장수철 옮김, 『산해경』, 현암사, 2005

장자 지음, 김창환 옮김, 『장자』, 을유문화사, 2010

鄭在書 譯註, 『山海經』, 民音社, 1985

좌구명 저, 신동준 역, 『춘추좌전』, 사단법인 올재, 2015

陳壽 지음, 김원중 옮김, 『正史 삼국지』, 민음사, 2007

● 현대 문헌

居閱時·瞿明安 主編, 『中國象徵文化』, 上海人民出版社, 2001

김문식·김지영·박례경·송지원·심승구·이은주 지음, 『왕실의 천지제사』, 돌베개, 2011

김선자, 『중국 변형신화의 세계』, 범우사, 2001

김영식, 『동아시아 과학의 차이』, 사이언스북스, 2013

김인희, 『소호씨 이야기』, 물레, 2009

김혜정, 『풍수지리학의 천문사상』, 한국학술정보, 2008

都珖淳 編, 『道家思想과 道教』, 범우사, 1994
董作賓 지음, 이형구 옮김, 『갑골학 60년』, 民音社, 1993
마서전, 윤천근 옮김, 『중국의 삼백신』, 민속원, 2013
常秉義 著, 『周易與曆法』, 中央編譯出版社, 2009
徐坤 編著, 『周易曆法通書』, 氣象出版社, 2019
시라카와 시즈카·우메하라 다케시, 이경덕 옮김, 『주술의 사상(呪の思想)』, 사계절, 2008
시라카와 시즈카 지음, 윤철규 옮김, 『한자의 기원』, 이다미디어, 2009
시라카와 시즈카, 심경호 옮김, 『漢字 백가지 이야기』, 황소자리, 2005
아쓰지 데쓰지 저, 심경호 역, 『漢字學, 설문해자의 세계』, 보고사, 2008
안동준, 『한국 도교문화의 탐구』, 지식산업사, 2008
양계초 풍우란 외, 김홍경 편역, 『음양오행설의 연구』, 신지서원, 1993
梁東淑, 『甲骨文 解讀』, 書埶文人畵, 2005
楊福泉 著, 『原始生命神與生命觀』, 雲南人民出版社, 1995
楊正文 著, 『最後的原始崇拜』, 雲南人民出版社, 1999
袁珂, 전인초·김선자 옮김, 『중국 신화전설 Ⅰ』, 民音社, 1992
육사현·이적, 양홍진·신월선·복기대 옮김, 『천문고고통론』, 주류성, 2017
陸星原 著, 『漢字的天文學起源與廣義先商文明』, 上海社會科學院出版社, 2011
이문규, 『고대 중국인이 바라본 하늘의 세계』, 문학과 지성사, 2000
李允鉌 지음, 이상해·한동수·이주행·조인숙 옮김, 『중국 고전건축의 원리』, 시공아트, 2009
이은성, 『曆法의 原理分析』, 정음사, 1985
任犀然 主編, 『漢字王國』, 中國華僑出版社, 2021
任繼愈 主編, 權德周 譯, 『중국의 儒家와 道家』, 동아출판사, 1993
잔스촹, 안동준·런샤오리 뒤침, 『도교문화 15강』, 알마, 2012
장이칭·푸리·천페이 지음, 나진희 옮김, 『한자가족』, 여문책, 2016
張正明, 南宗鎭 譯, 『楚 文化史』, 東文選, 2002
쟝샤오위앤 지음, 홍상훈 옮김, 『별과 우주의 문화사』, 바다출판사, 2008
전인초·정재서·김선자·이인택, 『중국 신화의 이해』, 아카넷, 2002

정재서 지음, 『동아시아 상상력과 민족 서사』, 이화여자대학교출판부, 2014

조셉 니덤, 콜린 로넌 축약, 이면우 옮김, 『중국의 과학과 문명』, 까치, 2000

조지프 니덤 등, 이성규 옮김, 『조선의 서운관』, 살림, 2010

지오프리 코넬리우스·폴 데버루, 유기천 옮김, 『별들의 비밀』, 문학동네, 1999

최승언, 『천문학의 이해』(개정판), 서울대학교출판문화원, 2014

탕누어 지음, 김태성 옮김, 『한자의 탄생』, 김영사, 2019

馮時, 『中國古文字學槪論』, 中國社會科學出版社, 2016

馮時, 『中國天文考古學』, 中國社會科學出版社, 2017

馮時, 『文明以止-上古的天文, 思想與制度』, 中國社會科學出版社, 2018

馮時, 『中國古代的天文與人文』, 中國社會科學出版社, 2017

馮時, 『百年來甲骨文天文曆法硏究』, 中國社會科學出版社, 2019

프리초프 카프라, 김용정·이성범 옮김, 『현대물리학과 동양사상』, 범양사, 2006

和力民 作, 趙慶蓮·陳應和 飜譯, 『納西象形文字字帖』, 雲南民族出版社, 2003

韓東錫, 『宇宙 變化의 原理』(개정판), 대원출판, 2011

황유성, 『사람에게서 하늘 향기가 난다 - 東洋 天文에의 초대』, 린쓰, 2018

찾아보기

ㄱ

가(家) 246
가(豭) 246
각(角) 153
각진(角軫) 225
간적(簡狄) 77, 111
갈홍(葛洪) 269
갑(甲) 44, 118
갑골문(甲骨文) 22
갑골문합집(甲骨文合集) 69
강(疆) 322
강산석(江山石) 417
강원(姜原) 111
개도(蓋圖) 373
개천론(蓋天論) 362
거야택(巨野澤) 97
거중이치(居中而治) 407
건목(建木) 412
격(鬩) 360
격양가(擊壤歌) 306
경(炅) 106
경신수야(庚申守夜) 270
계룡산(鷄龍山) 천도설 404
고(股) 26
고광록(古礦錄) 58
고매신(高禖神) 78
고본죽서기년(古本竹書紀年) 397
고삭례(告朔禮) 142
고성(告成) 406

고염무(顧炎武) 293
곤(昆) 120
곤(鯀) 383
곤(鯤) 82
곤륜(昆侖) 411
곤오(昆吳) 119
공공씨(共工氏) 96
공동(空同) 412
과보(夸父) 93
과보축일(夸父逐日) 96
곽(郭) 315
곽수경(郭守敬) 409
관도(官渡)대전 228
관성대(觀星臺) 409
구(矩) 358
구고현(句股弦) 법칙 26
구궁(九宮) 329
구기(九旗) 제도 231
구룡(句龍) 177, 419
구리북(동고·銅鼓) 56
구망(句芒) 63
구사지물(九似之物) 169
구진대성(句陳大星) 244
국(國) 317
국사(國社) 418
궁상(窮桑) 102
귀(鬼) 153
귀여치윤법(歸餘置閏法) 299
규(鬶) 104, 251
규(奎) 153

440

규(圭)　28
규벽(奎壁)　225
규표(圭表)　28
금문(金文)　22
금오부일(金烏負日)　121
기(夔)　112
기(箕)　153
기(旗)　231
기(旂)　231
기망(旣望)　137
기방생백(旣旁生霸)　137
기사백(旣死霸)　137
기생백(旣生霸)　137

ㄴ

낙고(洛誥)　288
낙락(洛雒) 논쟁　388
낙서(洛書)　329
남(南)　55
남4호(南四湖)　97
남교(南交)　72
남기북두(南箕北斗)　215
남두육성(南斗六星)　206
남무(男巫)　355
남박(南亳)　403
남방 주조(朱鳥)　153
남수북미(南首北尾)　260
내규(內規)　157
내복(內服)　319
내형(內衡)　364
내화(內火)　194
녀(女)　153
노(夔)　113

논형(論衡)　172
농(農)　65, 187
농(蕽)　187
농성(農星)　182
뇌고돈(雷鼓墩)　256
뇌택(雷澤)　398
능가탄(凌家灘)　251

ㄷ

단조씨(丹鳥氏)　83
담(郯)　84
대(昃)　103
대문구(大汶口)　101
대야택(大野澤)　97
대연력(大衍曆)　242
대지판(大地板)　383
대택(大澤)　97
대화(大火)　192
도(堵)　316
도(都)　325
도(陶)　395
도광(都廣)　412
도당씨(陶唐氏)　395
도덕경(道德經)　208
독(督)　37
돈(豚)　240
동(東)　49
동방 창룡(蒼龍)　153
동서(東西)　54
동작빈(董作賓)　294
돼지의 시대　250
두(斗)　153
등봉(登封)　406

441

땅거미 307

ㄹ

로(鹵) 53
루(婁) 153
류(柳) 153

ㅁ

마방진(魔方陣) 331
마왕퇴(馬王堆) 백서(帛書) 38
망(望) 127
매(眛) 78
매곡(昧谷) 72, 119
매씨(媒氏) 78
면신(綿臣) 400
명당(明堂) 300
명황잡록(明皇雜錄) 241
몽곡(蒙谷) 119
몽사(蒙汜) 121
묘(昴) 153
묘유선(卯酉線) 44
무(巫) 354
무(無) 357
무(舞) 357
무경(武庚) 213
무량사(武梁祠) 석각화 243
무정(武丁) 69
무정(巫政) 일치 355
무중치윤법(無中置閏法) 299
무측천(武則天) 405
무함(巫咸) 354
문창성(文昌星) 271

물(物) 231
미(尾) 153
미(微) 74
민(民) 70, 74

ㅂ

바람 달력(風曆) 83
박(亳) 404
박사(亳社) 421
반파(半坡) 유적지 125
발(拔) 313
발(撥) 313
발(魃) 96
방(房) 153
방(方) 320
방(邦) 323
방사백(旁死霸) 137
방생백(旁生霸) 137
방택단(方澤壇) 425
배양(背陽) 328
백(霸) 138
백각법(百刻法) 308
백조씨(伯趙氏) 83
백호통의(白虎通義) 138
범려(范蠡) 394
벽(壁) 153, 366
별봉(鼈封) 253
병봉(屛蓬) 253
병봉(幷封) 253
보덕(報德) 328
복양(濮陽) 375
복희(伏羲) 78
봉(封) 322

봉건제(封建制) 312
봉조씨(鳳鳥氏) 83
봉토건국(封土建國) 317
부상(扶桑) 49
부찰지리도 426
북(北) 59
북5호(北伍湖) 97
북박(北亳) 403
북방 현무(玄武) 153
분(豶) 248
분야론(分野論) 427
비(朏) 127
비(髀) 25
빈복(賓服) 321

ㅅ

사(祀) 290
사(社) 416
사관(司爟) 194
사남(司南) 57
사단(社壇) 416
사명(司命) 271
사명성(司命星) 271
사무(司巫) 355
사상(司常) 231
사유(四維) 328
사전(祀典) 416
사정(四正) 328
사혼(司閽) 385
사회(社會) 419
삭(朔) 136
산해경(山海經) 63
삼(參) 153

삼감(三監) 213
삼고(三孤) 233
삼공(三公) 233
삼상지탄(參商之歎) 220
삼성퇴(三星堆) 361
삼시충(三尸蟲) 268
삼진(三辰) 189
삼진지탄(參辰之歎) 221
삼천양지(參天兩地) 331
삼천양지론(參天兩地論) 371
삼태성(三台星) 271
상(常) 231
상갑미(上甲微) 404
상구(商丘) 402
상두(上斗) 266
상양(常羊) 328
상희(常羲) 118
생백사백고(生霸死霸考) 137
서(西) 52
서(圛) 52
서박(西亳) 403
서방 백호(白虎) 153
서수동미(西首東尾) 260
서수파(西水坡) 170
서안교통대 성도 159
석(析) 71, 73
선(亘) 118
선(宣) 118
선기(璇璣) 263
선기옥형(璇璣玉衡) 262
설(契) 77
설문해자(說文解字) 22
설문해자주(說文解字注) 50

443

성(星)　153, 175
성(城)　315
성양(成陽)　397
성인남면(聖人南面)　60
성주(成周)　409
성황단(城隍壇)　423
세(歲)　290
세성(歲星)　190
소고(召誥)　387
소뢰(少牢)　250
소주(蘇州) 천문도　157
소호씨(少皞氏)　83
수(鐩)　231
수경신(守庚申)　270
수시력(授時曆)　409
수식어 중심설　141
순(舜)　108
순(旬)　117
순화(鶉火)　192
숭고(崇高, 嵩高)　405
시(豕)　239
시리우스(Sirius)　380
신(晨)　189
신(晨)　189
신(辰)　190
신기루(蜃氣樓)　186
신농씨(神農氏)　115
신도(神都)　406
실(室)　153
실침(實沈)　220
심(心)　153
심성(心星)　192

ㅇ

알백(閼伯)　220
앙관천문도　426
앙소(仰韶) 문화　126, 170
양곡(暘谷)　49
양산박(梁山泊)　99
양저(良渚)　266
양저(良渚) 문화　106
언(狀)　36, 230
얼(臬)　32
얼(槷)　32
여(女)　130
여(旟)　231
여무(女巫)　355
여씨춘추(呂氏春秋)　63
여와(女媧)　78
여축(女丑)　356
역(役)　75
역(或)　318
연(年)　290
연(季)　291
염(犭炎)　70, 75
염제족(炎帝族)　95
예(羿)　131
오(伍)　22
오(噢)　71, 75
오덕종시설(伍德終始說)　232
오사통(伍祀統)　295
오제본기(伍帝本紀)　111
옥종(玉琮)　267
옥형(玉衡)　263
완(宛)　74
왕국유(王國維)　137

왕해(王亥) 399
외규(外規) 157
외복(外服) 319
외형(外衡) 364
요(堯) 395
요복(要服) 321
요전(堯典) 71
욕(蓐) 65, 187
욕수(蓐收) 63
용(埔) 314
용성(龍城) 375
우(牛) 153
우강(禺疆) 63
우강(禺强) 67
우경(禺京) 66
우이(嵎夷) 72
우하량(牛河梁) 368
우하량(牛河梁) 유적 242
운급칠첨(雲笈七籤) 269
원(垣) 316
원(鶢) 74
원도(圓圖) 156
원추(鶢鶋) 81
월상(月相) 변화설 125
월상사분설(月相四分說) 139
월상정점설(月相定點說) 140
위(危) 153
위(胃) 153
위(圍) 313
위(衛) 313
위(韋) 70, 74
유(卣) 221
유도(幽都) 72

유역씨(有易氏) 400
윤(閏) 299, 300
윤집기중(允執其中) 391
읍(邑) 311
읍국(邑國) 317
응룡(應龍) 96
이(夷) 71, 74
이(彝) 74
이릉(夷陵)대전 228
이승(二繩) 43
이아(爾雅) 169
익(翼) 153
인(因) 71, 74
인뢰(人籟) 87
인면어문(人面魚紋) 125
인신측영(人身測影) 26
일주서(逸周書) 253
일행(一行) 240

ㅈ

자(觜) 153
자기동래(紫氣東來) 208
자미원(紫微垣) 154
자오선(子吾線) 44
장(張) 153
재(載) 290
재생백(哉生霸) 137
저(氐) 153
저(猪) 239
저강렵(豬剛鬣) 254
저문도발(猪纹陶鉢) 242
저팔계(豬八戒) 254
적벽(赤壁)대전 225

445

전(旃) 231
전복(甸服) 319
전정(田正) 419
전천성도(全天星圖) 158
절(折) 73
절지천통(絶地天通) 339
정(井) 153
정(晶) 175
정(旌) 231
정도(定陶) 396
제(帝) 344
제거(帝車) 243
제곡(帝嚳) 108
제구(帝丘) 375
제성(帝星) 244
제준(帝俊) 108
제통(踶通) 328
조(旐) 231
조(祖) 348
조(曌) 407
조보구(趙寶溝) 185
조얼(祖埶) 32
조지프 니덤(Joseph Needham) 241
종(琮) 366
좌조우사(左祖右社) 415
주고(酒誥) 296
주공측영대(周公測影臺) 409
주도(周道) 213
주례(周禮) 172, 198
주명(朱明) 64
주비산경(周髀算經) 26, 367
주성(咮星) 192
주제(周祭) 295

주진(呪鎭) 56
준(尊) 105
준(夋) 109
준(踆) 110
준(蹲) 110
준(俊) 70, 74
준조(蹲鳥) 110
중(中) 35
중규(中規) 157
중형(中衡) 364
증후을묘(曾侯乙墓) 257
지(遲) 74
지기(地祇) 424
지단 424
지뢰(地籟) 87
지중(地中) 387
지호(地戶) 225
직(稷) 416
직단(稷壇) 416
직방씨(職方氏) 427
진(軫) 153
진(辰) 184

ㅊ

차(次) 190
천고일제(千古一帝) 344
천뢰(天籟) 87
천리로(千里路) 70
천문(天門) 225
천문(天問) 401
천문류초(天文類抄) 273
천봉원수(天蓬元帥) 255

천상열차분야지도(天象列次分野之圖) 156
천시원(天市垣) 154
천원지방(天圓地方) 362
천일(天一) 244
천중(天中) 381
천지지중(天地之中) 403
청도(靑圖) 374
청조씨(靑鳥氏) 83
체(彘) 248
추연(鄒衍) 232
축(豕) 247
축융(祝融) 63, 196
출화(出火) 194
충일법(沖日法) 379
측(昃) 96
치구예함(鴟龜曳銜) 122
치우족(蚩尤族) 95
치이자피(鴟夷子皮) 394
칠형육간(七衡六間) 362

ㅌ

탕곡(湯谷) 119
태뢰(太牢) 77, 250
태미원(太微垣) 154
태사(太社) 418
태세(太歲) 190
태일(太一) 60, 244
태초력(太初曆) 304
태평경(太平經) 269
토사구팽(兔死狗烹) 395
토정(土正) 419
토중(土中) 387

ㅍ

팔음(八音) 88
팔풍(八風) 85
평양(平陽) 397
포박자(抱朴子) 269
표(表) 27
풍뢰익(風雷益) 괘 404
풍속통의(風俗通義) 224
필(畢) 153

ㅎ

하도(河圖) 329
하모도(河姆渡) 유적 242
하택(荷澤) 397
항(亢) 153
항아분월(嫦娥奔月) 135
항은권(恒隱圈) 157
항현권(恒見圈) 157
해(亥) 239
해일법(偕日法) 379
허(虛) 153
헌원씨(軒轅氏) 115
현명(玄冥) 64
현조(玄鳥) 77
현조씨(玄鳥氏) 83
협(協) 73
형천(刑天) 342
호(昊) 103
호물(互物) 24
호식인유(虎食人卣) 221
혼인(閽人) 385
홍광(紅光) 66

447

홍산(紅山) 문화 173, 369
화기시(火紀時) 195
화력(火曆) 195
화숙(和叔) 71
화정(火正) 192
화중(和仲) 71
화표(華表) 27
황(皇) 350
황관(皇冠) 352
황도(黃圖) 374
황도원(黃道圓) 157
황복(荒服) 321
황제(黃帝) 111
황제(皇帝) 343, 351
황제족(黃帝族) 95
황혼(黃昏) 307
회(回) 118
회(晦) 128
회남자(淮南子) 40

횡도(橫道) 156
후복(侯服) 319
후직(后稷) 420
후토(后土) 419
희숙(羲叔) 71
희중(羲仲) 71
희화(羲和) 116

기타

10시진법(十時辰法) 308
12시진법(十二時辰法) 304
15시진법(十伍時辰法) 301
1삭망월 298
1회귀년 298
28수(二十八宿) 151
3원(三垣) 151
3천(三天) 371
96각법 309

지은이 **황유성**

1956년 경남 양산에서 났다. 1983년 동아일보사에 들어가 2018년까지 기자로 일했다(국장급). 대학과 대학원에서 중국학을 배웠다. 1987~88년 대만에서 연수하고, 1999년 국방대학원(현 국방대)에서 중국의 국가대전략을 연구했다. 2002~06년 중국 북경(北京)특파원을 지냈다. 현재 두정(斗井)천문연구소 소장과 인간과우주연구소 고문으로 있다.
『사람에게서 하늘 향기가 난다-東洋 天文에의 초대』를 지었다. 『제4세계의 사람들』, 『잃어버린 5년 칼국수에서 IMF까지-YS 문민정부 1,800일 비화』, 『세계 명문 직업학교』 등을 함께 썼다.

天文의 새벽
한자로 읽는 천문 이야기

초판 발행 2024년 1월 30일

지은이 황유성 | **펴낸이** 류원식 | **펴낸곳** 린쓰

편집팀장 성혜진 | **책임진행** 김성남 | **디자인 · 본문편집** 디자인이투이

주소 10881, 경기도 파주시 문발로 116
대표전화 031-955-6111 | **팩스** 031-955-0955
홈페이지 www.gyomoon.com | **이메일** genie@gyomoon.com
등록번호 1968.10.28. 제406-2006-000035호

ISBN 979-11-978566-2-4 (03440)
정가 22,000원

- 저자와의 협의하에 인지를 생략합니다.
- 잘못된 책은 바꿔 드립니다.

- 불법복사 · 스캔은 지적 재산을 훔치는 범죄행위입니다.
- 저작권법 제136조의 제1항에 따라 위반자는 5년 이하의 징역 또는 5천만 원 이하의 벌금에 처하거나 이를 병과할 수 있습니다.